浙江省教育厅重点专业建设项目资助
中国计量学院重点教材建设项目资助

测控技术与仪器专业综合实训教程

主编　章　皓　徐志玲
主审　薛生虎

ZHEJIANG UNIVERSITY PRESS
浙江大学出版社

内 容 提 要

本书根据教育、教学改革成果和宽口径、综合性人才培养目标,从几何量测量、力学量测量、热工综合测量、电子技术、计算机应用、工程光学、传感技术、测控技术与仪器等方面设计了一系列实验和实践课题,并附有与实验相关的参考文献及资料。书中概述了测控技术与仪器专业学科的内涵和创新、创业、实验学习的相关知识,并以设计性、综合性、创新性、创意性和自助性实验为主,兼顾基础性实验,选材尽量做到新颖、实用、先进、趣味和普及。实验内容有的以独立小课题、小产品的形式出现,以提高学习者的兴趣。通过典型实例,训练学生的实践能力,提高学生的创新意识和创新能力的培养。

该书的实验内容不仅适合于测控技术与仪器专业的学生,同时也适合于机电类、自动化类、信息类专业的学生,还可供相关学科的教师和广大工程技术人员参考。

图书在版编目(CIP)数据

测控技术与仪器专业综合实训教程 / 章皓,徐志玲主编.—杭州:浙江大学出版社,2012.1(2020.1重印)
 ISBN 978-7-308-09632-4
 Ⅰ.①测… Ⅱ.①章… ②徐… Ⅲ.①测量系统:控制系统－高等学校－教材 ②电子测量设备－高等学校－教材 Ⅳ.①TM93

中国版本图书馆 CIP 数据核字(2012)第 019383 号

测控技术与仪器专业综合实训教程
章 皓 徐志玲 主编

责任编辑	王 波	
封面设计	续设计	
出版发行	浙江大学出版社	
	(杭州市天目山路 148 号 邮政编码 310007)	
	(网址:http://www.zjupress.com)	
排 版	杭州中大图文设计有限公司	
印 刷	浙江新华数码印务有限公司	
开 本	787mm×1092mm 1/16	
印 张	17.75	
字 数	432 千	
版 印 次	2012 年 1 月第 1 版 2020 年 1 月第 6 次印刷	
书 号	ISBN 978-7-308-09632-4	
定 价	45.00 元	

前　言

　　测控技术与仪器专业是以传统制造技术与信息技术、自动化技术和现代管理技术的高度融合为特征，"光、机、电、计算机"应用一体化的技术学科，是经济发展的重要产业方向。先进的测控技术是现代高新技术的基础，目前在我国的应用前景非常广阔，培养测控技术与仪器领域的高素质专业人才显得非常重要。

　　高等学校目前教学改革的重点之一就是强化实践能力训练，突出理论联系实际，力求提升学生的创新意识和能力。实验是学生理论联系实际的主要形式，设计性实验是培养学生创新意识和能力的有效方式。

　　《测控技术与仪器专业综合实训教程》是测控技术与仪器专业的一本集综合性、实践性、创新性为一体的教材。

　　全书分三部分，第一部分为总论，主要介绍测控技术与仪器专业及学科特点、创新能力培养的方法与途径、创业教育与创业能力培养的方法和途径、创新性实验的基本常识和实践能力训练的关系，实验教学的基本功训练和实验数据的基本处理方法；第二部分的第 4 章为精密机械、光学等学科的基础实验，主要涉及几何量的测量，第 5 章主要涉及力学量的计量，第 6 章主要涉及温度、压力、流量、物位等相关的测量、控制和仪器设计等方面的内容；第三部分的第 7 章主要介绍基于工件合格性评价的检测，第 8 章主要介绍基于工件样品的再加工的测量与绘图，第 9 章主要介绍综合过程的测量和控制方面的内容。本书安排了一系列实验和实践题目，力求让学生通过从简单到复杂、从基础到专业得到较为系统的、综合的、创新的实践能力训练。教师可以根据教学大纲选择安排实验，引导学生在完成必做实验的基础上，能够按照自己的兴趣和时间，选做其中的部分实验。书中将以设计性、综合性、创新性、创意性和自助性实验为主，兼顾基础性实验，选材尽量做到新颖、实用、先进、趣味和普及。有的实验题目就是从编写教材的教师的课题和产品中提炼出来的，以独立小课题、小产品的形式出现，提高学习者的兴趣。通过典型实例，训练学生的实践能力，提高学生的创新意识和创新能力。

　　使用该教材的有效学习，会使学生巩固所学理论知识及本专业的各种测试方法，比较熟悉各种测试方案的设计，加强本专业各科知识综合运用能力和分析能力，提高动手能力和创新能力。通过基本技能的训练，熟悉仪器结构及使用，通过综合性实验的开设，开阔思维，培养学生分析问题和解决问题的能力。

　　该书的实验内容不仅适合于测控技术与仪器专业的学生，同时也适合于机电类、自动化类、信息类专业的学生，也可供相关学科的教师和广大工程技术人员参考。

　　参加本书编写的有章皓、徐志玲、吴飞飞、郑颖君、郑建光、谢代梁、蔡晋辉、涂程旭、厉志飞、孙斌、薛生虎、赵玉晓、蒋庆、李文军，由章皓、徐志玲统稿，薛生虎主审。本书的编写得到中国计量学院计量技术国家级实验教学示范中心全体教师的大力支持和帮助,他们不辞辛劳,验证了书中的大部分实验,相关学科的许多教师和研究生也为本书作出了贡献。中国计量学院的郑颖君教授、王素珍高级实验师、杭州市质量技术监督检测院厉志飞高工等对本书提出了宝贵的修改意见。浙江大学出版社王波作为总策划做了大量的组织工作。本实验教材的编写参考了天津大学林玉池教授编写的《测控技术与仪器实践能力训练教程》教材的模式和思路,在此特别对林玉池教授的编写小组表示衷心的感谢。在编写过程中还参考了许多作者、网站的书籍和各种文献和资料,在此谨向大家一并致以衷心的感谢。

本书在内容的安排上选取了适合中国计量学院测控专业特色的大部分实验,因此,本实验教材与《测控技术与仪器实践能力训练教程》在内容的编排上还是有很大区别的。由于编写教材的时间和能力的限制,错误和不当之处在所难免,恳请各位读者提出批评指正,我们将非常感谢。

编　著

2011 年 10 月于杭州

目　录

第 3 篇　综合工程创新能力训练

第1篇
总　论

第 1 章

测控技术与仪器专业

1.1　测控技术与仪器专业历史沿革[1]

　　我国是在 1951 年决定设立仪器类专业的。1952 年教育部委托天津大学筹建"精密机械仪器"专业，委托浙江大学筹建"光学机械仪器"专业。同年，聘请苏联专家在哈尔滨工业大学培养"精密仪器"专业的研究生。此后，为了适应国民经济的大发展要求，清华大学、哈尔滨工业大学、合肥工业大学、上海交通大学、长春理工大学（原长春光机学院）、北京理工大学、北京航空航天大学等也相继成立了仪器仪表专业。截至 1966 年"文革"前，全国有 30 余所院校设有十几个仪器仪表类专业。1963 年全国仪器仪表类教材编审委员会在天津大学成立，下设精密仪器、光学仪器和自动化仪表 3 个专业。"文革"期间教学研究活动基本处于停顿状态。1983 年成立了仪器仪表类专业教材编委会。2000 年后全国高校专业统归教育部管理。仪器仪表类专业教学指导委员会的主任单位是天津大学。

　　随着科学技术尤其是电子信息技术的飞速发展，仪器仪表的内涵已发展为具有信息获取、存贮、传输、处理和控制等综合功能的测控系统；微型化、集成化、远程化和虚拟化成为以计算机为核心的现代测控技术的一个发展趋势。面对这样的深刻变化，1997 年版《工科本科引导性专业目录》中新的测控技术与仪器专业覆盖了原来的 10 个仪器仪表类的专业。1998 年教育部颁布了高教〔1998〕8 号文件，规定推行新的《普通高等学校本科专业目录》。新目录中仪器学科只设立"测控技术与仪器"一个本科专业，它覆盖了原仪器学科的精密仪器、光学技术与光电仪器、检测技术及仪器、电子仪器及测量技术、几何量计量测试、热工计量测试、力学计量测试、光学计量测试、无线电计量测试、检测技术与精密仪器、分析仪器等十几个专业。

　　"文革"前，仪器仪表类专业的教育模式基本上是沿用苏联的，实行"专才教育"，基本属于精英式教育。这种状况一直持续到上个世纪末。真正从"专才教育"向"通识教育"转变的是 1998 年教育部颁布高校本科专业目录后。此次调整将十几个仪器仪表类专业合并为一个专业——测控技术与仪器专业，宽口径通识教育从此开始了。

　　仪器仪表学科初建时以本科生培养为主，直至上个世纪 60 年代才有了少量属于我国自己的研究生教育。改革开放后，经济转型使研究生教育大发展。近年来又出现了专科教育的形式，形成了仪器仪表学科的多层次教育格局。人才培养模式也从"专才型"逐步定位于"研究型"和"技术型"两种类型。研究型人才具有较强的知识更新能力、创新能力和综合设计能力,掌握一定学科前沿知识和良好的从事科学研究工作能力,毕业后可攻读硕士学位或到企事业从事研究工作。技术型人才要求具有较规范的工程素质,较强的动手能力,熟练的专业技能。

近年来,随着科学技术的发展,仪器技术的内涵发生了重大改变,从以机械技术为主(如地磅、钩秤),发展为机电一体化(如电子秤、指针式温度计等),进而成为融光、机、电、计算机为一体,集现代高新技术于一身的信息技术的三大组成部分之一。测控技术与仪器专业也成为信息技术类专业中的一员。该学科由于培养了具有复合型知识结构的人才,因而市场需求良好,学科发展迅速。近十年来设置该专业的院校由几十所发展到两百多所,遍布全国近三十个省、市、自治区,在校生人数稳定在 3 万人左右。

1.2 仪器科学技术与仪器学科

仪器在国民经济中的地位和作用是怎么样的呢？过去我们常说发展工业生产离不开它,搞科学研究离不开它,高级仪器仪表的水平反映了国家的科技水平,等等。今天有必要从更高更全面的角度来看待仪器仪表在国民经济中的地位和作用,因为它不仅影响到两个根本性转变与科教兴国和可持续发展两个国策的实施,对于我们正进入的信息化时代也起着深刻的影响和作用;仪器仪表的整体水平也是综合国力的标志之一。这是随着时代的进步,对仪器仪表事业必须取得正确认识的问题。

1.2.1 仪器的概念

什么是仪器？概括地说仪器是认识世界的工具。从人类社会发展来看,提高生产力是决定性因素。邓小平同志结合当代社会发展形势,提出"科学技术是第一生产力"的科学论断,说明科学技术是发展生产力的首要因素。可以这样看,科学是认识世界的知识,技术是改造世界的知识。二者相互联系,相互促进,互为因果,从而构成第一生产力。生产力的实现要靠生产资料和工具,科学研究的工具主要是仪器,而实现技术的工具主要靠机器。由此可理解为仪器是认识世界的工具。相对而言,机器则是改造世界的工具。仪器起着扩展和延伸人的感官神经系统的作用,增强人们认识世界的能力,而机器则替代和延伸人的体力劳动。重要的是,改造世界是以认识世界为前提的。

认识世界有两个方面,一是探索自然规律,积累科学知识;二是对生产现场情况的了解,用以指导生产。由于认识世界和改造世界同等重要,而且认识世界往往是改造世界的先导,所以仪器和机器也同样重要,在一定条件下,仪器也是生产的物质先导。历史上许多重要仪器的科研成果,常会带来生产力的飞跃。

今天,世界正从工业化和机械化时代进入信息化时代。这个时代的特征是以计算机为核心延伸人的大脑功能,起着扩展人脑力劳动的作用,使人类正在走出机械化过程,进入以物质手段扩展人的感官神经系统及脑智力的时代。这时,仪器的作用主要是获取信息,作为智能行动的依据。

仪器功能在于用物理、化学或生物的方法,获取被检测对象运动或变化的信息。在科学仪器中,这种信息往往是物质运动的量化表现,这种探测物质的手段称为传感器。

人们将所获得的信息(信息获取)通过仪器机制或计算机进行选择转换或分析计算(信息转换和处理),使其成为易于人们阅读和识别表达(信息的显示、转换和运用)的量化形式,或进一步信号化、图像化,通过显示系统,以利观测、入库存档或直接进入自动化智能化运转控制系统。谈到信息技术所包括内容的重要意义在于仪器仪表作为信息的源头,主要是传感器。现代仪器发展的一个主要趋势是组合化、仪器中的信息处理、转换、存储、显示等,都与信息技术直接相通。唯独传感器是千变万化的,有大有小,从简单到复杂,多种多样。例如温度探头可小如针尖,而基本粒子的探测系统——加速器可大到千米级,通过卫星探测地物地貌的观测系统则是复杂的系统工程。在今天信息技术昌盛的时代,仪器的功能更多地体现在探测元件——传感器方面。仪器是一种信息工具,起着不可或缺的信息源的作用。由于信息源必须准确无误或最大限度地少误,因此现在稍具复杂性的仪器都无保留地采用多种技术形式综合集成,平常称为光、机、电、材、算等,更是离不了电子学集成,复杂些的则与计算机密切相联。

如果把信息化时代的国民经济生产体系比喻为生机勃勃,能呼风唤雨的蛟龙,硕大的龙头就象征强有力的信息指挥系统,对于腾飞的经济巨龙,起着"画龙点睛"的重要作用。

与信息化生产体系相比,旧的工业化生产体系可比喻为恐龙,它躯体庞大,头脑弱小,主要靠人参与,起到控制指挥作用,行动迟缓,表现为信息指挥系统不灵,管理薄弱,体制分散,尾大难调,效率低下等缺陷。由于不适应时代要求,必然被逐步淘汰。

从以上论述可看到,仪器和机器有着不同的属性,所以仪器不是机器。这里有必要改变一些习惯概念。例如:认为仪器只是一种机械,是为机器配套的,是从属于机械的;仪器工业是机械工业的一个重要组成部分。这种概念,也许是因为国家把仪器工业归口机械部管理而形成的习惯印象。也有一种看法是仪器仅仅是为科研服务的一种技术后勤,在学科上仪器科技只是机械学科的一个分支,或从属于有关工程学科,是配套技术等等。

从概念上看,今天对待仪器的看法和过去已有很大的改变,正确的观点应当是把仪器和机器放在同等的地位上来看待,把仪器工业与机械工业同等看待,因为它们都具有独立性,都是为各行各业服务的工业体系,仪器工业已是信息工业的主要组成部分。仪器不是机器,绝大多数也不是简单的机械结构;不是单纯的精密机械,也不是单纯的光学加精密机械,而是机、电、光、算、材、物理、化学、生物等先进技术的高度综合。现今在制造行业中盛行着机电一体化的说法,实际上是机械化与信息设施的集成,但决不能因此就把仪器看作是机器的从属设备或配套设施。如果那样,就等于看一个人的活动,只看躯体,不见人头。

1.2.2　仪器的作用

在现代化的国民经济活动中,仪器有着比以前更为广泛的用途,它涉及人类所有活动和需求。这是由于现代化所促成的必然趋势,因为认识世界已成为所有社会活动或自然生活的普遍需求。

1.2.2.1　仪器仪表在工业生产中的作用

仪器仪表从生产现场获取各种生产参数,运用科学规律和系统工程的方法,综合有效地利用各种先进技术,通过自控手段和装备,使每个生产环节得到优化,进而保证生产的规范化,提高产品质量,降低生产成本,满足需求。有许多重要工业,如石化、冶金、电力、电子、轻纺等工业,如果没有先进的仪器仪表发挥其检测、显示、控制功能,就无法正常连续生产。例如:在现代化的宝钢技术装备投资中,就有三分之一是用于购置仪器和自控系统。即使原来认为可以土法上马的制酒工业今天也需严格的温度控制才能创出品牌。仪器与测试技术已是当代促进生产的一个主要环节。这是现代生产从粗放型经营转变为集约型经营必须采取的措施,是改造传统工业必备的手段,也是使产品具备竞争能力、进入市场经济的必由之路。

1.2.2.2　仪器仪表在科学实验中的重要作用

"工欲善其事,必先利其器",科研成败决定于探测实验方法及仪器。有些科研工作可以用现成的商品仪器来完成,这时对仪器的配置,可认为是技术条件及后勤保障。但是当需要靠仪器装备的创新、开发来解决科研或生产问题时,则探索研究实验方法和仪器设备的研制,就应该是科研工作的重要组成部分,而不是简单的技术条件及后勤保障。在诺贝尔物理奖和化学奖中,大约有四分之一是属于测试方法和仪器创新的,例如,电子显微镜、质谱仪、CT 断层扫描仪、X 光物质结构分析仪、光学相衬显微镜和新开辟领域的扫描隧道显微镜等。说明科学仪器不仅可以探索自然规律,积累科学知识,科学技术上的重大成就和科学研究新领域的开辟,往往也是以检测仪器和技术方法上的突破为先导。为此有些科学仪器越来越复杂,性能越来越先进,规模也越来越大。仪器的进展也代表着科技的前沿。科学仪器的发展和创新也应看作是我国科学发展的支柱。

1.2.2.3　仪器仪表在产品质量评估与评证计量中的重要作用

仪器在产品质量评估与评证计量等有关国家法制实施中,起着技术监督的"物质法官"作用。依靠仪器能有效地鉴别产品的优劣真伪;校验市场、医院等部门的计量器具;检验仲裁进出口商品;监测环境污染;检查安全防护设施;侦破刑事案件,等等。在这些方面,仪器和人们的权益密切相关。

1.2.2.4　仪器仪表在国防和经济建设中的重要作用

在国防和经济建设以及国家可持续发展战略的诸多方面,如防灾减灾、资源利用、国土管理、人口控制、环境改善以及文化教育、保健等,仪器仪表都起着至关重要的作用。

由此可见,测控技术与仪器专业对国民经济和国防建设都会有相当大的作用,所以学好本门课程是可以在我们国家的很多领域大有作为的。作为社会主义建设的栋梁之才,我们肩负着实现中华民族伟大复兴的重任,不管是为了自己有一个美好的未来,还是为了实现自己的伟大抱负,选择测控技术与仪器专业都是一个正确的选择。

1.2.2.5　如何发展我国的仪器仪表事业

关于如何发展我国的仪器仪表事业,中国科学院、中国工程院院士王大珩在 2003 年就提出了如下建议,这些建议到现在来看,对我们的工作仍然具有指导意义。

1.根据两个转变和两个国策要求,所有部门都应考虑仪器需求和科研问题,据此制订全方位规划。仪器仪表事业是国家的大事,需要大家共同关注,包括规划实施、政策制定、人才培养等方面的工作。

2.加快发展速度,以适应信息化时代及信息高速公路发展的需要,要与信息技术发展同步。

3.在引进及合资经营上,要保持技术的自主权,严防先进技术为国外所垄断并卡我们的脖子。

4.必须以高技术为导向,看准市场,最大限度地保住部分国内主要市场,力争进入国际市场。

5.把高档仪器的研究当作科研任务来安排。在"863 计划"、自然科学基金等规划中,应合理安排发展仪器的比例。

6.要有所为,有所不为。世界上没有一个国家的仪器仪表全然是靠自己研制的,但涉及技术基础和国力的项目,必须有所安排。

7.加强薄弱环节的发展与产业化。如新型仪器的元器件及材料;通用保健及生物试验仪器;注重可持续发展,满足现代化仪器仪表及其系统的需要。

8.有条件、有目的地建立若干新型仪器开发中心,促进仪器的产品化和商业化。

9.厉行质量监督制度,在仪器仪表行业中认真贯彻 GB/T19000－ISO9000 质量管理和质量保证系列国家标准,开展质量体系认证和产品认证,尽快与国际接轨。

10.军民结合。我国在"两弹一星"等高技术领域所取得的成就,没有仪器及测试技术是难以实现的。在国防工业科技方面,要有仪器技术的人才和技术基础,本着军民结合的原则很好地发挥他们的作用。[2]

1.3 测控技术与仪器专业介绍

1.3.1 测控技术与仪器专业基本信息

下面简要介绍一下测控技术与仪器专业的基本信息。

测控技术与仪器专业编号与学制

学科门类:08 工学

一级学科:0804 仪器仪表类

二级学科:080401 测控技术与仪器

授予学位:工学学士

修业年限:四年

1.3.2 测控技术与仪器专业介绍

测控技术与仪器专业应用现代物理学、电子信息科学和控制科学的基本理论、方法和实验手段,研究对各种物理量进行检测、计量、监测和控制的基本理论、方法和新技术,探求新的测量方法,设计新的测控仪器与系统。

1.3.2.1　培养目标

测控技术与仪器专业培养具有坚实数学物理基础,掌握电子信息科学、计算机、传感器、自动检测与控制等领域的基本理论、基础知识和基本技能,能运用计算机等工具对各种电量和非电量检测、控制及相关仪器仪表研制与开发的高级专门人才。

1.3.2.2　专业特色

测控技术与仪器专业涵盖精密仪器、光学技术与光电仪器、检测技术与仪器仪表三个研究方向,涉及光、机、电、计算机等多门技术学科,是现代测量技术、电子技术、微机控制技术、自动控制技术、光学工程和机械工程等学科互相交叉与融合的综合学科。

测控技术与仪器专业面向测控技术和仪器工程领域,以光电精密仪器系统设计为主,其中以测量与控制技术为重点,着重培养学生掌握光、机、电、算相结合的当代测量与控制技术和光电精密仪器及系统的研究、设计能力,突出学生的实验操作技能,强化学生的创新意识和工程技术方面的综合训练。

测控技术与仪器专业毕业生主要应获得以下几方面的知识和能力:

1.掌握较扎实的数学、物理等自然科学和一定社会科学基础理论知识,具有较强的运用外语的能力,掌握计算机学科的基础知识和较熟练的上机操作技能,掌握一定的企业管理、市场营销、会计核算和成本管理等方面的知识。

2.较系统地掌握本专业所必需的电路原理、模拟与数字电子技术、微机原理及接口技术、自动控制理论、检测理论与传感技术、精密仪器及测量系统的设计与应用等基础理论和绘图、识图、计算、测试、信息检索等基本技能。掌握本专业领域所必需的专业知识,了解其学科前沿和发展趋势。

3.掌握必要的相关学科基础知识,对检测仪器和检测系统,现代分析仪器等具体应用领域有一定程度的了解。

4.具有较强的工程应用能力和初步的科研能力。

1.3.2.3　主要专业课程

该专业的主要专业课程有:传感器原理及实验、自动控制原理、光电检测技术及实验、可编程控制器原理及实验、计算机网络与通信、机械设计基础、精密仪器设计、智能仪器、虚拟仪器原理、分析仪器原理和方法、误差理论与数据处理、现代数字信号处理及实验、数字图像处理及实验、计算机控制技术等。

1.3.2.4　就业方向

毕业生可在电子、信息、邮电、通信、广播电视、交通、雷达、航空航天、能源、计算机及应用、金融、国防、高等院校、高新技术产业以及技术监督等部门从事相关的科研、教学、设计、开发应用与管理工作;也可报考测试计量技术与仪器、精密仪器与机械、武器系统与运用工程、工业工程、热能工程、光学工程、微电子学与固体电子学等专业的硕士研究生或出国深造。

1.3.2.5　专业受欢迎指数

★★★★（理由：随着光、电、计算机技术的迅速发展，该学科将呈现持续热门的态势。社会需求量大，就业率达80％以上。）

1.3.2.6　开设该专业的学校

除中国计量学院外，开设该专业的高校还有：清华大学、浙江大学、哈尔滨工业大学、天津大学、合肥工业大学、北京航天大学、北京大学、中国科学与技术大学、北京航空航天大学、武汉大学、电子科技大学、北京理工大学、上海交通大学、南京大学、四川大学、吉林大学、长春理工大学、哈尔滨工程大学、浙江工业大学、浙江理工大学、杭州电子科技大学等。

1.4　参考文献

[1]王大珩.现代仪器仪表技术与设计（上、下卷）（第1版）[M].北京：科学出版社，2003

[2]王大珩，胡柏顺.加速发展我国现代仪器事业，迎接21世纪挑战[J].现代科学仪器，2003(3)：3-6

[3]王大珩.要从更高更全面的角度认识仪器仪表的重要作用[EB/OL].仪众国际（www.1718china.com）http://beijing.1718china.compdyjcimaNews/0-386index.html 2003

[4]中国科学技术协会.仪器科学与技术学科发展报告2006—2007（第1版）[M].北京：中国科学技术出版社，2007

[5]林玉池，毕玉玲，马凤鸣.测控技术与仪器实践能力训练教程（第2版）[M].北京：机械工业出版社，2009

[6]林玉池.测量控制与仪器仪表前沿技术及发展趋势（第2版）[M].天津：天津大学出版社，2008

第 2 章

创新与创业能力的培养

2.1 创新与创业能力

什么是创新？创新是指要具有能够综合运用已有的知识、信息、技能和方法，提出新方法、新观点的思维能力和进行发明创造、改革、革新的意志、信心、勇气和智慧。创新精神是一种勇于抛弃旧思想旧事物、创立新思想新事物的精神。不人云亦云，唯书唯上，坚持独立思考，说自己的话，走自己的路；不喜欢一般化，追求新颖、独特、异想天开、与众不同；不僵化、呆板，灵活地应用已有知识和能力解决问题等都是创新精神的具体表现。

创新是一个民族进步的灵魂，是一个民族兴旺发达的不竭动力，一个国家永葆生机的源泉。我国教育法明确规定："高等教育的任务是培养具有创新精神和实践能力的高级专门人才，发展科学、技术、文化，促进社会主义现代化建设。"因此，着力培养和提高大学生的创新精神和创业能力，造就一支适应未来挑战的高素质人才队伍，是新世纪赋予高等教育的重任。大学生是我国发展的主要科技力量，当今科技的迅速发展，要求现代的大学生不仅要掌握书本上的理论知识，更多需要的是实践、创新的能力。只有掌握多方面的能力，才能在激烈的竞争中处于不败之地。对于大学生来说，提高创新精神和创业能力具有优越性和现实性。大学生要把创新潜能转化为现实的创造力，才能真正地实现自己的人生理想和价值。爱因斯坦说："没有个人独创性和个人志愿的统一规格的人所组成的社会将是一个没有发展可能的不幸的社会。"这段话从反面阐明了创新精神和创新能力对社会发展的必不可少的意义。

高校的连续扩招导致毕业生就业压力不断加大，高校送出毕业生，在社会上就业如何，创业能力如何，直接影响着学校生存与发展的声誉。而对这种严峻挑战，作为高校，需转变教育思想，改革人才培养模式，树立以人为本和全面发展的理念，在教学内容、教学方法、课程设置及考试制度等方面进行探索、创新，主动为学生自主创业提供良好的服务，教育学生树立一种与市场经济相适应的现代积极就业观，艰苦奋斗，有胆有识，有眼光，有组织能力有社会责任感。通过开展大学生创业教育，发展和提高学生的基本素质，培养和提高学生的生存能力、竞争能力和创业能力，增强创业意识。

大学生是国家的未来和希望，要提升自身的综合能力，就要在学好本专业基础知识和专业知识的同时，注重提升自己的创新和创业能力。

2.1.1　提升大学生创新能力的基础素质分析

历史的车轮已经驶进 21 世纪,人类社会正在经历一场由信息科学技术驱动的深刻变革。生产、交换和服务的方式发生了重大变化,知识的作用产生了质的飞跃。知识经济正扑面而来,21 世纪将是以知识经济占主导地位的世纪。先进的文化也必须是能够适应这一历史潮流的文化。自然界与人类总是不断发展的,创新是社会发展的动力,是时代精神的结晶,是信息社会的必然趋势,也是社会文明的象征。

江泽民同志指出:"创新是一个民族进步的灵魂,是国家兴旺发达的不竭动力。"我们必须把增强民族创新能力提到中华民族兴衰存亡的高度来认识。实践证明,民族发展的希望在于创新,创新的希望在于培养大学生的创造力。努力培养和提高大学生的创造力是一个事关国家前途和民族命运的战略问题。现代社会的发展对各行各业的工作人员的素质要求越来越高,社会主义经济建设需要的人才,是理想、道德、知识、智力与技能,以及体质、心理素质等诸多因素全面发展、相互协调的人才。人才素质的构成是全方位的,它包括人的知识储备、职业素养、表达能力等。

2.1.2　影响大学生创新素质发展的障碍因素

1.侧重于知识传授,忽视能力的培养

这在一定程度上导致学生片面追求成绩,忽视其他能力尤其是科研能力的培养,造成动手能力不强、实践活动能力薄弱的后果。在学习当中,突出表现为"一题一解"、"一问一答"的思维惯性,缺乏"一题多解"、"一问多答"的思维灵活。

2.专业课设置过细,限制学生创新能力的培养

大学生还是在本专业的狭窄范围内活动,忽视了人文和社会科学知识以及相邻学科的学习,这样就限制了学生的视野,影响了创新能力的培养,导致了知识吸收的"见树不见林"现象,它使得学生机械、片面地看待各科知识的结构,不善于加以相互联系,融会贯通。它还使得学生对自己专业以外的知识持敌对的态度,对跨专业的理论设想嗤之以鼻。

3.重视认知发展,忽视情感教育

忽视了学生的情感培养,忽视了最丰富、最有活力的情感因素,将教育过程变成了枯燥的发展智力过程,这种过程对培养创新人才极为不利。

4.心理失衡,阻碍了成才

创新型人才应该是有理想、有抱负、有决心,勇于前进,并能有效地进行自我激励的人。但某些学生由于心理上失衡,学习上缺乏动力,没有明确目标,专业思想不牢固,成才意识差,缺乏创造精神,从而成为成才的绊脚石。

2.1.3　大学生创新精神的自身优势

1.作为大学生,具有相对丰富的知识修养,理论知识水平相对较高,有利于创造性思维的培养,本身也蕴藏着创造性思维。

2.当代大学生处于一个具有相当思想和理论水平的群体之中,可以相互交流,相互提高,团结在一起,群策群力,更能发挥自身优势。

3.学校的学术氛围为大学生的思维创新提供了一个良好的环境,技术资源的丰富,是得天独厚的优势。

4.大学生正处于人生的青春年华,正是不断追求、不断求知、不断成长的黄金年代,充满着激情和斗志,有着对创新的强烈要求。

2.1.4　大学生自主创业的优势

1.从学校方面的鼓励来讲,各所高校相继开展了多种多样的大学生创业活动、课外科技发明大赛等,这些都为大学生创业活动的开展注入了生机和活力,并提供了一个自我展示的平台,也奠定了良好的基础。

2.大学生群体创业者的文化程度普遍较高,如果他们能将所学专业技术与创业活动紧密结合在一起,学以致用,在技术创新上肯定能独树一帜。

3.初生牛犊不怕虎,大学生群体创业者的创业热情很高,冲劲足,是朝气蓬勃的栋梁,富有团队精神。

2.1.5　培养大学生创新素质的思路

1.学校方面

(1)营造良好的校园文化氛围,激发学生的创造力

学校要充分利用电影、电视、广播电台、多媒体、图书馆、板报、墙报等信息渠道扩大学生视野,引发学生求知欲望;邀请专业战线上卓有成就的人才,与同学们见面谈心,作学术报告,巩固专业思想,吸取经验,培养成才意识;校领导、教师和管理人员要关心爱护学生,帮助他们克服传统保守意识,克服心理压抑感和自卑感,激发学生的创造欲望,不断提高认知水平,使之具有文明开放观念,懂得交流与沟通,培养学生的参与意识和能力。

(2)多层次、全方位开展第二课堂活动

第二课堂活动是对第一课堂活动的有益补充,是培养和提高学生创新素质的重要途径。通过大力开展大学生科技活动,举办各种学术讲座,组织学术、艺术、实践、体育等各类社团活动,举办"篮球比赛"等各类竞赛活动,丰富校园文化生活,激发学生的竞争意识。

(3)改善教育环境,营造民主气氛

应充分调动学生参与学校管理事务的积极性,鼓励学生参加有关学生管理决策的讨论决定,这样既可以增长学生的才干,又能充分发扬民主,提高学生管理工作的成效。学校在专业设置和课程设置方面既要满足经济社会发展的各种需要,又要迎合学生的多样化职业兴趣,学校要多听取社会各界人士以及教师、学生的反馈意见,以提高教学管理质量,增强管理效能。

2.教师方面

(1)教师应首先更新教学观念

从传统的应试教育的圈子跳出来,具备明晰而深刻的创新教学理念;教师应该改进教学

方法,变灌输方式为主动探索式,变学生的被动学习为主动学习,努力创设有利于学生创造性思维发展的教学氛围,运用有利学生创新意识培养的教学方法,为学生创新意识的培养创造条件;教师要营造和谐氛围,使学生参与创新养学生的创新精神,要创设有利于培养学生创新精神的教学氛围,而和谐、民主的教学氛围,有利于解放学生思想,活跃学生思维,使其创新精神得以发挥。

(2)培育创新思想,是培养和提高大学生创新能力的前提

要通过课堂教学激活大学生的创新意识。因此,要通过改进或改革,使我们教师的教案丰富多彩、传授内容新颖先进、教学方式灵活多样,以充满生机和活力的启发式教学启迪和激活大学生的创新意识。要通过教育强化大学生的创新观念。正确的观念导致正确的行动,要培养和提高大学生创新能力,应注重大学生创新观念的培养与更新。创造力是生产力诸要素中最核心的要素。引导大学生树立信心,自觉将自己的创造潜能与学习、事业结合起来。

(3)不断更新和改革课堂教学方法和模式,为大学生提供良好的教学内容

要鼓励学生标新立异,不拘泥于已有论断。要鼓励采用创造性教学法。所谓创造性教学是指在教学过程中把握创造活动的一般规律,引导学生以积极的态度,运用创造性思维,充分发挥自身的潜力来吸收已有文化成果,探索某些未知问题所采用的各种教学方法。

(4)要教育者改变居高临下的习惯姿态,真心诚意地与学生平等交往与交流

在和谐融洽的气氛中协调完成教学任务;要实现角色变换,教师由教育的操纵者、主宰者转变为引导者,学生由被动的主体转变为自主学习的主人;放弃严格控制,让学生舒展天性,生动活泼地成长发展;要淡化书本权威和教师权威,鼓励自由思考、自主发现,着力培养学生质疑提问的习惯;要摒弃强制性的统一思维、统一语言、统一行动,鼓励个性和独特,宽容探索中产生的错误和荒诞,培养标新立异,敢为人先的勇气。

(5)加强大学生心理健康教育

当代大学生处于社会急剧变迁的环境之中,社会环境的挤压日益凸显。如生活节奏快、竞争加强、贫富悬殊等造成的人际关系障碍,以及情感调适不良、就业压力大等。诸如此类的问题导致许多大学生心理失调,影响自身潜力的发挥其至影响正常的学习生活。建设一支具有心理教育能力的教师队伍,重视在课堂教学中对学生进行心理素质培养,并设立"心理咨询室",随时帮助学生解答心理疑难问题,为他们提出正确的调节方法,使其摆脱心理压力从而以全新的面貌健康地面对生活、学习。

3. 学生方面

(1)改革培养模式,激发学生的创新意识

①学生以自主性学习为主,教师解惑为辅。学生自主性学习即通过教师指导来实现,教师由讲转向导,使学生由被动学习转向自主学习。

②优化课程结构,改革教学内容。大学教师的主导作用是通过引导、点拨的方式发挥学生的积极性、主动性,提高创新能力。教师既是知识的传授者,也是创新教育的实施者。

(2)加强社会实践活动,培养学生的合作意识和组织能力

在社会实践活动中,学生不再是一个被动的接受者而是活动的主体。在这种情形下,学生的积极性被调动起来。他们对现实的感觉和认识的深度、广度都不是在封闭的环境下所能比拟的。他们身上具备的各种基本素质和潜能会得到发挥,合作意识和组织能力得以加

强,因而容易产生创造性火花,表现出创造举动。

要让大学生在实践中培养和提高自己的创新能力。大学生应该主动参加各种社会实践活动,适当增加实践环节,丰富实践内容。一方面要坚持实践内容和形式的多样性,以实现多侧面、多领域锻炼;另一方面要强调实践的创新性,提高实践的层次,每一次实践不能只简单地重复过去,只有在内容和形式上都比过去有所发展,有所突破,才能有所创新。同时,大学生还应注意提高对每次实践活动的利用率,注重在群体实践活动中相互学习,取长补短,提高自己。

2.1.6　在实践中培养大学生的创新能力

1. 大学生参与实践创新训练是提高大学生创新能力的有效方法

(1)通过实践创新训练培养创新性人才,是一条切实可行的思路

受大学生自身的条件所限,虽然对其创新能力的培养会比较困难,然而大学生有可能在短时间内让自身的创新能力得到有效提高。这里,需要的是思想上的解放,抛弃"不可能"这种思想的禁锢,用一种创新思维、创新途径来解决这一棘手问题。实践创新训练,是一种创新型的训练,在实践中不断创新提高完善,在创新中不断创新,创新性地解决遇到的困难和问题。实践创新训练可谓为大学生提高创新能力,培养创新本领而"量身定做的衣裳"。

(2)实践创新训练是架起传统教学方法和培养创新型人才的桥梁

大学生从小到大学接受的是中国式应试教育。由于受传统的教育思想影响,我国高等学校创新精神、创新意识、创新思维、创新能力的培养是突出的薄弱环节,普遍存在着重理论,轻实践;重知识,轻能力;重统一要求,轻个性发展;重智力因素,轻非智力因素培养;重基础知识、基本技能的训练,轻学生创造性思维的培养等问题。这样的教育体制难以培养出能够灵活运用所学知识,具有发现问题和解决问题的具有创新思维、创新能力的学生。实践创新训练针对性强,能够根据当代学生具体情况,从学生实际出发,调动学生对知识学习的主动性,衔接好传统教育与学生创新能力的培养,从而培养学生对知识的驾驭能力,唤起学生对未知领域,对困难的探索欲望,激发学生的创新潜力,逐步能够建立起创新思维,掌握创新办法,拥有创新灵感,提高创新能力。

(3)实践创新训练为培养人才提供了宽广的思路

在实践创新训练下培养的人才是具有较高综合素质的,人才的专长也不只是限于本专业。学生在实践创新过程中需要加深专业知识的学习,也许要吸收很多非专业的知识。学生的发展不再局限于自身的专业,而朝向多元化,特长兴趣化,社会需求化的方向发展。在实践创新中学生可以体会到团队精神的重要性,学会自己在团队中如何担任好自己的角色,学会获取信息分析信息提取信息的能力,学会自学、自立。学生在实践创新训练中遵循自己的专长,自己的兴趣,更个性地发展,让个体能力都到更大程度的发挥和提高。

2. 充分利用现有环境进行实践创新训练

(1)学生社团是创新训练的平台

目前的环境在很多方面也给大学生提供了实践创新训练的条件,充分利用好这些环境,就能为大学生提供很多实践创新训练的机会。比如,在学校里的各类学生组织。这些组织能够为学生提供很多的实践机会和创新实践。

(2)团队是实践创新训练的载体

由于当今社会科学技术的飞速发展,社会工作也是越来越复杂,团队协作,发挥团队的力量才能完成各种复杂的工作。在大学里,我们也可以看到任何形式的组织实际上都是一个团队,大部分的工作也都是由团队成员协作完成的。因此,团队可作为大学生实践创新训练的载体,为大学生实践创新提供一个平台。各种各样的团队可以满足广大学生实践创新训练的要求。假如一个大学生参加了大学生环保协会,这个协会就是一个大的团队,里面各个机构就是一个个小的团队。在这里面,每一次会议,每个活动,每一个决定都是我们的具体实践,在每一次实践中,每个有创意的闪光点,每次对创意的具体实施都是我们创新的表现。就是在这样的一次次实践中我们不断摸索,不断改进,不断创新,我们的协会才能够不断取得进步,每个努力的会员也在这样的团队中使自己的潜力能得到充分发挥,自己的创新能力不断提高。

大学生的创新创业能力成为社会和用人单位关注的焦点,也是素质教育的方向。创新创业教育的形式多种多样,开展创新创业活动对于提高学生的能力素质富有积极成效,但教学过程是主渠道,同时要重视实践教学环节和教师的推动作用。

2.2　提升大学生创新创业能力的途径

2.2.1　以项目和社团为载体,增强创新意识和创业精神

创新意识和创业精神是形成和推动创业行为的内驱力,是产生创业行为的前提和基础。创新意识和创业精神的培养是高校创业教育的重点。首先要教育和引导大学生增强创新意识和创业精神,凭借知识、智慧和胆识去开创能发挥个人所长的事业。要使广大学生认识到,要适应新时代的要求,就必须强化自身的创新意识和创业精神。要通过宣扬大学生中涌现出的自主创业先进典型,引导大学生增强创新、创业的信心和勇气,鼓励和扶植更多具备自主创业条件的大学生脱颖而出。为此,要教育和引导大学生全面理解自主创业的深刻内涵,将第一课堂与第二课堂相结合来开展创业教育。鼓励学生创造性地投身于各种社会实践活动和社会公益活动中,通过开展创业教育讲座,以及各种竞赛、活动等方式,形成了以专业为依托,以项目和社团为组织形式的"创业教育"实践群体来激发大学生的创新意识和创业精神。以社团为载体充分发挥大学生的主体作用,组织开展创业沙龙、创业技能技巧大赛等活动。发挥学生自我服务、自我教育功能的形式,培养学生创业能力。以"挑战杯"全国大学生课外学术科技作品竞赛为龙头,以科技协会为平台,层层推动课外科技学术活动和学生创业活动的广泛开展。让学生在兴趣特长与专业之间找到恰当的结合点,感受创业,培养创业意识。

2.2.2　加强创业教育师资队伍建设,培养创新创业品质

创业品质有着丰富的内涵,包括敢于竞争、敢于冒险的精神,脚踏实地、勤奋求实的务实

态度；锲而不舍、坚定执著的顽强意志；不畏艰难、艰苦创业的心理准备；良好的心态自控能力、团队精神与协作意识等多方面的品质。

高校人才培养的质量和成果价值最终都取决于教师。具有较高创造性思维修养和创造精神的教师，才能培养出具有质疑精神、思考能力的学生，学生才敢于冒险、敢于探索，才会突破常规，进行创造性的研究性学习。没有一定数量的创造性教师队伍，就不可能培养具有创新创业品质的学生。学校可以聘请社会上成功的创业人士或校友为客座教授，为学生开展专题讲座，传授创业技能知识，使学生获得实际经验。

一批优秀的创业教育师资队伍可以对大学生的团队精神与协作意识等创业品质给予强化。创业往往不是一个人单枪匹马所能实现或完成的，它需要组建起自己的团队。一个真诚团结、各方面能起互补作用的团队，才能实现 $1+1>2$ 的效果，才能保证创业的成功。通过教师队伍的指导，引导学生正确认识和分析自我，确定正确的人生目标，树立高度的责任感和荣誉感，培养合作意识，将为大学生创业能力的形成产生深刻的推动作用。

2.2.3　提高创新创业能力的可行性途径

1. 大学课堂、图书馆与社团

创业者通过课堂学习能拥有过硬的专业知识，在创业过程中将受益无穷；大学图书馆通常能找到创业指导方面的报刊和图书，广泛阅读能增加对创业市场的认识；大学社团活动能锻炼各种综合能力，这是创业者积累经验必不可少的实践过程。

2. 媒体资讯

一是纸质媒体，人才类、经济类媒体是首要选择。例如比较专业的《21世纪人才报》、《21世纪经济报道》、《经理人世界》；二是网络媒体，管理类、人才类、专业创业类网站是必要选择。例如《中国营销传播网》、《中华英才网》、《中华创业网》等。此外，从各地创业中心、创新服务中心、大学生科技园、留学生创业园、科技信息中心、知名的民营企业的网站等都可以学到创业知识。

3. 与商界人士广泛交流

商业活动无处不在。你可以在你生活的周围，找有创业经验的亲朋好友交流。在他们那里，你将得到最直接的创业技巧与经验，更多的时候这比看书本的收获更多。你甚至还可以通过电子邮件和电话拜访你崇拜的商界人士，或咨询与你的创业项目有密切联系的商业团体，你的谦逊总能得到他们的支持。

4. 曲线创业

先就业、再创业是时下很多学生的选择。毕业后，由于自己各方面阅历和经验都不够，能够到实体单位锻炼几年，积累了一定的知识和经验再创业也不迟。

先就业再创业的学生跳槽后，所从事的创业项目通常也是在过去的工作中密切接触的。而在准备创业的过程中，你可以利用与专业人士交流的机会获得更多的来自市场的创业知识。

5. 创业实践

真正的创业实践开始于创业意识萌发之时。大学生的创业实践是学习创业知识的最好途径。

间接的创业实践学习主要可借助学校举办的某些课程的角色性、情景性模拟参与来完成。例如积极参加校内外举办的各类大学生创业大赛、电子设计大赛等，对知名企业家成长经历、知名企业经营案例开展系统研究等也属间接学习范畴。直接的创业实践学习主要可通过课余、假期在外的兼职打工、试办公司、试申请专利、试办著作权登记、试办商标申请等事项来完成；也可通过举办创意项目活动、创建电子商务网站、谋划书刊出版事宜等多种方式来完成。

2.3　构建创业教育课程体系，培养学生创业能力

2.3.1　建立渗透创业教育内容的教育课程

高校必须改革传统的教学模式，增设创业教育课程，将其列为必选科目，采取多种形式的教学方式，丰富他们的创业学识，让学生了解和熟悉有关创办及管理小企业的知识和技能。在课堂上可考虑采用创业案例进行教学，向学生直观、生动地展示成功创业者的创业精神、创业方法、过程和规律，培养学生良好的自主创业意识，树立全新的就业观念；启发学生的创业思路、拓宽其创业视野；培养学生创业的基本素质、能力和品质。

2.3.2　开设根据创业教育的具体目标专门设计的教育活动课程

在第二课堂活动中，开展一些根据创业教育的具体目标专门设计的教育活动。在课外开展创业计划大赛、创业交流，开设创业教育课讲座等丰富多彩的形式实施创业教育课程，包括"网络教学"、"实地考察"、"企业家论坛"、"创业计划（设计）"等环节，以拓宽学生学习范围和视野，使课程更具启发性和实践性。定期举办对话交流论坛，请创业成功人士直接与学生进行面对面的对话，解答其在课堂学习中和实际创业中的疑难问题，帮助学生分析创业成功与失败的原因，为其提供创业借鉴与指导。

2.3.3　创设环境类课程

环境类课程要突出创业环境的设计与布置，尽可能把校园的布局与美化、校园文化建设、周边环境同创业教育结合起来。学校应建设良好的创业环境。创业环境建设分为硬环境和软环境两方面，硬环境如校园创业园区、小企业孵化器等。在校园内设立"创业园区"，学生可以提出项目申请，方案获通过后的学生根据自己的能力开办一些校内公司或在校内经商等。或者由学校组织开办模拟公司，将学生实践能力和专业技能的培养与创业相结合，其运作程序符合企业行为，为学生提供了体验创业的平台。软环境如职业指导等，院系应成立由创业经验丰富的教师、企业管理人员和风险投资专家组成的创业指导小组，为学生在创业过程中提供适当的建议，从而避免学生盲目创业。在实际的操作过程中，创业环境的建设需要学校各个部门相互协作，共同进行。

2.4　构建合理的知识结构，提高学生创业能力

建立合理的知识结构，是创业的必要条件。合理的知识结构主要包括两大部分，一是深厚的专业基础知识，二是全面的创业相关知识，包括市场知识、财务知识、管理知识、法律知识等。注重创业知识的传授，要求在大学教学计划中，在安排系统的专业知识的基础上有针对性地开设一些文化课、创业课，形成多元化课程体系，使学生掌握在创业实践中应具备的理论知识体系和结构。为此，一要构建学科合理的课程体系，在软化学科界限，加强交叉性的同时，增设一些包括创业理论、创业风险、创业心理、创业技巧、创业指导、市场营销、财务管理、创业法规等内容的创业教育系列课程。二要培养一支具有创业意识和素质的师资队伍。三要开展灵活适用的教学形式，将必修课与选修课、第一课堂与第二课堂、课堂教学与讲座、竞赛等社团类活动、理论学习与社会实践相结合。

实践证明，一种有利于创业的知识结构，不仅需要具备必要的专业知识、经营管理知识，而且还必须具备综合性知识，如有关政策、法规等知识，以及更广的人文社会科学知识。因此，必须在教学思想上有根本的改变，使学生形成合理的知识结构。扩大学生的知识面，使知识横向拓宽，纵向加深，使学生从日趋合理的知识结构中获得创造能力的培养。

2.5　加强创业实践活动环节，培养学生的创业能力

2.5.1　组织学生参加科研和各种专业竞赛活动

大学生通过参加各种专业竞赛和科研活动，如"挑战杯"中国大学生课外科技作品竞赛和创业计划大赛，对于增强创新意识，锻炼和提高观察力、思维力、想象力和动手操作能力都是十分有益的。只有在大学生当中造成浓厚的科技创新氛围，才能使更多的创新人才破土而出。实践最能锻炼和培养一个人的才能，只有在实践中多看、多思、多问、多记，反复检验，反复调查，不断总结，吸取教训，才能从实践中摸索出真知。

2.5.2　以校内外创业基地为载体，组织学生参加创业实践

创业教育的落脚点在社会实践。学校要建立多种形式的校内外创业基地，以此为载体组织学生参加创业实践。一方面通过实习环节开展创业实践。专业实习是专业理论应用和职业技能的训练过程，更是创业阶段实际操作过程，把校内外实习基地办成创业教育示范基地，让学生在这样的场所边学习、边实践、边创业。另一方面，创业基地与社会建立广泛的外部联系网络，包括各种孵化器和科技园、风险投资机构、创业培训机构、创业资质评定机构、小企业开发中心、创业者校友联合会、创业者协会等等，形成一个高校、社区、企业良性互动式发展的创业教育生态系统，有效地开发和整合社会各类创业资源。[6]

一位西方教育家曾指出,个人创业决策是由两部分背景决定的:其一是创业意识,其二是创业潜能,后者通过高等教育中的创业教育实践来获得,而前者则受国家社会文化环境等因素影响。可见,创业教育不仅仅是单纯的学校行为,而且还是政府、社会和学校的共同行为,它的实施是一项系统工程。因此,在强化学校对大学生进行创业教育的同时,还必须加强学校、政府、社会之间的协调和配合,构建起三位一体的创业教育体系。只有这样,大学生创业教育才能真正落到实处,进而发挥其应有的作用。[7]

2.6 参考文献

[1]郁义鸿,李志能,罗博特·D.希斯瑞克(Robert D. Hisrich).创业学[M].上海:复旦大学出版社,2000

[2]李儒寿.培养大学生创业能力探析[J].襄樊学院学报,2006(6)

[3]徐萍.个性品质塑造——大学生创新创业教育的关键[J].当代教育论坛,2006(1)

[4]李石纯.浅议大学生创新精神与创业能力的培育[J].中国高等教育,2006(24)

[5]张子睿.大学生创新与创业能力提升(第1版)[M].北京:科学出版社,2008

[6]论新形势下如何加强大学生的创新创业能力培[EB/OL]. http://www.edurc.cnjypxhtml/45.html

[7]加强大学生的创业教育[EB/OL]. http://wfs.sdbys.cn/art - 6/1/art_326_37653.html

[8]李丹青.大学生学习生活指导(第1版)[M].北京:科学出版社,2004

第 3 章
撰写实验报告的基本方法

3.1 实验教学概述

3.1.1 实验的定义和作用

到《辞海》(1979 年版)中去查找"实验",该词条就转到"观察与实验"。辞海关于该词条的解释是:经验认识的方法。观察是有计划、有目的地用感官来考察现象的方法。实验是指科学上为阐明某一现象而创造特定的条件,以便观察它的变化和结果的过程,如化学实验和物理实验。观察和实验是科学归纳的必要条件,在科学实践中,两者是互相联系,互相补充的。

科学实验就是根据研究目的,运用一定的物质手段,通过干预和控制科研对象而观察和探索科研对象有关规律和机制的一种研究方法。科学实验和科学观察一样,也是搜集科学事实、获得感性材料的基本方法,同时也是检验科学假说,形成科学理论的实践基础,二者互相联系、互为补充。但实验是在变革自然中认识自然,因而有着独特的认识功能。原因是科学实验中多种仪器的使用,使获得的感性材料更丰富、更精确,且能排除次要因素的干扰,更快揭示出研究对象的本质。

近代科技发展史表明,实验工作在科学的发展和发明过程中起着重大和关键的作用,它不仅仅是验证理论的客观标准,还常常是新的发明和发现的线索或依据。例如,发现自由落体运动定律的亚里士多德,就是在大量观察和实验的基础上,首先提出假说,进行了数学推理,并用实验验证而得出的。麦克斯韦则是继法拉第之后,集电磁学大成的伟大科学家。1864 年他的第三篇论文《电磁场的动力学理论》,就是从几个基本实验事实出发,运用场论的观点,以演绎法建立了系统的电磁理论。他依据库仑、高斯、欧姆、安培、毕奥、萨伐尔、法拉第等前人的一系列发现和实验成果,建立了第一个完整的电磁理论体系,不仅科学地预言了电磁波的存在,而且揭示了光、电、磁现象的本质的统一性,完成了物理学的又一次大综合。这一理论自然科学的成果,奠定了现代的电力工业、电子工业和无线电工业的基础。通过阅读科学发展史,我们可以看到实验在科学技术发展过程中起着重大的作用。

实验教学是高等工程教育的重要组成部分,它具有获取知识和技能、培养能力和情商的多重功能,是一种与相关学科并列而独立的教学形式。实验教学是实现素质教育和创新人才培养的重要环节,它对培养学生科学素质、创新思维、创新意识、动手能力、分析问题和解决问题的能力有着重要的作用。

实验教学作为一种独特的教学形式,它具有以下的特点:

1.学生实验主要是学生通过实践活动进行学习,既动手又动脑,是学习的能动过程。

2.学生实验以学生的全面发展为本,突出了学生的主体地位。

3.实验的实践性、直观性,能引发学生的创造性思维。

4.实验表现了知识、技能、情感和能力的统一性、实用性和时代性。

5.学生实验体现和推动了探究性学习和合作性学习的特点和开展。

6.实验及评价活动,能树立学生的实验意识、合作精神和科学价值观。

3.1.2　实验的分类和构成 [3]

目前,人们对于实验类型的分类,还缺少较系统的研究。我们简单地介绍以下两种分类:

按照实验的目的不同,可以把科学实验分为定性实验、定量实验和结构分析实验。定性实验是用以判定某种因素、性质是否存在的实验。定量实验是用以测定某种数值或数量间关系的实验。结构分析实验是用以了解被研究对象内部各种成分之间空间结构的实验。

根据实验手段(仪器、设备工具等)是否直接作用于被研究对象为标准,实验可分为直接实验和模型实验。直接实验就是实验手段直接作用于被研究对象的实验。模型实验就是根据相似原理,用模型来代替被研究对象,即代替原型,实验手段则直接作用于模型而不是原型的一种实验。在现代自然科学中,模型已不限于与原型具有同样物理性质的物理模型,而是又发展出数学模型、控制论模型等等。数学模型是建立在模型和原型的数学形式相似的基础上。控制论模型是建立在控制功能的相似性基础上的。因此,人们就可以在具有不同运动形式的对象之间进行模拟实验。

无论何种类型的科学实验,它们都是由三个部分构成的。

第一,实验者。这是组织、设计和进行科学实验的人。实验目的的确定、实验方案的设计、实验步骤的制定、实验过程的操作、实验结果的处理解释等,没有一个环节可以脱离实验者。实验者是实验活动的主体。实验者从事科学实验是为了取得对自然界特定对象的认识。因此,从认识论上看,实验者又是认识的主体。没有实验者这个认识主体,科学实验就不会发生。不过在此需要指出的是,不能把实验者理解为孤立的个人。在任何情况下。实验者都不是作为孤立的个人在活动,而是作为社会的人在活动。实验者继承着前辈们所已经建树起来的积极成果,也借鉴着同时代的成功经验与失败教训,同时还依赖着人们之间进行的各方面的协作劳动。因此,实验者所取得的任何一点有益成果,都将融汇到社会精神财富的总体中去。这样说,并不是要否认实验者个人的创造能力,而是说这种创造能力只有不脱离社会这个基础时才能得到发挥。

第二,实验对象。这是实验者所要认识的对象。实验对象可以是自然界的物体及其现象,例如太阳光,也可以是人们生产出来的物体及其现象,例如机床、布匹。但是,不管何种实验对象,它既是实验者进行变革和控制的对象,又是实验者的认识对象。因此,从认识论上看,实验对象是处于认识客体的地位。

第三，实验手段。实验手段是由实验的仪器、工具、设备等客观物质条件组成，实验仪器是其中的主要成分。实验手段的作用主要表现在两个方面：一方面是实验者通过实验手段把自己变革和控制实验对象的意图传递给实验对象，使实验者的意图得到物化。另一方面，实验手段又显示实验对象的特性，而把实验对象在经受变革与控制后呈现的状态传递给实验者，使实验者能够获得关于实验对象的有关认识。所以，实验手段是实验者和实验对象之间的中介环节。没有适当的实验手段，实验对象的某些特性就不能暴露出来，人们就不能获得对这些特性的认识。在这个意义上，实验手段的状况，决定着科学实验所能达到的认识水平。实验手段的每一步改进，都意味着人们对实验对象的可观察量的增加，意味着科学实验水平的提高。从科学史上可以看出，新的实验手段的采用，往往会带来科学理论上的重大突破和发展。因此，有意识地改进实验手段是一项具有战略意义的措施。但是，一个时代的实验手段又是那个时代生产力水平的具体表现，为当时的生产力发展状况所制约。因此，实验手段的改进，新实验手段的装备，只有伴随着整个社会生产力水平的提高才能实现。

模型实验产生以后，人们用模型来代替原型进行实验。那么模型在科学实验的结构中是属于哪一部分？在科学实验中，模型具有双重的性质。就模型是实验者运用实验手段而对之进行实际的变革和控制的对象来说，模型是实验对象。实验者是对模型进行各种实验，从而取得关于模型的各种认识。但就模型只是原型的替代物，实验者的真正目的是要获取关于原型的认识这一点来说，实验的真正认识对象是原型，而模型则不过仍然是实验者所运用的实验手段。这是一种扩展了的手段。也许正是由于模型的这种双重性质，使它在科学实验中占有特殊重要的地位。

3.1.3　实验方法的特点[3]

1. 实验法可以简化和纯化研究对象

实验方法可以利用科学仪器和设备所造成的条件，根据研究目的，突出研究对象的主要因素，排除次要因素、偶然因素以及外界的干扰，使要认识的事物的某些属性在特定的状态下显示出来，从而能更准确地认识事物的本质和规律。如1799年英国物理学家亨利·戴维把实验仪器保持在水的冰点，排除了实验物品和周围环境的热交换，证明冰融化所需的热来自于摩擦，否定了当时占统治地位的"热素说"。

2. 实验法可以强化、弱化研究对象

许多事物在常态下并不能充分暴露其本质，利用实验可以创造出自然界中不可能出现的环境，从而更好地认识研究对象。如1911年荷兰科学家昂尼斯把汞的温度降到0℃以下时，发现汞的电阻突然消失，变成了所谓的超导体，并由此打开了超导研究的大门。美籍科学家吴健雄让钴-60处于超低温这一极端状态，成功地验证了弱相互作用下宇称不守恒这一假设。

3. 实验方法可以加速、延缓、再现、模拟自然过程

自然界中许多事物有的转瞬即逝，有的旷日持久，有的事过境迁，给人们认识某些事物带来了困难。而实验方法可以在人为的控制下，根据研究的需要来改变自然界中事物的状态。1953年美国科学家米勒进行地球大气及闪电的实验，他仿照地球雷电交加的自然条件，对放入真空管中的各种气体进行火花放电。经过八天的反复作用，最后得到了五种构成

蛋白质和重要氨基酸,而这个过程在自然状态下要经过上亿年。

任何一个实验都包括实验者、实验仪器和实验对象三个基本的组成部分。但是,从不同的角度可以把实验方法分为不同的类型:根据实验对象性质的多样性,可以分为物理实验、化学实验、生命实验、人体实验等;从实验手段和条件,可以分为直接实验和间接实验、野外实验和实验室实验等;根据实验者的预定目的,可分为定性实验、定量实验、测量实验、析因实验、对照实验、验证性实验、判定性实验、中间实验等;根据实验对象的透明度,可以分为黑箱实验、灰箱实验、白箱实验等。

研究者应充分利用实验方法来研究特定的事物,但是必须懂得实验方法的局限性,如实验不能代替理论研究;实验总是特殊的,特殊的结果与普遍的理论之间总是有距离的;实验只能是在有限的范围内进行,许多问题是无法通过实验进行研究的。

3.1.4　实验方法的使用原则[3]

1. 应熟练掌握与实验课题有关的理论和经验

实验方法是在人为的控制下对研究对象进行研究的一个过程,所以要精心设计实验方案。在设计实验方案和进行具体实验的过程中,离不开理论的指导和前人经验的积累。实验者只有具备必要的理论知识和实验技能,才能对实验中出现的新事物有敏锐的观察力,当事物表现超出原来的理论框架时,能够及时加以捕捉,并发现其本质。

2. 应事先提出假说或需要检验的观点、理论等

实验在科学研究中主要有两种目的:一是探索和发现新现象或新规律;二是检验已有知识或理论的正确性。

1902 年到 1907 年,德国化学家费舍尔对蛋白质的化学结论进行深入研究,提出了蛋白质的肽键理论,然后在实验中合成了 18 个氨基酸的多肽长链,从而验证了其反映蛋白质结构理论的正确性。

3. 应精心设计,严密组织

俗话说,"知己知彼,百战不殆"。对所要做的实验,必须精心设计,严密组织,做到心中有数,这样才能使成功率更大。根据一定的理论,结合具体的研究对象,可以采取不同的研究方式。如泰勒通过精心设计和严密组织,利用搬运铁块实验、铁砂和煤炭的挖掘实验、金属切削实验等,提出了科学管理的方法。

4. 应选择好实验环境,准备好实验工具

实验环境对于实验的成功与否有很大关系,如在对天体进行观察时,要选择天气很好的时候,才能取得理想的效果。

俗话说"磨刀不误砍柴工",实验工具是实验取得成效很关键的一个方面。它的状况决定着实验能达到的认识水平。如没有高分辨率的光谱食品,就无法认识原子光谱的精细结构。丁肇中正是由于不断把实验的精度提高,最终发现了丁粒子。

5. 应保持受实验者的常规状态

不论研究对象是自然界中的事物,还是人类自己,为了保持实验结果的客观性,要尽量保持受验者的常规状态。只有在常态下,事物或人所表现出来的才是其真实的情况。在保持正常状态下,通过改善工作条件和环境等因素,梅奥通过照明实验、福利实验、电话线圈装配实验、访谈实验等提出了以人为本的管理思想。

6. 应能有效地控制影响实验的各种因素

在实验过程中，要根据研究目的来尽量控制实验中的各种因素。要突出主要因素，排除次要因素、偶然因素以及外界的干扰，从而能更准确地认识事物的本质规律。伽利略的落体实验、斜面实验和单摆实验都是在突出主要因素、排除次要因素的条件下获得成功的。

7. 应仔细观察，尽可能得到精确的数据

在科技史上，当某些重大发现公布之后，经常使一些科学家后悔莫及，因为他们也曾见到过类似现象，但由于未加注意而失去了发现的大好良机。法国的约里奥·居里在用粒子轰击铍时打出了中子，但他没有留心而误认为是 γ 粒子，让它溜走了。后来，查德威克证明了不是 γ 射线而是中子，获得了诺贝尔物理学奖。可见，在科学实验过程中只有仔细观察，才能得到理想的结果。

8. 应从小到大、反复多次进行实验

一般说来，在做深入的大规模的实验前，先要做一些探索性的试实验，先简单后复杂，这样可以为以后的实验工作积累相关的信息和思路。实验要注意其可重复性。只有多次重复，才能表明其成果是可以让大家认可的。1959 年美国物理学家韦伯曾宣布，他的实验装置已直接收到了从银河系一天体发出的引力辐射，直接验证了爱因斯坦关于引力波的预言。但是，它的实验在世界上十几个实验室都未能重复，因而也就没有被科学界承认。

9. 应仔细核对实验后所得出的结论

实验结束后，要对实验中获得的数据作进一步的加工、整理，从中提取出科学事实或某种规律性的理论。在分析过程中，要利用统计分析的方法，借助于计算机等手段来从数据之间的因果关系、起源关系、功能关系、结构关系等多角度、多层次地进行处理。

3.2　实验过程与实验报告的撰写规范

3.2.1　实验过程的不同阶段 [3]

1. 实验的准备阶段

一项科学实验的价值，它的成功或失败，很大程度上取决于科学实验的准备阶段。在这一阶段，人们需要进行四项工作。其中的每项工作，都不能离开理论的运用，不能离开逻辑思维活动。

(1)确立实验目的。这是为了明确我们为什么而进行实验。例如，迈克尔逊和莫雷关于光的干涉实验，其目的就在于检验当时流行的以太理论是否正确。这个目的的实现，对于推动物理学的发展有着十分重要的作用。确定实验目的是一个理论的逻辑演绎的过程。

(2)明确指导实验设计的理论。在确立实验目的之后，并不能马上着手设计实验，而是要先明确以什么理论来指导实验的设计。这种指导性理论，就是启发实验者应采用什么方法并从什么方向上去实现已确立的目的。没有这一步骤，就不能从实验目的过渡到具体的实际设计上去。例如，恩格斯早就提出生命是通过化学进化的途径产生的。在恩格斯之后，很多科学家都想用实验来检验恩格斯的论断。但在很长一段时间里,人们始终不能进入具体的实验设计。其原因就在于实验设计所依据的指导性理论还不具备,人们还不知从何处着手去设计这种实验。也就是说,在实验目的和具体实验设计之间还缺少一个把两者联系起来的中间环节。进入 20 世纪后,人们才提出了一个理论:在原始的不同于今天的大气条件下,在漫长的岁月里,非生命物质可以转化为生命。以后,海登又提出了原始大气和原始汤液的概念。这些理论相继提出之后,实验设计就有了依据,有了方向。人们就可以根据这些理论进一步作出逻辑推理:假定我们模拟了原始地球的大气成分,并创造相应的条件,那么就可以进行模拟原始地球时期使无机物转化为生命所必需的有机物的实验。1953 年米勒的实验就是依据这种指导性理论而进行设计并取得成功的。指导性理论不仅关系到一个实验目的应从何处着手实现的问题,而且还直接影响到实验设计的成效。

(3)着手实验设计。马克思说:"蜜蜂建筑蜂房的本领使人间的许多建筑师感到惭愧。但是,最蹩脚的建筑师从一开始就比最灵巧的蜜蜂高明的地方,是他在用蜂蜡建筑蜂房以前,已经在自己的头脑中把它建成了。劳动过程结束时得到的结果,在这个过程开始时就已经在劳动者的表象中存在着,即已经观念地存在着。"[4] 这就是说,人们在实际行动之前,要先考虑到自己在未来应如何行动,采取哪些步骤,每步行动可能带来什么结果,假如某些条件突然改变了,将发生什么影响等等问题。科学实验是人们为了认识自然界而进行的一种变革自然界对象的社会实践活动。人们当然更要在采取具体实验行动之前,先在思维中以观念形态大致完成这个变革的行动过程。哪些干扰因素应设法排除,哪些次要因素要暂时撇开,这一切都应在实验设计中给以考虑。实验设计的任务,就是为了在实施实验之前,先把这个实验在自己的观念中完成。

实验设计是运用一定理论进行逻辑推论的过程。实验设计的优劣很大程度上取决于设计过程中的逻辑思维是否严密。比如,在实验设计中,要细致思考到,在实验的实施中可能会有哪些偶然性因素发生,这些偶然性因素会对实验效应带来什么影响。拿某种药物效应的实验来说,在实验设计时就要考虑到,如果病人知道了是在做药物效应的实验,那么他的心理反应就可能影响到生理上,从而使实验发生偏差,如果某医生知道了哪些病人属于实验组,哪些病人属于对照组,那么他的心理反应也可能会影响到诊断上,从而使实验发生偏差。因此,在实验设计中就要采取相应的严格措施,以消除这种偶然因素对实验效应的影响。这些思考过程,都是运用一定理论而进行的逻辑分析和逻辑推理的过程。

当然,在实验设计中还有许多具体的工艺和技术方面的问题。但是贯穿实验设计的一根主线,则是运用一定理论而进行的逻辑推论。相应的工艺和技术问题也只有在一定逻辑思维基础上,才能联结成为一个完整的设计。

(4)实验仪器、设备、材料的准备。人们往往把实验仪器、设备、材料的准备,当作是一种纯物质的活动。其实,每一种仪器都是以某种或某些理论为依据而进行设计和制造的。例如,伽利略、托里拆里等人使用的温度计,就是根据液体和气体与"受热程度"按比例膨胀的假定而制作的。1878 年国际度量衡委员会关于标准温度计的决议则作如下规定:"温度应当用化学上纯的氢在定容情况下的压力来测量,它在冰的熔解点时的压力为 1000mm 水银柱高。"所以,每采取一种仪器,实际上就意味着引进了一些理论。材料的选用也是根据一定的理论进行的。例如,孟德尔选择豌豆作为实验材料,就是因为豌豆有严格的自花授粉,易于栽培,生长期短,有明显的可区分性状等特点。离开了一定的理论和逻辑思维,实验仪器、设备、材料的准备工作就无法进行。

2. 实验的实施阶段

实验的第二个阶段，可以叫做实验的实施阶段。这个阶段就是实验者操作一定的仪器设备使其作用于实验对象，以取得某种实验效应和数据。仪器设备与实验对象的相互作用是不依人的意志为转移的合乎规律的表现。因此，这个阶段的活动是一种客观的物质活动。作为客观的感性物质活动的实验实施过程正是对人们已有认识的检验，也是提供了给人们认识的新事实。

3. 实验的试验结果处理阶段

实验的第三个阶段，可以叫做实验结果的处理阶段。

在这一阶段上，需要对实验结果进行分析。因为尽管人们在实验设计中作了周密考虑，但在实验的实施过程，仍会有一些事前没估计到的主客观因素影响到实验结果。所谓客观因素主要是指实验仪器设备的偶然变化，实验初始条件、环境条件的偶然变化、实验材料在品种规格上的某些差异等等。所谓主观因素主要是指，在实验设计时，遗漏了对一些可能产生的系统误差的考虑，在读取数据时，感官上造成的偏差，等等。这些因素造成的影响是混合在一起的。因此，人们就必须对实验最初所呈现出来的结果作出分析，以区分什么是应该消除的误差，什么是实验应有的结果。

在科学实验中，人们变革着客观的物质对象，这就使它和人们的生产活动有相同的方面。因为生产活动作为人们能动地改造客观世界的活动，也是一种变革物质对象的活动。正是由于这一点，科学实验也和生产活动一样，属于改造客观世界的实践活动的范畴，成为实践的一种基本形式。但是科学实验和生产活动又有区别。首先，它们的直接目的不同。科学实验的直接目的在于解决一定的科学研究任务。生产活动的直接目的在于提供人们生活和再生产所需要的物质财富。其次，它们产生的结果不同。科学实验产生的结果是人们获得了对事实的认识，是检验一定的理论。而生产活动产生的结果，则是使人们获得了所需要的产品。当然，这种区别不是绝对的。尤其是在现代，科学实验和生产活动已经明显地互相渗透。生产的发展为科学实验提供了前提和条件，科学实验则为发展生产指明方向、开辟道路。不仅如此，很多科学实验直接解决生产中的问题，成为生产活动的一部分，而很多生产活动又带有科学实验的性质，它在生产物质产品的同时也解答了某些科学研究的课题。关于科学实验与生产活动的相互关系问题，这是科学社会学研究的一个重要课题。

实验法是指经过特别安排，在人为控制下确定事物相互关系的研究方法。实验法是自然科学研究领域最早被人们普遍使用的研究方法之一，是近代自然科学建立的基础，以致国外有的学者竟认为，研究（research）就是实验、实验、再实验，反复（re）寻找（search）的过程。达·芬奇、伽利略、牛顿等人都充分利用实验方法取得了巨大的科学成就。

3.2.2　实验报告的撰写规范

实验报告是对实验工作的总结和文字加工，是实验研究的最后环节，也是一个非常重要的环节。

1. 撰写实验报告的目的

撰写实验报告主要有两个目的，一是科学地总结自己的实验研究工作，通过对实验课题、内容、方法的科学表述,阐明实验的结论和价值,并向社会提供教育科研的信息,有益于丰富教育理论和推动教育实际工作;二是教育实验的成果是否可靠,必须经过反复验证。研究者对自己的实验工作进行总结,写出实验报告,不仅有助于向同行提供验证材料,也有利于学术交流、推动教育科研的发展,此外,撰写实验报告,还有利于研究者发现自己实验研究过程中的问题和漏洞,因而也有利于自己研究水平的提高和今后实验工作的改进。

2. 对撰写实验报告的一般要求

一篇实验报告的质量如何,首先取决于实验研究工作本身,如实验研究工作是否具有理论或实践意义,实验设计是否科学、严谨,条件的控制是否严格有效,取决于实验研究者的理论与学术水平和写作能力,除此之外,要想写出一篇好的实验报告,还需要遵循下述要求:

(1)草拟详细的实验报告撰写提纲。要根据实验研究的目的、特点和结构缜密考虑实验报告的内容、中心思想、图表的穿插和表达方式。在草拟详细提纲的过程中,要对搜集到的大量材料进行比较、提炼、去伪存真,以选取最有价值的论据。

(2)结论的取得必须以事实为依据,不可因材料不全而主观臆断,更不可捏造一些材料以弥补材料的不足(这已严重违背科研道德)。对搜集到的材料还必须从理论上进行分析,力求在学术上达到一定深度。

(3)文字表述必须精确和通俗。实验报告是科学论文,不是文艺作品,因此在写作时,不可采用夸张、比喻和拟人化的修辞手法,也不可将生活概念作为科学概念使用,写作时既要做到遣词用字准确无误,又要避免语言晦涩,要做到通俗易懂。

3. 实验报告的格式

实验报告的撰写并无固定不变的模式,它可以因课题不同而有差别,但也有一个基本格式。一般而言,一个实验报告要包括以下几个部分:

(1)题目

题目是实验报告的主题思想,必须能准确、清楚地呈现出研究的主要问题。因此,实验报告的标题常常直接采用研究课题的名称,指明所研究的重要变量,如题目"在万能工具显微镜上用影像法测样板的实验",就反映了实验研究的实验变量(测样板)。总之,题目要使人对研究问题一目了然。

实验报告的题目还要注意简明,不要用字过多。在特殊情况下,如果字数少了,不能充分表现实验的主要内容,可以采用加副标题的办法。

(2)前言

前言也称引言、导语、问题的提出,是实验报告的正文开头部分。主要内容包括:提出问题,表明研究的目的;通过对有关文献的考察,说明选题的依据,课题的价值和意义;目前国内外在这一方面的研究成果、现状、问题及趋势;该项研究所要解决的问题以及研究的理论框架。

"前言"在实验报告中具有十分重要的地位,因为读者首先通过前言判断实验的意义和价值。前言的文字要简洁明了,字数不宜太多,表述要具体清楚。

(3)方法

该部分要阐明实验研究所使用的研究方法,同时,也便于人们对整个研究过程的科学性客观性加以评价鉴定。也就是说,要让别人了解实验结果是在什么条件和情况下,通过什么方法,根据什么事实得来的,以评价实验研究的科学性和结果的真实性、可靠性。同时,也便于他人用同样方法进行重复实验。

该部分基本内容包括：①研究课题中出现的主要概念的定义及其阐述；②被试的条件、数量、取样方法；③实验的设计，实验组与控制组情况，研究的自变量因素的实施及条件控制等；④实验的程序，通常涉及实验步骤的具体安排，研究时间的选择；⑤资料数据的搜集和分析处理，实验结果的检验方式。结构应周密，条理要清楚，用词要准确明白。

（4）结果

这是指介绍和分析研究结果。其内容包括：

1）对实验中所搜集的原始数据、典型案例、观察资料，用统计表、曲线图结合文字进行初步整理、分析。既有对定性资料的归纳，又有对定量资料的统计分析。

2）在对资料进行初步整理分析基础上，采用一些逻辑的或统计的技术手段，得出研究的最终结果或结论。

结果部分的撰写，要注意以下要求：

1）叙述的是作者本人实验研究结果，以准确无误的数据资料说明问题，以陈述事实为主，不应夹杂前人或他人的工作成果，也不应外加研究者的主观议论和分析，从而保证结果的纯洁性、客观性和准确性。

2）要将定量与定性分析相结合。对数据资料，不仅要严格核实，注意图表的正确格式，而且要采用一定的统计分析技术，以数量变化揭示出所研究事物的必然关系，绝不能搞成事实的罗列。

3）资料翔实，层次清晰，前后连贯，文字准确简明。结论是建立在对实验所搜集材料的客观分析、比较、综合、归纳的基础上，必须是严谨的、科学的、合乎逻辑的论证，切忌夸夸其谈，任意引申。

（5）讨论

讨论是对实验研究结果的含义和意义评价。研究者根据研究的客观事实和结论，结合自己的认识与了解，通过分析思考，讨论和分析与实验结果有关的问题，对当前的科学理论或实践的发展提出自己的认识、建议和设想。

讨论的基本内容包括：

1）对实验结果进行理论上的分析和论证。不仅要用摘要的形式概述研究的结果，阐明研究结果的意义，以及对本实验多次研究结果的综合分析，而且还要在与前人所作研究结果的比较分析中，将自己的研究纳入某一理论框架以建立或完善理论。

2）对本实验研究方法的科学性和局限性的探讨。如对实验误差、出现和常识相违的数据等进行必要的反省，对研究成果的可靠程度和适用范围作进一步说明。

3）提出可供深入研究的问题以及本实验研究中尚未解决或需要进一步解决的问题，对未来的研究以及如何推广研究提出建议。

（6）结论

这是指根据实验结果对实验作个简单的小结。这一部分主要是概括地说明该项实验研究了什么问题，获得了什么结果，证实或否定了什么问题。

"结论"的文字要简短，一般以条目的形式表达。

（7）参考文献

这是指在实验报告的结尾，把撰写实验报告所引用的别人的材料、数据、论点注明出处。

这即可以表明实验报告撰写者的水平,严谨的科学态度,也可以表明对别人劳动成果的尊重,并可给读者提供信息,开阔其视野。

参考文献的排列:在期刊的参考项目中,包括作者的姓名,文章标题,期刊刊名和期号;在书籍的参考项目中,包括作者姓名,书名,出版社名,出版时间及页数。

此外,一个完整的实验报告还应在实验报告题目后署上作者的姓名。特别是要公开发表的实验报告,不仅必须署上作者的姓名还应署上作者工作单位,以表示对实验报告负责和便于读者咨询。作者姓名的先后排列应根据姓氏笔画或对实验贡献的大小,而不应以学术地位或官衔高低为排列先后次序的标准。

3.3　实验数据处理方法

数据处理是指从获得的数据得出结果的加工过程,包括记录、整理、计算、分析等处理方法。用简明而严格的方法把实验数据所代表的事物内在的规律提炼出来,就是数据处理。正确处理实验数据是实验能力的基本训练之一。根据不同的实验内容,不同的要求,可采用不同的数据处理方法。本章介绍实验中较常用的数据处理方法。

3.3.1　列表法

获得数据后的第一项工作就是记录,欲使测量结果一目了然,避免混乱,避免丢失数据,便于查对和比较,列表法是最好的方法。制作一份适当的表格,把被测量和测量的数据一一对应地排列在表中,就是列表法。

1. 列表法的优点

(1)能够简单地反映出相关所测量的物理量之间的对应关系,清楚明了地显示出测量数值的变化情况。

(2)较容易地从排列的数据中发现个别有错误的数据。

(3)为进一步用其他方法处理数据创造了有利条件。

2. 列表规则

(1)表格要求工整,对应关系清楚简洁,行列整齐,一目了然。

(2)表中所列为测量的物理量的数值(纯数),因此表的栏头也应是一纯数,即物理量的符号除以单位的符号,例如:a/ms^{-2}、$I/10^{-3}\mathrm{A}$ 等,其中物理量的符号用斜体字,单位的符号用正体字。

(3)提供必要的说明和参数,包括表格名称、主要测量仪器的规格(型号、量程、准确度级别或最大允许误差等)、有关的环境参数(如温度、湿度等)、引用的常量和物理量等。

3. 应用举例

例 1　用列表法报告测得值。(见表 3.1)

表 3.1 用伏安法测量电阻

测量序号 k	电压 U_k/V	电流 I_k/mA
1	0	0
2	2.00	3.85
3	4.00	8.15
4	6.00	12.05
5	8.00	15.80
6	10.00	19.90

注：伏特计 1.0 级，量程 15V，内阻 15kΩ；毫安表 1.0 级，量程 20mA，内阻 1.20Ω。

列表法还可用于数据计算，此时应预留相应的格位，并在其标题栏中写出计算公式。

4. 列表常见错误

(1)没有提供必要的说明或说明不完全，造成后续计算中一些数据来源不明，或丢失了日后重复实验的某些条件。

(2)横排数据，不便于前后比较(纵排不仅数据趋势一目了然，而且可以在首行之后仅记变化的尾数)。

(3)栏头概念含糊或错误，例如将 U_k/V 写成 $U_k(\mathrm{V})$ 或 $U_k，\mathrm{V}$ 等。

(4)数据取位过少，丢失有效数字，给继续处理数据带来困难。

(5)表格断成两截，达不到一目了然。

要按照列表规则养成良好的列表习惯，避免出现以上的错误。

列表法是最基本的数据处理方法，一个好的数据处理表格，往往就是一份简明的实验报告，因此，在表格设计上要舍得下工夫。

3.3.2　作图法

在研究两个物理量之间的关系时，把测得的一系列相互对应的数据及变化的情况用曲线表示出来，这就是作图法。

1. 作图法的优点

(1)能够形象、直观、简便地显示出物理量的相互关系以及函数的极值、拐点、突变或周期性等特征。

(2)具有取平均的效果。因为每个数据都存在测量不确定度，所以曲线不可能通过每一个测量点。但对于曲线，测量点时靠近和匀称分布，故曲线具有多次测量取平均的效果。

(3)有助于发现测量中的个别错误数据。虽然曲线不可能通过所有的数据点，但不在曲线上的点都应是靠近曲线才合理。如果某一个点离曲线明显的远了，说明这个数据错了，要分析产生错误的原因，必要时可重新测量或剔除该测量点的数据。

(4)作图法是一种基本的数据处理方法，不仅可以用于分析物理量之间的关系，求经验公式，还可以求物理量的值。但受图纸大小的限制，一般只有 3～4 位有效数字，且连线具有较大的主观性。所以用作图法求值时,一般不再计算不确定度。

在报告实验结果时,一条正确的曲线往往胜过百个文字的描述,它能使实验中各物理量间的关系一目了然,所以只要有可能,实验结果就要用曲线表达出来。

2. 作图规则

（1）列表

按列表规则,将作图的有关数据列成完整的表格,注意名称、符号及有效数字的规范使用。

（2）选择坐标纸

作图必须用坐标纸。根据物理量的函数关系选择合适的坐标纸,最常用的是直角坐标纸,此外还有对数坐标纸、半对数坐标纸、极坐标纸等。本节以直角坐标为例介绍作图法,其他坐标可参考本节原则进行。坐标纸的大小要根据测量数据的有效位数和实验结果的要求来决定,原则是以不损失实验数据的有效数字和能包括全部实验点作为最低要求,即坐标纸的最小分格与实验数据的最后一位准确数字相当。在某些情况下例如数据的有效位太少使得图形太小,还要适当放大以便于观察,同时也有利于避免由于作图而引入附加的误差;若有效位数多,又不宜把该轴取得过长,则应适当牺牲有效位,以求纵横比适度。

（3）标出坐标轴的名称和标度

通常的横轴代表自变量,纵轴代表因变量,在坐标轴上标明所代表物理量的名称（或符号）和单位,标注方法与表的栏头相同,即量的符号（可用汉字）除以单位的符号。横轴和纵轴的标度比例可以不同,其交点的标度值不一定是零。选择原点的标度值来调整图形的位置,使曲线不偏于坐标的一边或一角;选择适当的分度比例来调整图形的大小,使图形充满纸。分度比例要便于换算和描点,例如,不要用 4 个格代表 1（单位）或用 1 格代表 3（单位）,一般取 1,2,5,10······标度值按整数等间距（间隔不要太稀或太密,以便于读数）标在坐标纸上。

（4）描点和连线

1）根据测量数据,用削尖的铅笔在坐标图纸上用"＋"或"×"标出各测量点,使各测量数据坐落在"＋"或"×"的交叉点上。同一图上的不同曲线应当用不同的符号,如"×"、"＋"、"⊙"、"△"、"□"等。

2）用透明的直尺或曲线板把数据点连成直线或光滑曲线。连线应反映出两物理量关系的变化趋势,而不应强求通过每一个数据点,但应使在曲线两旁的点有较匀称的分布,使曲线有取平均的作用。用曲线板连线的要领是:看准四个点,连中间两点间的曲线,依次后移,完成整个曲线。

（5）在图上空旷位置,写出完整的图名、绘制人姓名及绘制日期,所标文字应当用仿宋体。

3. 求直线的斜率和截距

直线时,其方程具有形式 $y = b_0 + b_1 x$。只要求出斜率 b_1 和截距 b_0,就可以得到关于物理量 x, y 的经验公式。在许多实验中也通过求斜率或截距来求得物理量。

例 2　测定有一固定转轴的刚体的转动惯量 J,该刚体受到动力矩 M 和阻力矩 M_μ 的作用,根据转动定律 $M - M_\mu = J\beta$,写成 $M = M_\mu + J\beta$,设阻力矩为常量,这就是一个直线方程。改变动力矩 M,测得一系列相应的角加速度 β,作 M-β 曲线,求出斜率和截距,就得到了转动惯量和阻力矩。

（1）求斜率

设直线方程为

$$y = b_0 + b_1 x$$

设斜率为

$$b_1 = \frac{y_2 - y_1}{x_2 - x_1} \tag{3.1}$$

在曲线上取 $p_1(x_1, y_2)$ 和 $p_2(x_2, y_2)$ 两点代入（3.1）式，即可求得斜率。求斜率时要注意：

1）p_1、p_2 必须是直线上的点，且不可取测量点；

2）p_1、p_2 在测量范围以内，且相距尽量远；

3）p_1、p_2 用不同于作图描点的符号标出，例如用△或□，标上字母符号 p_1 或 p_2 及坐标值。读数和计算时注意正确使用有效数字；

4）在实验报告上写出计算斜率的完整过程。

（2）求截距

截距 b_0 是对应于 $x = 0$ 的 y 值。在曲线上另取一点 $p_3(x_3, y_3)$，将 x_3、y_3 的值和（3.1）式代入直线方程，求得

$$b_1 = y_3 - \frac{y_2 - y_1}{x_2 - x_1} \cdot x_3$$

如果作图时 x 轴标度从零开始，截距 b_0 也可以从图上直接读出。

4. 应用举例

例3 以例1伏安法测电阻为例，用作图法求电阻 R。

在直角坐标纸上建立坐标，在横轴右端标上"电压/V"，以 1mm 代表 0.1V，原点标度值为 0，每隔 20mm 依次标出 2.00、4.00、6.00、8.00、10.00；在纵轴上端标上电流/mA，以 1mm 代表 0.2mA，原点标度值为 0，每隔 25mm 依次标出 5.00、10.00、15.00、20.00，如图 3.1 所示。

按照表 3.2 的数据，用符号"＋"描出各测量点，然后画一条直线，连线时注意使 6 个测量点靠近直线且匀称地分布在该直线的两侧。

在曲线上方空白处写上图名"电阻的伏安性曲线"。

为求斜率，在曲线上取两点用"○"标出，并在旁边写上符号和坐标值 $p_1(1.00, 2.02)$ 和 $p_2(9.00, 17.98)$，则斜率为

$$b_1 = \frac{y_2 - y_1}{x_2 - x_1} = \frac{17.98 - 2.02}{9.00 - 1.00} = 1.995$$

表 3.2　作图数据列表

测量序号 k	x U_k(V)	y I_k(mA)
1	0	0
2	2.00	3.85
3	4.00	8.15
4	6.00	12.05
5	8.00	15.80
6	10.00	19.90

电阻 $R=\dfrac{1}{b_1}=\dfrac{1}{1.995}=0.501(\mathrm{k}\Omega)$。

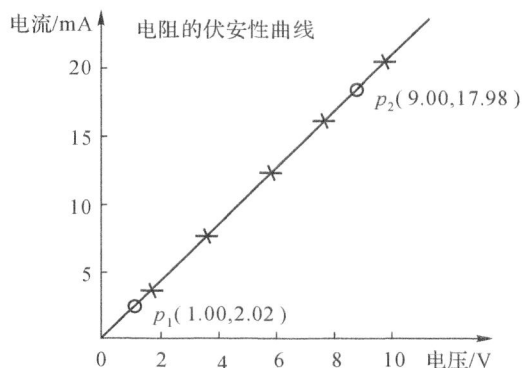

图 3.1　电阻的伏安特性曲线

5. 曲线改直

按相关物理量作成曲线虽然直观,但要判断具体函数关系却比较困难。通过适当的变换,将曲线改成直线,再作图分析就方便得多,而且容易求得有关的参数。

例 4　带等量异号电荷的无线长同轴圆柱面之间的静电场中,某点 A 的电场强度 E 的大小和 A 点到轴线的距离 r 成反比。现用实验来验证 $E\propto(1/r)$。实验中不能直接测电场强度,只能测得 A 点的电位 U,根据场强和电位的关系 $E=\mathrm{d}U/\mathrm{d}r$,从 $E\propto(1/r)$ 可推出 $U\propto\ln(r)$。实验数据处理时作 r-U 图线(以 U 为横轴,r 为纵轴),得到一条曲线,很难看出它们有怎样的函数关系(图 3.2a)。若仍以 U 为横轴,而已 $\ln(r)$ 为纵轴,则图线为一条直线(图 3.2b),这就证明了 $U\propto\ln(r)$,从而验证了 $E_a\propto(1/r)$ 的关系。

6. 作图中的常见错误

(1)原点标度不当,图形偏于一边或一角;坐标比例不当,图形太小或部分实验点超出图纸而丢失。

(2)在坐标轴上标出了测量值或在实验点旁标出其坐标值。

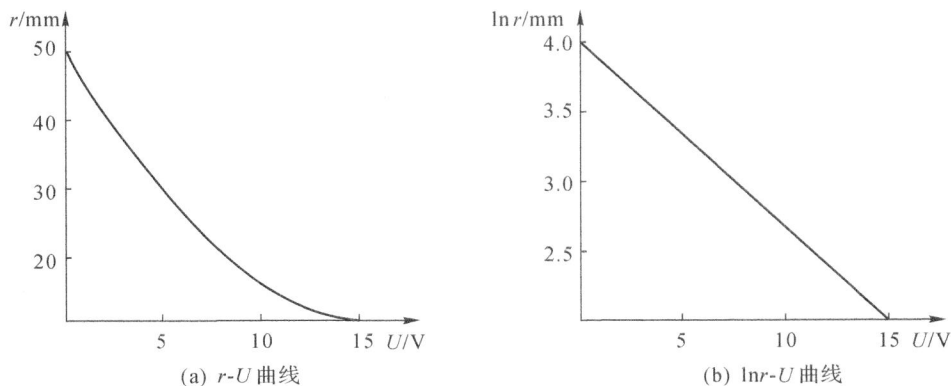

图 3.2　曲线改直

(3)用"•"作为描点的符号;用圆珠笔作图或者没有把铅笔削尖;徒手连线或者用直尺

连曲线。

（4）求斜率，截距使用了测量电。应注意，即使曲线通过了测量点，该点也不可用来求斜率和截距。

最后应该指出，不要以为作图法仅仅是做完实验之后处理数据的一种方法，从分析实验任务设计方案时就可以运用作图法的思想。例 2 就巧妙地绕开了阻力矩地影响求得了转动惯量。作图法适用于实验的全过程。在教学中，作图法对于思维、实验方法和技能的训练有着特殊的地位和作用。

3.3.3 逐差法

当两物理量呈线性关系时，常用逐差法来计算因变量变化的平均值；当函数关系为多项式形式时，也可用逐差法来求多项式的系数。逐差法也称为环差法。

1. 逐差法的优点

（1）充分利用测量数据，更好地发挥了多次测量取平均值的效果。

（2）绕过某些定值未知量。

（3）可验证表达式或求多项式的系数。

2. 逐差法的适用条件

（1）两物理量 x, y 之间的关系可表达为多项式形式。

例如： $y = b_0 + b_1 x$

$$y = b_0 + b_1 x + b_2 x^2$$

$$y = b_0 + b_1 x + b_2 x^2 + b_3 x^3$$

（2）变量 x 必须是等间距变化，且较因变量 y 有更高的测量准确度，以致通常 x 的测量不确定度忽略不计。

3. 逐项逐差

逐项逐差就是把因变量 y 的测量数据逐项相减，用来检查 y 对于 x 是否呈线性关系，否则用多次逐差来检查多项式的幂次。

（1）一次逐差

若 $y = b_0 + b_1 x$，测得一系列对应的数据

$$x_1, x_2, \cdots, x_k, \cdots, x_n$$

$$y_1, y_2, \cdots, y_k, \cdots, y_n$$

逐项逐差，得到：

$$y_2 - y_1 = \Delta y_1$$

$$y_3 - y_2 = \Delta y_2$$

$$\cdots \cdots \qquad (3.2)$$

$$y_{k+1} - y_k = \Delta y_k$$

因为 y 对于 x 呈线性关系，且 x 为等间距变化，故 $\Delta y_k = $ 常量。所以，若对实验测量值进行逐项逐差，得到

$$\Delta y_k \approx 常量$$

则证明 y 对于 x 呈线性关系。

（2）二次逐差

若 $y = b_0 + b_1 x + b_2 x^2$，则逐项逐差后所得结果 $\Delta y_k \neq$ 常量，遂将 Δy_k 再作一次逐项逐差（称为二次逐差）

$$\Delta y_2 - \Delta y_1 = \Delta' y_1$$
$$\Delta y_3 - \Delta y_2 = \Delta' y_2$$
$$\cdots\cdots$$
$$\Delta y_{k+1} - \Delta y_k = \Delta' y_k$$

同理，若二次逐差结果 $\Delta y_k \approx$ 常量，则可证明 y 对于 x 为二次幂的关系。依此类推，还可以进行三次逐差或更高次逐差。

4. 分组进行逐差求多项式的系数

用逐差法来求因变量变化的平均值，或求多项式的系数时，不能用逐项逐差，而是把 n 项测量值分为上、下两组，用下组中的每一个数据与上组中对应的数据一一相减。

（1）当 y 对于 x 为线性关系 $y = b_0 + b_1 x$ 时，用一次逐差即可求系数 b_0 和 b_1。

1）求系数 b_1

测得值如（3.2）式，共有 n 项对应值。分为上、下两组，每组有 $l = n/2$ 项。隔 l 项相减作逐差：

$$y_k = b_0 + b_1 x_k \tag{3.3}$$
$$y_{k+1} = b_0 + b_1 x_{k+1}$$

两式相减得到

$$y_{k+1} - y_k = b_1 (x_{k+1} - x_k)$$

上式左边为因变量隔 l 项的逐差值，记为 $\overline{\delta_{ly_k}}$；右边括号中为 l 倍自变量间隔，记为 $l(x_2 - x_1)$，则上式写为

$$\delta_{ly_k} = b_1 \cdot l(x_2 - x_1) \tag{3.4}$$

从 $k=1$ 到 $k=l$ 共可得到 l 个 δ_{ly_k} 值，取平均记为 $\overline{\delta_{ly}}$。代入（3.4）式，求得系数 b_1 的值

$$b_1 = \frac{\overline{(\delta_{ly})}}{l \cdot (x_2 - x_1)} \tag{3.5}$$

2）求系数 b_0

将系数 b_1 值代入（3.3）式，有

$$y_1 = b_0 + b_1 x_1$$
$$y_2 = b_0 + b_1 x_2$$
$$\cdots\cdots\cdots\cdots$$

一共 n 个 y_k，每个 y_k 都可以求出一个 b_0，n 个 b_0 取平均，即为所求系数 b_0 的值：

$$b_0 = \frac{1}{n} \cdot \left[\sum_{k=1}^{n} (y_k - b_1 x_k) \right]$$
$$b_0 = \frac{1}{n} \cdot \sum_{k=1}^{n} y_k - b_1 \cdot \frac{1}{n} \cdot \sum_{k=1}^{n} x_k$$
$$b_0 = \bar{y} - b_1 \cdot \bar{x} \tag{3.6}$$

（2）若 $y = b_0 + b_1 x + b_2 x^2$，求系数时，则须将第一次逐差得到的 δ_{ly_k} 再分成上、下两组，进行第二次逐差，从而求得系数 b_2，然后依次求出 b_1 和 b_0。

由此类推,也可以进行多次逐差求高次项的系数,但实际上很少使用。

5.系数 b_1 和 b_0 的标准偏差

(1) b_1 的标准偏差

根据(3.5)式, b_1 由 $\overline{\delta_{ly}}$ 而来,故通常用于求多次测量平均值标准偏差的公式

$$S(\overline{x}) = \frac{S(x)}{\sqrt{n}} = \sqrt{\frac{\sum\limits_{k=1}^{n}(x_k - \overline{x})^2}{n(n-1)}}$$

求出 $\overline{\delta_{ly}}$ 的标准偏差 $s(\overline{\delta_{ly}})$,再用不确定度传播公式 $y = f(x_1, x_2, \cdots)$ 求得系数 b_1 的标准偏差 $s(b_1)$。

(2) b_0 的标准偏差

由(3.6)式可见, b_0 的标准偏差由 $\overline{y}$ 和 b_1 的标准偏差合成

$$u_i(y) = \frac{\delta_y}{\delta_{x_i}} u(x_i) = C_i u(x_i)$$

得到。如前所述,计算过程中 x 的测量不确定度忽略不计。

(3) 应用举例

例5　仍以伏安法测电阻为例(见例1),用逐差法求电阻 R。

$I = b_0 + b_1 U$, $R = 1/b_1$;共 6 项, $n = 6$, $l = n/2 = 3$,故隔 3 项逐差, $\delta_{3I_k} = I_{k+3} - I_k$。

表 3.3　用逐差法处理数据

序号 k	$I/10^{-3}$ A	$I_{k+3}/10^{-3}$ A	$\delta_3 Ik/10^{-3}$ A
1	0	12.05	12.05
2	3.85	15.80	11.95
3	8.15	19.90	11.75
			$\overline{\delta_{3I}} = 11.917$

求系数 b_1

$$b_1 = \frac{\overline{(\delta_{3I})}}{l(U_2 - U_1)} = \frac{11.917}{6} = 1.986$$

求被测量 R

$$R = \frac{1}{b_1} = 0.5035\text{k}\Omega = 503.5\Omega$$

求 b 的标准偏差

$$\overline{s(\delta_{3I})} = \sqrt{\frac{\sum\limits_{k=1}^{3}(\delta_{3I_k} - \overline{(\delta_{3I})})^2}{l(l-1)}} = 0.0882$$

$$s(b_1) = \frac{s \cdot \overline{(\delta_{3I})}}{l(U_2 - U_1)} = \frac{0.0882}{3 \cdot 2} = 0.0147$$

求 R 的标准偏差

$$\frac{s(R)}{R} = \frac{s(b_1)}{b_1} = \frac{0.0147}{1.986} = 0.00740$$

$$s(R) = 503.5 \times 0.740\% = 3.7\,\Omega$$

（4）逐差法中常见错误

1）求系数时使用了逐项逐差

上例中，若用逐项逐差求电流变化的平均值，则算式为

$$\frac{(I_2 - I_1) + (I_3 - I_2) + \cdots\cdots + (I_6 - I_5)}{5} = \frac{I_6 - I_1}{5}$$

显然，中间各测量值都被抵消掉了，只用了第一次和最后一次测量值，失去了多次测量取平均值的意义。

2）奇数项失（$n =$奇数），上组少分一项

假设上例中共测了 9 次，$n = 9$，应分为上组 5 项，下组 4 项，隔 5 项逐差后得到 4 项，若按上组少分一项分组，则是隔 4 项逐差，似乎最后可多得到一项为 $I_9 - I_5$。但仔细考察可见，该项和第一项 $I_5 - I_1$ 的 I_5 抵消掉了，仍旧是没有利用 I_5。所以，凡 n 为奇数时，应比上组多一项，作隔 $n + 1$ 项逐差。

3）列表表达不清楚

表中应表达出是隔几项逐差，反映出 l、y_k、y_{k+1}、$\delta_{l y_k}$ 之间的对应关系。

3.3.4　最小二乘法和一元线性回归

从测量数据中寻求经验方程或提取参数，称为回归问题，是实验数据处理的重要内容。用作图法获得直线的斜率和截距就是回归问题的一种处理方法，但连线带有相当大的主观成分，结果会因人而异；用逐差法求多项式的系数也是一种回归方法，但它又受到自变量必须等间距变化的限制。本节介绍处理回归问题的又一种方法——最小二乘法。

1. 拟合直线的途径

（1）问题的提出

假定变量 x 和 y 之间存在着线性相关的关系，回归方程为一条直线

$$y = b_0 + b_1 x \tag{3.7}$$

由实验测得的一组数据是 x_k、y_k（$k = 1, 2, \cdots, n$），我们的任务是根据这组数据拟合出（3.7）式的直线，即确定其系数 b_0、b_1。

我们讨论最简单的情况，假设：

1）系统误差已经修正；

2）n 次测量的条件相同，所以其误差符合正态分布，这样才可以使用最小二乘法原理；

3）只有 y_k 存在误差，即把误差较小的作为变量 x，使不确定度的计算变得简单。

（2）解决问题的途径——最小二乘法原理

由于测量的分散性，实验点不可能都落在一条直线上，如图 3.3。相对于我们所拟合的直线，某个测量值 y_k 在 y 方向上偏离了 v_k，v_k 就是残差

$$v_k = y_k - y = y - (b_0 + b_1 x_k) \tag{3.8}$$

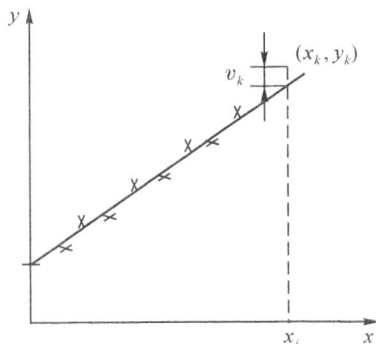

图 3.3　最小二乘法原理

联想到贝塞尔公式

$$S(x) = \sqrt{\frac{1}{n-1} \cdot \left[\sum_{k=1}^{n}(x_k)^2 - \frac{1}{n}\left(\sum_{k=1}^{n}x_k\right)^2\right]} \tag{3.9}$$

如果 $\sum\limits_{k=1}^{n}v_k^2$ 的值小,那么标准偏差 $s(y)$ 就小,能够使 $s(y)$ 最小的直线就是我们所要拟合的直线。这就是最小二乘法原理。

最小二乘法原理:最佳值乃是能够使各次测量值残差的平方和为最小值的那个值。

由(3.8)式可见,b_0 和 b_1 决定 v_k 的大小,能够使 $\sum\limits_{k=1}^{n}v_k^2$ 为最小值的 b_0、b_1 值就是回归方程的系数。

2. 回归方程的系数

(1)用最小二乘原理求回归方程的系数

$$\sum_{k=1}^{n}(v_k)^2 = \sum_{k=1}^{n}(y_k - b_0 - b_1 x_k)^2 \tag{3.10}$$

使 $\sum v_k^2$ 为最小值,极小值条件是一级导数等于零和二级导数大于零。这里 x_k、y_k 是测量值,变量 b_0 和 b_1,(3.10)式分别对 b_0 和 b_1 求偏导数

$$\frac{\partial}{\partial b_0} \cdot \sum_{k=1}^{n}(v_k)^2 = 2\sum_{k=1}^{n}(y_k - b_0 - b_1 x_k) = 0$$

$$\frac{\partial}{\partial b_0} \cdot \sum_{k=1}^{n}(v_k)^2 = 2\sum_{k=1}^{n}(y_k - b_0 - b_1 x_k) \cdot x_k = 0 \tag{3.11}$$

整理后得

$$\bar{x}b_1 + \bar{x}b_0 = \bar{y}$$

$$\overline{x^2}b_1 + \bar{x}b_0 = \overline{xy} \tag{3.12}$$

其中 $\bar{x} = \frac{1}{n} \cdot \sum\limits_{k=1}^{n}x_k, \bar{y} = \frac{1}{n} \cdot \sum\limits_{k=1}^{n}y_k, \overline{x^2} = \frac{1}{n} \cdot \sum\limits_{k=1}^{n}(x_k)^2, \overline{xy} = \frac{1}{n} \cdot \sum\limits_{k=1}^{n}x_k y_k$

解联立方程(3.12),得到

$$b_1 = \frac{\bar{x} \cdot \bar{y} - \overline{xy}}{(\bar{x})^2 - \overline{x^2}} \tag{3.13}$$

$$b_0 = \bar{y} - b_1 \bar{x} \tag{3.13}$$

(3.13)式对 b_0 和 b_1 再求一次导数,得到 $\sum\limits_{k=1}^{n}(v_k)^2$ 的二阶导数大于零。这样(3.13)式和(3.14)式给出的 b_0 和 b_1 对应于 $\sum\limits_{k=1}^{n}(v_k)^2$ 的极小值,即为回归直线的斜率和截距的最佳估计值,于是就求得了回归方程(3.7)。

(2)为了便于记忆和用计算器或计算机编程计算,引入符号

$$L_{xy} = \sum_{k=1}^{n}(x_k - \bar{x})(y_k - \bar{y})$$

$$L_{xx} = \sum_{k=1}^{n} (x_k - \bar{x})^2$$

$$L_{yy} = \sum_{k=1}^{n} (y_k - \bar{y})^2 \tag{3.15}$$

很容易证明

$$L_{xy} = n(\overline{xy} - \bar{x} \cdot \bar{y}) = \sum_{k=1}^{n} x_k y_k - \frac{1}{n} \left(\sum_{k=1}^{n} x_k \right) \left(\sum_{k=1}^{n} y_k \right)$$

$$L_{xx} = n[\overline{x^2} - (\bar{x})^2] = \sum_{k=1}^{n} (x_k)^2 - \frac{1}{n} \left(\sum_{k=1}^{n} x_k \right)^2 \tag{3.16}$$

$$L_{yy} = n[\overline{y^2} - (\bar{y})^2] = \sum_{k=1}^{n} (y_k)^2 - \frac{1}{n} \left(\sum_{k=1}^{n} y_k \right)^2$$

于是

$$b_1 = \frac{L_{xy}}{L_{xx}} \tag{3.17}$$

（3）测量点的重心

由（3.14）得到 $\bar{y} = b_0 + b_1 \bar{x}$，可见回归直线通过该点。这点称为$(x_k, y_k)$的重心。理解这点，有助于用作图法处理数据时的连线。

3. 回归方程系数的标准偏差

（1）y_k 的标准偏差

由（3.10）式，我们很容易求得 y_k 的标准偏差

$$s(y) = \sqrt{\frac{\sum_{k=1}^{n} v_k^{\,2}}{n-2}} = \sqrt{\frac{\sum_{k=1}^{n} (y_k - b_0 - b_1 x_k)}{n-2}} \tag{3.18}$$

式中分母 $n-2$ 是自由度，可以作如下解释：两点决定一条直线，只需测量两个点，即可解出直线的斜率和截距，现在多测了 $n-2$ 个点，所以 $n-2$ 是自由度。

$s(y)$ 是因变量 y_k 的标准偏差，在满足本节开始的三个假设的条件下，我们可以对照测量列的标准偏差的意义来理解 $s(y)$：对于自变量的某一个取值，因变量是直线上相应的一个点，在重复条件下作任意次测量，实测点落在与直线上相应的距离在 $s(y)$ 范围以内的概率是 68.3%。$s(y)$ 描述了测量点对于直线的分散性。

（2）回归方程系数的标准偏差

1）b_1 的标准偏差 $s(b_1)$

我们的任务是从 $s(y)$ 求出 b_0 和 b_1 的标准偏差，所以首先要找到 b_1 和 y_k 之间的关系。

由（3.17）式以及（3.16）、$\sum_{k=1}^{n} v_k = 0$（在 $\bar{x}$ 未进行修约的条件下）整理推导得

$$b_1 = \frac{L_{xy}}{L_{xx}} = \frac{\sum_{k=1}^{n} (x_k - \bar{x})(y_k - \bar{y})}{\sum_{k=1}^{n} (x_k - \bar{x})^2} = \sum_{k=1}^{n} \frac{(x_k - \bar{x})}{\sum_{k=1}^{n} (x_k - \bar{x})^2} y_k \tag{3.19}$$

按照不确定度的传播与合成的方法，可求 b_1 的标准偏差。注意到（3.19）式，b_1 由多项带有系数的 y_k 求和得到，所以，$s(b_1)$ 具有方和根的形式，方差 $s^2(b_1)$ 为

$$s^2(b_1) = \sum_{k=1}^{n} \left[\left(\frac{\partial b_1}{\partial y_k} \right)^2 \cdot s^2(y) \right]$$

将(3.18)式代入上式,整理后开方得到

$$s(b_1) = \frac{s(y)}{\sqrt{L_{xx}}} \qquad (3.20)$$

2)b_0 的标准偏差 $s(b_0)$

同理可推导出

$$s(b_0) = \sqrt{\overline{x}} \cdot s(b_1) \qquad (3.21)$$

(3)讨论

1)$s(b_0)$ 是截距 b_0 的标准偏差。如果得到 $s(b_c) < b_0$,即截距比它本身的标准不确定度还要小,则表明在 68.3% 的置信水平上,b_0 等于零,回归直线通过原点。

2)从(3.20)式可见,当 L_{xx} 较大时,$s(b_1)$ 就较小。根据(3.15)式,若 x 的取值比较分散,L_{xx} 就大。这就告诉我们,在求回归直线时,自变量 x 取点不要集中,要在尽可能大的范围内进行测量,以减小斜率的不确定度 $s(b_1)$。

3)从(3.21)式可以看出,$s(b_0)$ 不仅与 $s(b_1)$ 有关,而且还直接受 x 的影响,若 $\sqrt{\overline{x}}$ 数值大,$s(b_0)$ 就会被"放大"。可见,在拟合直线(当然也包括用作图法处理数据)时,如果所取的测量点既远离原点且又密集,则测量结果会很糟糕。

4. 相关系数

定义一元线性回归的相关系数

$$r = \frac{L_{xy}}{\sqrt{L_{xx} L_{yy}}} \qquad (3.22)$$

(1)相关系数的正负:对照(3.22)和(3.17)两式,可见 r 与 b_1 同号。即 $r > 0$,则 $b_1 > 0$,回归直线的斜率为正,称为正相关;$r < 0$,则 $b_1 < 0$,回归直线的斜率为负,称为负相关。

(2)相关系数的数值:x,y 完全不相关时,$r=0$;全部实验点都在回归直线上时,$|r|=1$。r 的数值只在 -1 与 $+1$ 之间,即 $-1 \leqslant r \leqslant +1$。$r$ 数值的大小描述了实验点线性相关的程度。

(3)通过相关系数计算标准偏差

用相关系数计算标准偏差甚为方便,推导结果为

$$s(y) = \sqrt{\frac{(1-r^2)L_{yy}}{n-2}} \qquad (3.23)$$

$$\frac{s(b_1)}{b_1} = \sqrt{\frac{\frac{1}{r^2}-1}{n-2}} \qquad (3.24)$$

请注意(3.23)式的计算结果是斜率的相对标准偏差。

相关系数在数据处理计算中有特殊的地位,以致带有线性回归功能的计算器上就设有功能键 r,实验数据输入完毕,人们也习惯地首先读出相关系数来检查相关的显著性水平。

3.3.5　测量误差

每一个物理量都是客观存在,在一定的条件下具有不依人的意志为转移的客观大小,人

们将它称为该物理量的真值。进行测量是想要获得待测量的真值。然而测量要依据一定的理论或方法,使用一定的仪器,在一定的环境中,由具体的人进行。由于实验理论上存在着近似性,方法上难以很完善,实验仪器灵敏度和分辨能力的不同,估计最近真值的可靠程度的差异(接近真值的程度)。因此要研究误差的性质和来源,以便采取适当的措施,达到最好的结果。

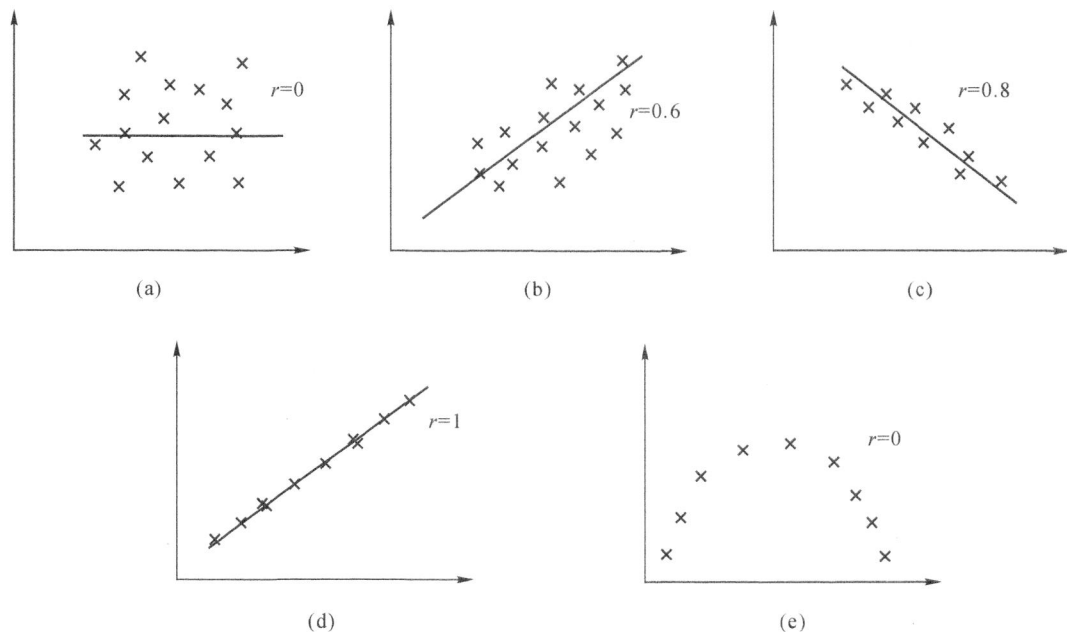

图 3.4　不同相关系数的数据点分布示意图

1. 误差来源

测量工作是在一定条件下进行的,外界环境、观测者的技术水平和仪器本身构造的不完善等原因,都可能导致测量误差的产生。通常把测量仪器、观测者的技术水平和外界环境三个方面综合起来,称为观测条件。观测条件不理想和不断变化,是产生测量误差的根本原因。通常把观测条件相同的各次观测,称为等精度观测;观测条件不同的各次观测,称为不等精度观测。

具体来说,测量误差主要来自以下三个方面:

(1)外界条件

主要指观测环境中气温、气压、空气湿度和清晰度、风力以及大气折光等因素的不断变化,导致测量结果中带有误差。

(2)仪器条件

仪器在加工和装配等工艺过程中,不能保证仪器的结构能满足各种几何关系,这样的仪器必然会给测量带来误差。

(3)观测者的自身条件

由于观测者感官鉴别能力所限以及技术熟练程度不同,也会在仪器对中、整平和瞄准等方面产生误差。

测量误差按其对测量结果影响的性质,可分为系统误差和随机误差。

2. 误差的分类

(1)系统误差(systematic error)——可定误差(determinate error)

1)方法误差:拟定的分析方法本身不十分完善所造成。如:用钢卷尺测量大轴的圆周长 s,再通过计算求出大轴的直径 $d=s/\pi$,因近似数 π 取值的不同,将会引起误差。[8]

2)仪器误差:主要是仪器本身不够准确或未经校准引起的。如:量器(容量瓶、滴定管等)和仪表刻度不准。

3)试剂误差:由于试剂不纯和蒸馏水中含有微量杂质所引起。

4)操作误差:主要指在正常操作情况下,由于分析工作者掌握操作规程与控制条件不当所引起的。如滴定管读数总是偏高或偏低。

特性:重复出现、恒定不变(一定条件下)、单向性、大小可测出并校正,故又称为可定误差。可以用对照试验、空白试验、校正仪器等办法加以校正。

(2)随机误差(random error)——不可定误差(indeterminate error)

产生原因与系统误差不同,它是由于某些偶然的因素所引起的。如:测定时环境的温度、湿度和气压的微小波动,以及性能的微小变化等。特性:有时正、有时负,有时大、有时小,难控制(方向大小不固定,似无规律);但在消除系统误差后,在同样条件下进行多次测定,则可发现其分布也是服从一定规律(统计学正态分布),可用统计学方法来处理。

系统误差——可检定和校正;

随机误差——可控制。

只有校正了系统误差和控制了偶然误差,测定结果才可靠。

(3)误差影响

除了被测的量以外,凡是对测量结果有影响的量,即测量系统输入信号中的非信息性参量,都称为影响量。电子测量中的影响量较多而且复杂,影响常不可忽略。环境温度和湿度、电源电压的起伏和电磁干扰等,是外界影响量的典型例子。噪声、非线性特性和漂移等,是内部影响量的典型例子。影响量往往随时间而变,而且这种变化通常具有非平稳随机过程的性质。不过,这种非平稳性大都表现为数学期望的慢变化。此外,在测量仪器中,若某个工作特性会影响到另一工作特性,则称前者为影响特性。影响特性也能导致测量误差。例如,交流电压表中检波器的检波特性,对测量不同波形和不同频率的电压会产生不同的测量误差。

在电子测量和计量中,上述各种情况都较为明显,而且许多随机性系统误差的概率密度分布是非正态的(如截尾正态分布、矩形均匀分布、辛普森三角形分布、梯形分布、M 形分布、U 形分布和瑞利分布等),甚至是分布规律不明的。这些都给电子测量误差的处理和估计带来许多特殊困难。

(4)误差处理

随机误差处理的基本方法是概率统计方法。处理的前提是系统误差可以忽略不计,或者其影响事先已被排除或事后肯定可予排除。一般认为,随机误差是无数未知因素对测量产生影响的结果,所以是正态分布的,这是概率论的中心极限定理的必然结果。

减小误差的方法：

1）选用精密的测量仪器；

2）多次测量取平均值。

3. 准确度与精密度

（1）准确度与误差（accuracy and error）

准确度：测量值（x）与公认真值（m）之间的符合程度。

它说明测定结果的可靠性，用误差值来量度：

$$绝对误差＝个别测得值－真实值$$

$$AE＝x－\mu \tag{3.25}$$

但绝对误差不能完全地说明测定的准确度，即它没有与被测对象的真实值联系起来。如果被称量物质的质量分别为 1g 和 0.1g，称量的绝对误差同样是 0.0001g，则其含义就不同了，故分析结果的准确度常用相对误差（$RE\%$）表示

$$RE＝\frac{x-\mu}{\mu}\times100\% \tag{3.26}$$

（$RE\%$）反映了误差在真实值中所占的比例，用来比较在各种情况下测定结果的准确度比较合理。

（2）精密度与偏差（precision and deviation）

精密度：指在受控条件下多次测定结果的相互符合程度，表达了测定结果的重复性和再现性。用偏差表示。

1）偏差

绝对偏差

$$d＝x－\bar{x} \tag{3.27}$$

相对偏差

$$RD\%＝\frac{d}{x}\times100\% \tag{3.28}$$

2）平均偏差

当测定为无限多次，实际上大于 30 次时

总体平均偏差

$$\delta＝\frac{\sum|x-\mu|}{n} \tag{3.29}$$

总体——研究对象的全体（测定次数为无限次）；

样本——从总体中随机抽出的一小部分。

当测定次数仅为有限次，在定量分析的实际测定中，测定次数一般较小，小于 20 次时

$$平均偏差（样本）MD＝\frac{\sum|x-\bar{x}|}{n} \tag{3.30}$$

$$相对平均偏差\ RMD＝\frac{MD}{\bar{x}}\times\% \tag{3.31}$$

用平均偏差表示精密度比较简单，但不足之处是在一系列测定中，小的偏差测定总次数总是占多数，而大的偏差的测定总是占少数。因此，在数理统计中，常用标准偏差表示精

密度。

3)标准偏差

①总体标准偏差

当测定次数大量时(大于 30 次),测定的平均值接近真值,此时标准偏差用 σ 表示

$$\sigma = \sqrt{\dfrac{\sum\limits_{i=1}^{n}(x_i - \mu)^2}{n}} \tag{3.32}$$

② 样本标准偏差

在实际测定中,测定次数有限,一般 $n < 30$,此时,统计学中,用样本的标准偏差 S 来衡量分析数据的分散程度

$$S = \sqrt{\dfrac{\sum\limits_{i=1}^{n}(x_i - \overline{x})^2}{n-1}} \tag{3.33}$$

式中$(n-1)$为自由度,它说明在 n 次测定中,只有$(n-1)$个可变偏差,引入$(n-1)$,主要是为了校正以样本平均值代替总体平均值所引起的误差,即

$$\lim_{n \to \infty} \dfrac{\sum(x_i - \overline{x})^2}{n-1} \approx \dfrac{\sum(x_i - \mu)^2}{n} \tag{3.34}$$

③样本的相对标准偏差——变异系数

$$RSD\% = \dfrac{S}{\overline{x}} \times \% \tag{3.35}$$

④样本平均值的标准偏差

$$S_{\overline{x}} = \dfrac{S}{\sqrt{n}} \tag{3.36}$$

此式说明,平均值的标准偏差按测定次数的平方根成正比例减少。

(3)准确度与精密度的关系

精密度高,不一定准确度高;

准确度高,一定要精密度好。

精密度是保证准确度的先决条件,精密度高的分析结果才有可能获得高准确度;

准确度是反映系统误差和随机误差两者的综合指标。

3.3.6　数据处理的计算机软件

在实验中,我们经常需要处理大量的数据,有许多实验需要反复多次进行,因此人工处理数据会非常繁琐且工作量大。如果能用现成的计算机软件来完成,就会大大减轻我们处理数据的工作量。目前数据处理的软件有学生比较熟悉的通用软件如 Matlab,Excel 等,也有专用软件如 SAS,CEA-S,也可以用 C,VB 等程序语言自己编写。

现在,用 Matlab,Excel 的专用函数完全可以方便地处理我们在前面提到的各种数据处理方法。

3.4　如何做好综合性、设计性实验

　　综合性、设计性实验是在学生有一定基础的训练后,对学生进行的介于基本教学实验与实际科学实验之间的,具有对科学实验全过程进行初步训练特点的教学实验。这类实验课程具有以前做过实验的延续性,具有综合性、典型性、探索性和部分设计性任务。要求学生自行推导有关理论,确定实验方法,选择配套仪器设备进行实验,最后写出比较完整的实验报告。

　　综合性、设计性实验的核心是设计,选择实验方案,并在实验中检验方案的正确性与合理性。设计时一般包括:根据研究的要求、实验精度的要求以及现有的主要仪器、确定应用原理,选择实验方法与测量方法,选择测量条件与配套仪器以及测量数据的合理处理等。

　　在进行设计实验时,应考虑各种误差出现的可能性,分析其产生的原因,以及从众多的测量数据和检验系统误差的存在,估计其大小并消除或减小系统误差的影响。

　　由于综合性、设计性实验包含的内容十分广泛,实验的方法和手段非常丰富,同时还由于误差的影响是错综复杂的,是各种因素相互影响的综合结果,因此要很概括地分析或总结出一个实验方案的选择和系统误差分析的普遍适用的方法是不现实的。希望学生通过选定的设计实验的实践积累和总结,培养进行科学实验的能力和提高进行科学实验的素质。

　　1.综合性、设计性实验的教学目的:应采用先进的科学方法和测量技术,使学生受到比较系统的训练,提高学生实验素质和科学研究能力,进行创造性能力的培养。

　　2.综合性、设计性实验的选题要求:应具有综合运用所学知识和技能的特征,要有利于提高学生的科学思维方式和科学研究能力。

　　3.综合性、设计性实验的特点:教师提出实验课题和研究项目,实验室提供条件。同学自行推证有关理论,自行确定实验方法,自行选择和组合配套仪器设备,自行拟订实验程序和注意事项等。做出具有一定精度的定量的测试结果。写出完整的实验报告。

　　4.综合性、设计性实验的教学要求:在完成设计性实验的整个过程中,充分反映自己的实际水平与能力,力求有创新。综合性、设计性实验均应有明确的任务和要求,学生完成后应提交实验报告,应有实物作品、论文或软件。

　　5.科学实验设计的原则:

　　实验方案的选择——最优化原则;

　　测量方法的选择——误差最小原则;

　　测量仪器的选择——误差均分原则;

　　测量条件的选择——最有利原则。

　　6.设计性实验的实施过程:

　　以下设计性实验的实施过程仅供参考。

　　查阅资料→立题→实验方案初步设计→开题报告(答辩)→预备实验→确定最后实验方案→正式实施实验→实验结果分析→再次查阅相关资料→写出设计性实验总结报告(或论文)。

　　(1)查阅资料:学生根据实验指导书,选择自己感兴趣的实验方向或根据自己拟解决的问题,通过查阅相关的参考文献,了解前辈研究的情况,获取解决问题的有效方法和思路。

(2)立题:立题就是确定自己的实验题目。学生经过实验小组同学的共同讨论,最后确定拟研究的问题的方向,根据实验室现有的实验条件,确定本组的设计性实验题目。积极提倡学生自己寻找实验研究方向,独立确定实验题目。

(3)实验方案初步设计:学生根据本组的研究方向和拟解决的问题,确定实验目的和要求,选择科学、合理、可靠,具有说服力的实验方法和手段,并书写实验初步设计方案。实验初步设计方案包括:立题依据(即实验依据。参考提示:你的实验前辈有没有研究过? 你的实验方法与前辈研究方法比较,有何改进和优越性? 是什么因素促使你做这个实验的?)、实验目的(参考提示:实验结果与哪个数据进行比较? 如实验前、实验后比较,对照组与实验组比较等)、实验注意事项、本实验可解决的问题、实验可行性分析、实验同组人员的分工、主要参考文献等方面,要求同组的每一位学生都要积极参与讨论和设计。

(4)开题报告:即立题答辩。学生的初步实验设计方案经整理后,交给指导教师审阅。然后可以分大组,进行设计实验初步方案的答辩。答辩过程按组次序进行,每组答辩时间限制 20 分钟,其中实验方案介绍 10 分钟,回答问题 10 分钟。答辩开始时,每组派一名同学在讲台上简要介绍实验的目的、依据、方案、实验项目、指标的观察、可行性分析、可解决的问题和意义等方面,要求突出实验的特色和关键性问题,如有需要,同组的其他同学再给予补充。然后回答指导教师和其他组同学的提问,最后由指导教师作出全面评价,并提出修改建议。学生经过答辩后,再次调整实验设计方案,使方案更加科学、合理、可行,答辩结束后,老师根据每组的答辩情况,给予适当评分。

(5)预备实验:即预备实验,以寻找最佳的实验方法、实验结果记录方法和时机等。在预备实验前两天,要求学生把修改后的实验设计初步方案的电子稿发给指导老师,以便进行实验准备和安排。最后学生分组在教师的指导下,按预约的时间自我完成预备实验。

(6)确定最后实验方案:经过预备实验后,学生进一步调整本组的实验设计方法,最终确定好实验设计方案。确定后的实验方案发给指导老师。同时,还要以小组为单位填写实验准备申请单。

(7)正式实施实验:学生根据最后确定的实验方案正式开展实验,期间不能随意修改方案,实施过程由老师监督,并对每个小组的各位同学进行实验考核。考核内容主要包括个人实验操作能力、个人参与实验能力、小组的团结协作能力三方面。

(8)再次查阅相关资料:学生根据实验结果,通过进一步查阅相关资料,解释和分析实验结果。注意记录所参考的文献信息(作者、题目、出版的杂志或出版社,期刊卷号序号,年份,页码等)。

(9)写出设计性实验总结报告:由指导老师按下列要求,用优、良、中、及格和不及格五个等级进行评分:1)论文书写格式,文章编排、图表制作是否规范;2)实验方法的创新性和科学性;3)实验结果的可靠性和真实性;4)讨论内容与实验结果相吻合否;5)题目能否反映文章内容,摘要能否体现文章的主要内容;6)讨论内容合理,有创新观点;7)文章结构合理,有逻辑性;语言简练,无病句,没有重复、啰唆,字句连贯;分段合理,段落间承上启下。

3.5　参考文献

[1][EB/OL]http://spe. sysu. edu. cn/course/course/opticlab/89P150-165. htm

[2]林玉池,毕玉玲,马风鸣.测控技术与仪器实践能力训练教程(第 2 版)[M].北京:机械工业出版社,2009

[3]傅思镜.光电专门实验[M].中山大学教材科,1995

[4]金重,刘金环.大学物理实验教程(工科)(第 1 版)[M].天津:南开大学出版社,2000

[5]严碧歌,韩静.高等教育实验教学的作用与改进的措施[J].西安:陕西教育学院学报,2008,24(2)

[6]百科名片.科学实验[EB/OL].http://baike. baidu. comview29710. htm

[7]马克思,恩格斯.马克思恩格斯全集(第 23 卷)[M].北京:人民出版社,1972:202

[8]费业泰.误差理论与数据处理(第 5 版)[M].北京:机械工业出版社,2006

第 2 篇
机械量的测量

第 4 章

几何量测量

实验 4.1 量块的检定

1. 实验目的和要求

(1) 了解接触式干涉仪的构造与使用方法。

(2) 熟悉相对测量法检定量块的方法。

(3) 掌握量块评定等和级的方法。

2. 实验仪器及材料

接触式干涉仪,标准量块,被检量块。

3. 实验原理

接触式干涉仪是应用光波干涉原理,将微小尺寸变化转变成干涉条纹的移动,从而实现微小尺寸测量的一种高精度的比较测量的光学干涉仪器。广泛应用于检定长度小于 100mm 的二等或二等以下量块,也可以对 150mm 以下的精密工件的外尺寸作相对测量。

(1) 仪器外观

图 4.1.1 为仪器外观结构。仪器备有玛瑙、五筋、平面三种工作台,适用于测量长度在 8mm 以下的量块或工件,以避免它们挠度的影响。五筋工作台的中间一根筋高于其他各筋 $0.4\sim0.6\mu m$,适用于测量长度在 150mm 以下的量块或工件。平面工作台是用以测量圆柱形或球面零件。

(2) 仪器光路

接触式干涉仪光路如图 4.1.2 所示。

从光源 1 发出的白光经聚光镜 2、滤色片 3 投射到分束镜 4 的下表面分成两束光。一束光被反射到可调平面镜 7 再反射回来。另一束光透射向下,通过补偿镜 5 后由平面镜 6 反射回来。补偿镜 5 的作用是使这一透射光束在其路程上的光学条件与由可调平面镜 7 反射回来的光束的光学条件相同。当上述两束光线在分光镜 4 的下表面重新会合时产生干涉,干涉条纹经物镜 8 成像于分划板上,通过目镜 10 在视场中可以同时见到干涉条纹和分划板的刻度。目镜可绕轴 11 回转,就可在任意刻线处对准任何一干涉条纹。

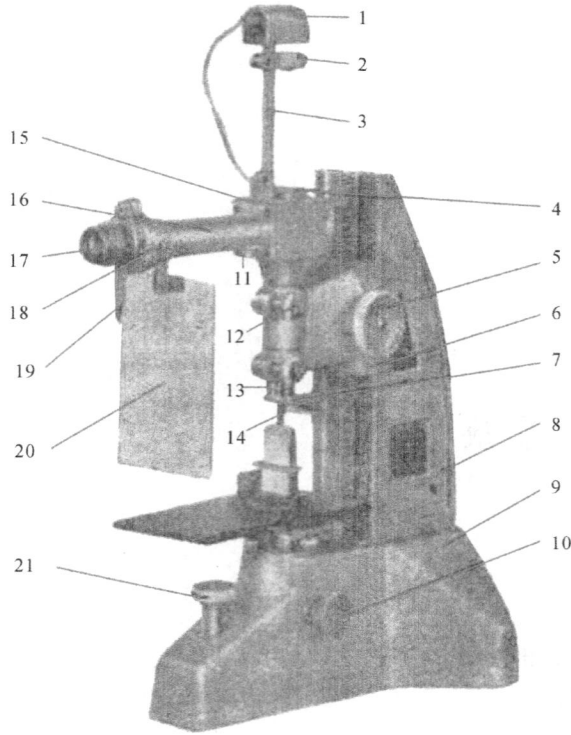

图 4.1.1　接触式干涉仪外形

1.光源　2.聚光镜　3.支杆　4.滤色片　5.粗动手轮　6.横臂　7.提升杠杆　8.立柱目镜头　9.底座　10、12.固紧手轮　11.干涉带清晰度调节旋钮　13.测量管　14.测帽　15.干涉箱　16.观察镜管　17.目镜　18.刻线尺微调螺丝　19.目镜头摆动扳手　20.隔热屏　21.微动手轮

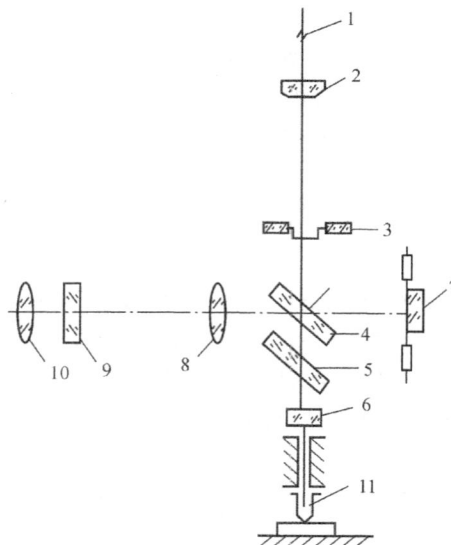

图 4.1.2　接触式干涉仪光路图

1.光源　2.聚光镜　3.滤光片　4.聚光镜　5.补偿镜　6.平面反射镜　7.可调参考镜　8.物镜　9.分划板　10.目镜　11.目镜摆转轴线　12.测头　13.工件　14.工作台

4. 实验内容及步骤

(1)将所需量块清洗、擦净。

(2)外观检定。

要求量块表面不应有妨碍使用的碰伤、划痕和锈蚀。检定方法用目测法。

(3)研合性检定。

将擦净的量块表面与平晶轻轻接触，并沿被检表面切向轻轻移动，透过平晶看到研合面上干涉条纹变宽消失时，再稍向研合面的法向和切向加力而研合，根据量块等别的要求，判断被检量块是否合格。

(4)量块长度和长度变动量的测量。

1)寻找干涉条纹

放上滤色片，移开目镜，可以看到光源通过参考镜及反射镜反射回来的灯丝。用仪器上所带的专用十字扳手旋转干涉带方向调节螺丝和宽度调节螺丝（图中未画出），直至看到两个灯丝像重合为止，移回目镜，一般就能观察到干涉条纹。

2)调焦

当干涉条纹不够清晰时，可松开图 4.1.1 中所示的旋钮 20，并使之前后移动。便可改变图 4.1.2 中所示物镜 8 的轴向位置，使其焦平面与分划板 9 重合。调整好后锁紧调节旋钮 20。

3)调整干涉条纹与分划板刻线平行

若观察到干涉条纹与分划板不平行时，只要调节干涉带方向调节螺丝，直到使两者平行，然后拿掉滤色片。当测量杆在自由状态时，彩色条纹应位于标尺负方向，当按动图 4.1.1 中提升杆 5 使测量杆 4 上升时，彩色干涉条纹应向标尺正向移动。若不是，这是由于平面镜 7 和 8 所形成的空气楔方向反了，可用十字扳手微旋干涉带宽度调节螺丝。旋转的方向应使干涉条纹逐渐加宽而消失，再继续往同方向旋动，则楔角方向相反而逐渐增大，于是彩色干涉条纹重新又显现出来，并能够向正确方向移动。

4)定度

放上滤色片，我们可以在视场中同时看到一系列单色干涉条纹 m 和分划板上的刻度线 n。在接触式干涉仪中光干涉所产生干涉条纹与分划板刻度尺没有直接关系，通过定度，我们将光波长过渡到刻线格值上来，将波长与格值联系起来。在图 4.1.3 这段长度范围内，共有干涉条纹 m 条，每个单色条纹间实际长度为 $\lambda/2$，则这段长度共 $m \times \lambda/2$。在同样长度范围内，若共有分划板格值 n 格，每格分度值为 i。

则 $$n = \frac{m\lambda}{2i} \tag{4.1.1}$$

式中：i——刻线尺的分度值；m——所选干涉条纹数；λ——滤色片波长；n——在 m 条干涉条纹内所含的刻度格数。

若滤色片波长 $\lambda = 0.56\mu m$，选择 m 为 16 个干涉条纹间隔，根据表 4.1.1 选择分度值 i 为 $0.1\mu m$，则在同一长度范围内计算的 n 为

$$n = \frac{m\lambda}{2i} = \frac{16 \times 0.56}{2 \times 0.1} = 44.8 (格)$$

根据上式求得格数 44.8 格，通过干涉带宽度调节螺丝，可以达到标尺 44.8 格中有 16

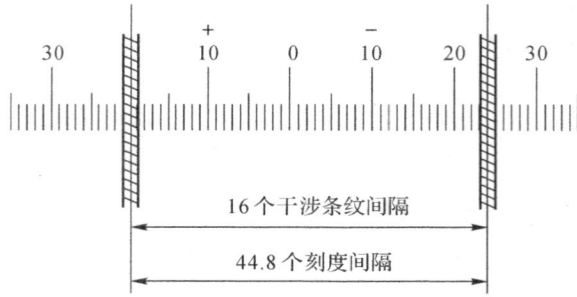

图 4.1.3　定度示意图

个干涉条纹间隔的要求。

5）测量

定度后将单色光换成白光，将标准量块与被检量块成对地放在工作台上，如图 4.1.4 所示。将仪器调零。

表 4.1.1　分度值选择表

被检量块等别	2、3	4、5	6
分度值 i（μm）	0.05	0.1	0.2
干涉条纹间隔数 m	8	16	32

①仪器调零

ⅰ）将标准量块和被检量块用竹镊子放到测量杆 4 的下方，松开固紧螺丝 16，逆时针转动细调旋钮 15，使工作台降至最低位置。

ⅱ）右手托住悬臂 10，左手拧松两个锁紧螺丝（图 4.1.1 中未画），再改用左手托悬臂，右手转动手轮 12，使悬臂降至测头和量块仅有一丝间隙为止，拧紧锁紧螺丝。

ⅲ）顺时针转动细旋钮 15，使工作台缓缓上升和测量头接触，同时观察目镜视场，当看到黑色干涉条纹趋近标尺零刻线与之接近重合时，拧紧螺丝 16 固定工作台。

ⅳ）旋动标尺移动螺丝 6，使零刻线与黑刻线严格重合，然后按动提升杠杆 2～3 次，使测量头重复测量动作，若能保持重合性，调零结束。

②测量

测量按图 4.1.4 所示的位置，并按 o_2、o_1、a_1、b_1、c_1、d_1 和 d_2、c_2、b_2、a_2、o_1'、o_2' 正反顺序进行，每次读数要估读到 0.1 分度，在同一位置正反方向上两次读数之差要小于 0.2 分度，取两次读数的平均值作为测量值。

6）测量数据处理

被检量块与标准量块中心长度之差 Δl（单位 mm），

$$\Delta l = \frac{(o_1 + o_1') - (o_2 + o_2')}{2} \times i \times 10^{-3}$$

(4.1.2)

式中：o_1、o_1'——分别为被检量块中心点正反读数（格）；

　　　o_2、o_2'——分别为标准量块中心点正反读数（格）；

　　　i——仪器刻度值，单位微米。

则被测量块中心长度 L（单位 mm）按下式计算得

$$L = L_0 + \Delta L \qquad\qquad (4.1.3)$$

式中：L_0——标准量块在 20℃时的中心长度，可在检定书中查到；

　　　L——被测量块对标准量块中心长度差。

如若测量时的条件偏离标准状态，其测量结果应按下式进行修正。

$$\Delta L = \Delta L_{DS} + \Delta L_r + \Delta l_{C2} \qquad\qquad (4.1.4)$$

式中：ΔL_{DS}——标准量块在标准状态下，对其标称长度的偏差；

　　　ΔL_r——在测量状态下，由比较仪测得被测量块和标准量块长度的差值；

　　　Δl_{C2}——长度测量时，由于被测量块和标准量块温度偏离标准状态所应引入的修正量。

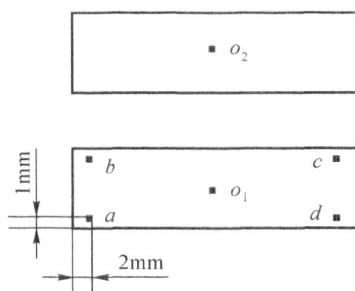

图 4.1.4　量块中心长度测量

同理，可以测量出量块测量面的中心点和距相邻两侧面各为 1.5mm 四角各代表点位置的长度，而量块的长度变动量则是以上各点的量块最大长度和最小长度之差的绝对值来表示。

5. 实验注意事项及预习要求

注意事项：

1）操作前要熟悉原理与仪器结构；

2）调整时，操作要仔细；

3）移动量块要用镊子，不要用手。

6. 实验报告要求

（1）实验目的和要求

（2）数据处理及实验结果

（3）思考题

1）仪器不进行定度能否测量？为什么？

2）零级干涉条纹为何是黑色的？

（4）讨论

接触式干涉仪能否改造成自动检测系统，通过哪些途径与方法？

7. 参考文献

［1］李春堂，戈兆祥. 光学计和接触式干涉仪（第 1 版）［M］. 北京：机械工业出版社，1981

［2］何频，郭连湘. 计量仪器与检测（第 1 版）［M］. 北京：化学工业出版社，2006

［3］林玉池，毕玉玲，马凤鸣. 测控技术与仪器实践能力训练教程（第 2 版）［M］. 北京：机械工业出版社，2009

[4]于春泾,齐宝玲.几何量测量实验指导书(第 1 版)[M].北京:北京理工大学出版社,1992

[5]JJG146.2003 量块检定规程[M].

[6]童竞.几何量测量(第 1 版)[M].北京:机械工业出版社,1989

实验 4.2　塞规的检定

1. 实验目的和要求

(1)了解立式光学计的工作原理与使用方法。

(2)了解塞规的检定要求,学会检定方法。

(3)用泰勒原则判断量规合格与否。

2. 实验仪器及材料

立式光学计、标准量块、被检塞规。

3. 实验原理

立式光学计是利用量块与工件相比较的方法来测量它们之间的微差尺寸,适于五等及五等以下量块的检定以及平行端面、圆柱、圆球等外尺寸的测量。

(1)仪器外形

仪器的外部结构如图 4.2.1 所示。仪器是由底座(上有工作台)、主柱、臂架和光学计管四大部分组成。

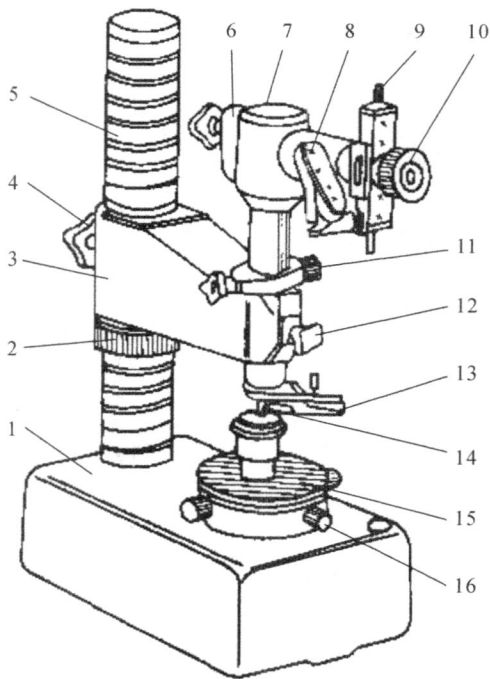

图 4.2.1　立式光学计外形示意图

1.底座　2.升降螺母　3.横臂　4.锁紧螺钉　5.立柱　6.光源　7.光学测量管　8.反光镜　9.手柄

10.目镜(读数窗)　11.偏心粗调手轮　12.固定螺钉　13.提手器　14.测帽　15.工作台　16.调整螺钉

（2）光学系统

由光源发出的光，通过可偏转的反射镜 9 将光束投射到具有 45°反射面的直角棱镜上，使光源转向，以照亮分划板 4。为使读数方便，用全反射棱镜 3 将光轴折转 90°，分划板 2 位于物镜焦点上，其上标尺的成像光束经棱镜 10，物镜 11 后成平行光束投射到平面反射镜 13 上，如果反射镜垂直光轴，那么标尺的成像光束对称于法线返回，使它在分划板上光轴的另一侧成像，与标尺完全对称。在该侧成像面上刻有一条指标线，如图 4.2.2 右下所示。当反射镜 13 随工件尺寸改变而产生摆角 α 时，由平面反射镜反射的平行光束将以 2α 角返回物镜 11，并使标尺成像位置相对指标线移动一定量值从而实现测量。

（3）仪器调整

1）工作台调平

选用尺寸为 4～5mm 左右的 5 等量块，将其放在工作台上，在测杆上装 ϕ8 的平面测帽，让量块接触平面测帽直径的 1/3～1/2，如图 4.2.3 所示，使量块上同一部分的尺寸与平面测帽前后左右四个位置相接触，观察示值变化，根据示值变化大小旋转工作台的四只调整螺钉，使圆形带筋工作台在底盘上摆动，直到示值变化不超过 0.3μm。

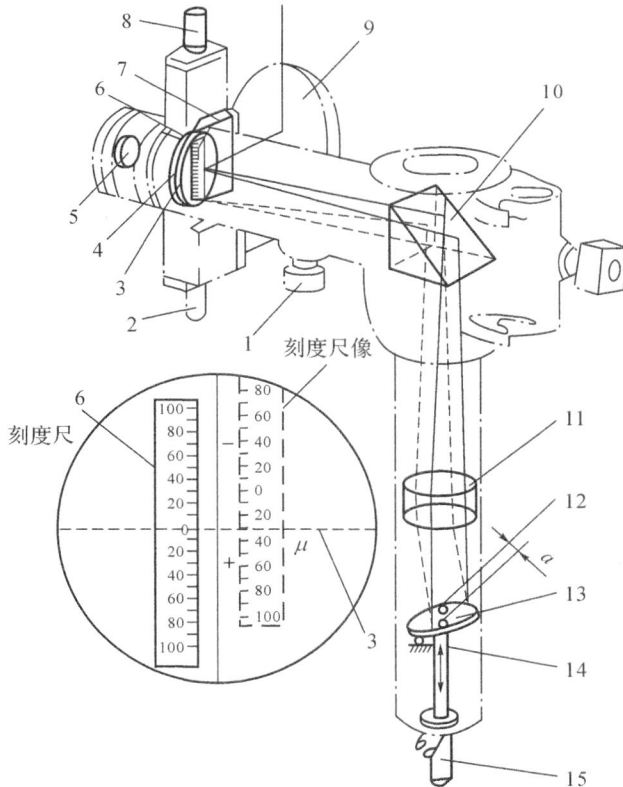

图 4.2.2　立式光学计光路图

1.旋钮　2.测头　3.指示线　4.分划板　5.目镜　　6.刻度尺　7.进光板　8.手柄　9.偏转的反射镜　10.棱镜　11.物镜　12.支点　13.反射镜　14.测杆　15.测头

2)仪器调零

在仪器工作台上放上被测工件,松开臂架锁紧螺钉,将臂架连同测头 6 向下移动。直到在读数窗 9 中出现标尺,锁紧臂架。松开固紧手轮 7,旋转偏心粗调手轮 3,使得测头径向作微小移动,直到零刻线与指标线重合,锁紧偏心螺钉 3 旋转分划板移动螺钉 8 使零刻线与指标线严格重合。

4. 实验内容及步骤

(1)清洗实验设备与器具,仪器工作台调平。

(2)塞规外观检查

目察外观,要求测量面无锈迹、毛糙、黑斑及划痕,不应有明显影响外观和使用质量的缺陷。

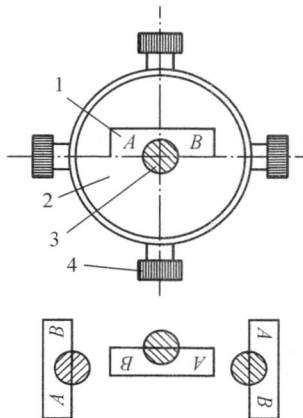

图 4.2.3　仪器工作台调平图

(3)量规尺寸要求

要求符合量规规定尺寸的要求。

1)计量器具选择:检查小于 100mm 的全型塞规,按量规公差要求选用立式光学计。

2)测帽选择:被测塞规和测帽的接触接近于点或线接触的测帽,球形或刃形测帽。

3)按被测塞规公称尺寸、公差等级,选定所用量块等级并组合量块尺寸,先装上刃形测帽进行仪器的调整,取下量块按如图 4.2.4 规定的方位检定。

通端应在 X、Y 方向上于 A、B、C 三个等距分布的截面的六个位置进行;其止端检定应在 X、Y 方向上于 A、B 两个等距分布的四个位置进行,如图 4.2.4 所示。距量规测量面两端 1mm 范围内允许塌边。

4)记下以上各位置的测量数据,填入表 4.2.1 内。

5)测量后,仍用量块组校正零位,当误差在 0.5μm 以内,所测数据有效,否则需重新测量。

6)实验数据处理

通端六个测得尺寸;止端四个测得尺寸。求得通端测得最大尺寸与最小尺寸之差以及止端测得最大尺寸与最小尺寸之差,按泰勒原则判断塞规检定结果的合格性。

实验数据记录格式如表 4.2.1 所示。

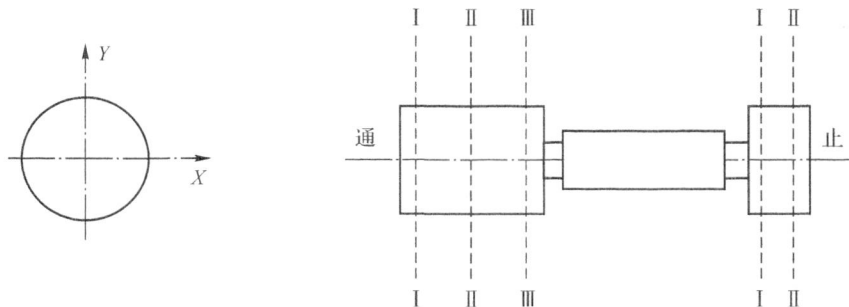

图 4.2.4　塞规检定方位示意图

表 4.2.1　实验数据记录表

通端	I	II	III	止端	I	II	x_i-x_{ch}	y_i-y_{ch}
	1 2 3 cp	1 2 3 cp	1 2 3 cp		1 2 3 cp	1 2 3 cp		
x_i				x_{ch}				
y_i				y_{ch}				

（4）整理清理设备、器具，自拟实验报告。

5. 实验注意事项及预习要求

熟悉仪器原理及使用；注意在测量过程中测出塞规直径（最小值）。

6. 实验报告要求

（1）实验目的和要求

（2）数据处理及实验结果

（3）思考题

1）光滑极限量规用于何种情况？它有哪些种类和型式？

2）泰勒原则的内容是什么？符合泰勒原则的量规应该是怎样的？为什么有的量规型式不符合泰勒原则？这样的量规在使用中应注意些什么？

3）检定塞规有哪些方法？

（4）讨论（或扩展实验设计）

能否设计出测量光滑极限量规的其他方法？

7. 参考文献

［1］李春堂，戈兆祥.光学计和接触式干涉仪（第 1 版）［M］.北京：机械工业出版社，1981

［2］何频，郭连湘.计量仪器与检测（第 1 版）［M］.北京：化学工业出版社，2006

［3］林玉池，毕玉玲，马凤鸣.测控技术与仪器实践能力训练教程（第 2 版）［M］.北京：机械工业出版社，2009

［4］于春泾，齐宝玲.几何量测量实验指导书（第 1 版）［M］.北京：北京理工大学出版社，1992

实验 4.3 线纹尺检定

1. 实验目的与要求

(1)了解阿贝比较仪的原理和使用方法。

(2)熟悉测量线纹尺的方法。

2. 实验仪器及材料

阿贝比较仪,被检线纹尺。

3. 实验原理

阿贝比较仪又称阿贝比长仪,主要用于线纹尺检定及两刻线之间距离的测量。

(1)工作原理

仪器是按照阿贝原则设计的,被检线纹尺与标准线纹尺放置在同一工作台的同一直线上,用两个连在一起的显微镜(一为对线显微镜,一为读数显微镜)来进行测量。当工作台移动时,被检线纹尺与标准线纹尺同时移动相等的距离。借助读数显微镜读取标尺移动的示值,即可得到被检线纹尺移动的示值。

图 4.3.1 是阿贝比较仪光路图,当被检线纹尺通过反射镜 2 照明,由 $3^\times$ 倍物镜 3 成像在目镜 4 的分划板上,用目镜 4 进行对线。物镜 3 和目镜 4 组成对线显微镜。放大率为 30 倍,而具有 60 倍放大率的读数显微镜由 5 倍物镜 6 及带有螺旋测微分划板的目镜 5 组成,由反射镜 1 照亮安装在仪器工作台上的标准刻尺 7,经物镜 6 成像在目镜 5 的分划板上,并且在目镜 5 中进行读数。

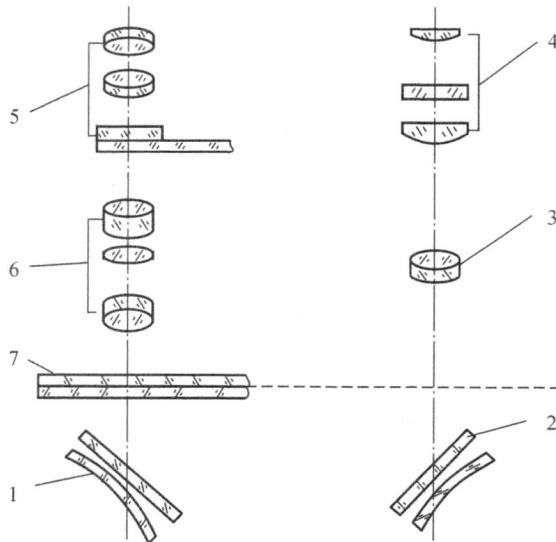

图 4.3.1 阿贝比较仪光路图

1.反射镜 2.反射镜 3.$3^\times$ 倍物镜 4.目镜 5.测微目镜 6.5 倍物镜 7.标准尺

(2)仪器结构

图 4.3.2 所示为阿贝比较仪外形图,仪器的工作台 4 放置成水平位置或与水平位置成 45°倾斜的位置。在工作台 4 上左边放置被测件,右边为 200mm 长的标准线纹尺 6,被测物体上方是对线显微镜 2,线纹尺上面是读数显微镜 3,两显微镜中间装有防热钢板,两者均装在一个坚固的支架 1 上。松开锁紧螺钉 7 后,工作台可沿导轨 5 移动,拧紧螺钉 7,转动手轮 8 可使工作台微动。

4. 实验内容及步骤

(1)仪器的使用和调整

将被测线纹尺安放在工作台左端,调节反光镜使两线纹尺得到均匀照明,调节图 4.3.2 中对线显微镜手轮 9 使被检尺刻线像清晰,再对读数显微镜调焦使标准刻线像清晰。

旋转对线显微镜中镜头 10(图 4.3.2),把它调成如图 4.3.3(a)所示水平位置,松开锁紧螺钉 7(图 4.3.2),移动平台,让它停留在读数显微镜 0 刻线位置上,移动被检尺,使被检测零位出现在对线显微镜视场中,然后再移动工作台,微调被检尺的左端,一直调整到工作台上的被检尺刻线 0 与 200mm,都与对线显微镜双划线水平线成像于同一位置,如图 4.3.3(a)所示刻线与分划板水平线垂直,而且 0 与 200mm 两点在某点影像重合,这样我们就调整好标准尺与被检尺在一直线上,再将被检尺与标准尺同时调零,标准尺调零可旋转旋钮 11 及 12(图 4.3.2)。

测微目镜的分划板是由 100 等分的圆刻尺及 10 圈阿基米德螺旋线组成。

标准刻尺两条间距为 1mm 的刻线成像后之线值正好等于十条螺旋线的间距,因此两圈螺旋线的分度值为 1/10mm,圆刻线的分度值为 1/1000mm。目视读数时要求旋动螺钉 12 使某一条双螺线对称地对准毫米刻线后再进行读数,如图 4.3.4 所示其读数为 53.0153mm。

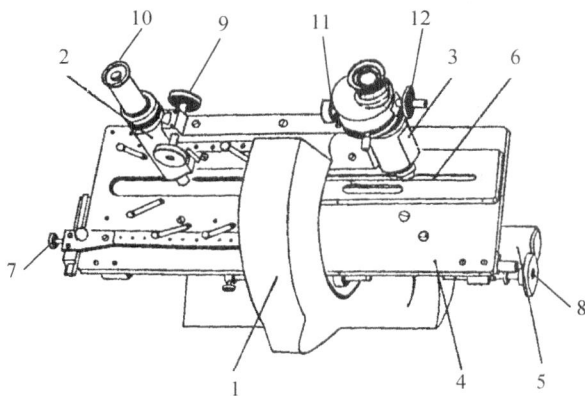

图 4.3.2 阿贝比较仪外形图

1. 支架 2. 对线显微镜 3. 读数显微镜 4. 工作台 5. 导轨 6. 标准线纹尺 7. 锁紧螺钉 8. 手轮

9. 调丝手轮 10. 目镜头 11. 12. 旋钮

(2)实验内容

1)先用脱脂棉醮乙醚、酒精混合液将被检尺刻线面擦拭干净,垫上垫片。

2)外观

使用中的玻璃尺不能有影响检定和使用的缺陷,在尺侧面应刻有"白塞尔"支点标记。

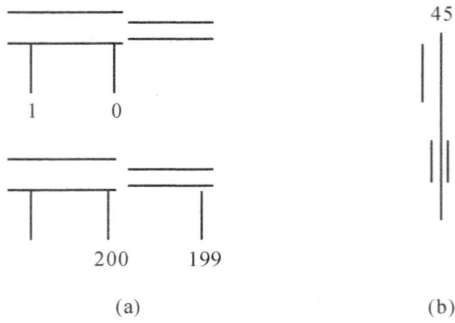

图 4.3.3　对线显微镜视场示意图

3)安装与调整

按照上面讲述办法安装与调整工件。

4)被检尺的毫米检定

全长尺寸一次检定,或分段检定,由检定人员的熟练程度及温度的稳定情况而定,检定时由零刻线开始按递增顺序测量,例如 10 个间隔为一测回时,其测量顺序如下:

由 0→1→2→……………………→10→9→……………→0　　第一个测回

0→11→12→…………………→20→……………………→0　　第二个测回

……………………………………………………………………

……………………………………………………………………

依次类推

0→191→192→…………→200→……………………→0　　第二十个测回

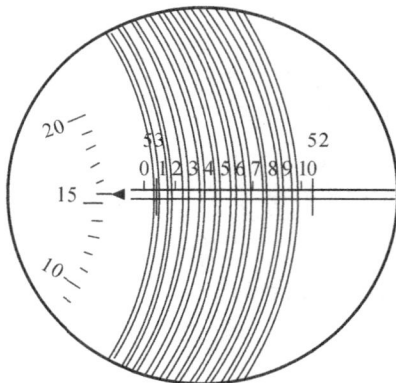

毫米刻尺	53.0000 mm
1/10 毫米刻尺	0.0000 mm
圆刻尺	0.0153 mm
视场读数	53.0153 mm

图 4.3.4　读数示意图

记录被检尺读数值,计算出每毫米对标准尺同标称间隔的偏差 $\Delta L_1, \Delta L_2, \cdots, \Delta L_k$。

5)温度测量

用贴附温度计首先测量标准尺的温度 t_m,再测得被检尺温度 t_k,对各个测回都测得 t_m 和 t_k 值,并按各测回测得的 t_m 和 t_k 值依照公式(4.3.1)计算出在 20℃时被检尺由温度带来的长度修正值 ΔL_{k20}

$$\Delta L_{k20} = [\alpha_m(t_m-20) - \alpha_k(t_k-20)]L_k \tag{4.3.1}$$

式中：α_m、α_k——标准尺与被检尺的线膨胀系数；

L_k——测量第 k 个间隔的标称长度，单位为米。

如果 $\alpha_m = \alpha_k = \alpha$ 则

$$\Delta L_{k20} = [\alpha(t_m - t_k)]L_k$$

计算出 20℃ 时被检尺各间隔对标准尺的差值 $\Delta L'_k$

$$\Delta L'_k = \Delta L_k + \Delta L_{k20}$$

将正反两次测得的同标称间隔尺寸之 $\Delta L'_k$ 取平均值得 $\Delta L'_{kp}$

计算最后间隔的检定结果 ΔL_k

$$\Delta L_k = \Delta L'_{kp} + \Delta L'_{mk} \tag{4.3.2}$$

式中：$\Delta L'_{mk}$——标准尺证书上给出的第 k 个间隔的偏差值。

6）整理数据，得出结论。

5. 实验注意事项及预习要求

熟悉仪器原理；了解具体操作步骤；根据仪器成像原理确定线纹尺调整的具体方法；注意调整的手感，确定调整的量。

6. 实验报告要求

（1）实验目的和要求

（2）数据处理及实验结果

（3）思考题

1）当被检尺刻线不对零时，如何进行测量？

2）分析产生误差的因素，能否修正？ 如何修正？

（4）讨论

考虑直接测量线纹尺的方案？

7. 参考文献

[1]李岩，花国梁. 精密测量技术（修订版）[M]. 北京：机械工业出版社，2001

[2]何频，郭连湘. 计量仪器与检测（第 1 版）[M]. 北京：化学工业出版社，2006

[3]林玉池，毕玉玲，马凤鸣. 测控技术与仪器实践能力训练教程（第 2 版）[M]. 北京：机械工业出版社，2009

[4]于春泾，齐宝玲. 几何量测量实验指导书（第 1 版）[M]. 北京：北京理工大学出版社，1992

[5]童竞. 几何量测量（第 1 版）[M]. 北京：机械工业出版社，1988

[6]武晋燮. 几何量精密测量技术（第 1 版）[M]. 北京：中国计量出版社，1989

实验 4.4　在万能工具显微镜上用影像法测样板

1. 实验目的与要求

（1）了解万能工具显微镜的原理及使用。

（2）掌握影像法测样板的方法。

2. 实验仪器及材料

万能工具显微镜、样板、附件。

3. 实验原理

(1)仪器的外形

万能工具显微镜的外形如图 4.4.1 所示。万能工具显微镜(以下简称万工显)是一种通用光学计量仪器。广泛应用于机械制造生产和科研单位、计量部门。该仪器测量范围较大，精度高，且备有多种附件，可以对各种工件进行复杂的测量工作。比如长度、角度、曲线样板、凸轮、齿轮、螺纹和各种切削刀具等。

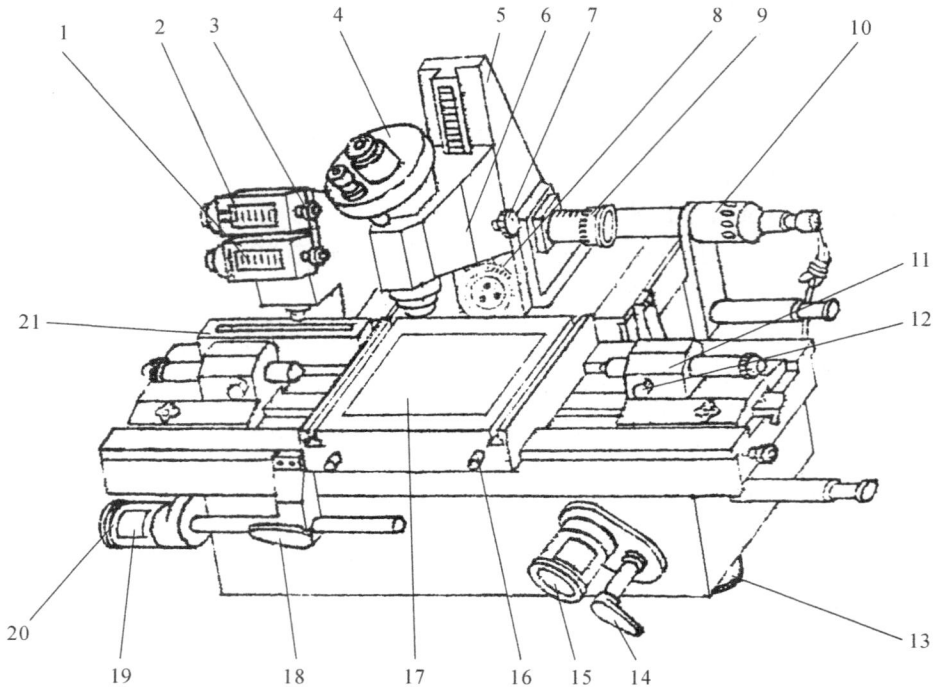

图 4.4.1　万能工具显微镜外形图

1、2.投影读数器　3.归零手轮　4.测角目镜头　5.立臂　6.瞄准显微镜　7.调焦手轮　8.可变光阑调节手轮　9.倾角手轮　10.Y 向光源　11.顶针　12.顶针固紧螺丝　13.调平螺钉　14.Y 向制动手柄　15.Y 转动手轮　16.工作台调整螺钉　17.工作台　18.X 向紧固手轮　19.X 向微动手轮　20.X 向制动手轮　21.X 向毫米标准刻尺

下面是仪器的基本技术性能指标。

测量范围：纵向 X $0\sim200$mm，横向 Y $0\sim100$mm；角度：$0°\sim360°$；分度值：长度 0.001mm，角度 $1'$。

底座承受了仪器的全部部件，X 滑台、Y 滑台通过精密滚动导轨能在底座上作轻巧平稳的直线运动，底座的后部两侧分别固定有 Y 坐标读数系统的照明机构和投影物镜。

X 滑台供放置被测件之用，它可作 X 方向 200mm 的移动，向后旋转制动手轮 19 并捏住此手轮推拉 X 滑台，则可作快速的左右移动；紧固手轮 18 后，通过旋动手轮 19 可对 X 滑台的位置作微细的调节。X 滑台中部的支承面上可直接安放被测的工件以及玻璃工作台、光学分度台、测量刀等附件。若附件为顶针架、V 形架则可安置在 X 滑台中间的方形长槽内，并可根据所顶搁的被测件长度将它们移动至长槽内的任一位置上。通过读数器 2 可读出 X 滑台的移动量。

　　Y 坐标的测量是依据 Y 滑台带动瞄准显微镜 8 相对于固定在 X 滑台上的被测件作 Y 方向的移动来实现的,移动行程为 100mm。向左松开并捏住制动手柄 13 便可推拉 Y 滑台作前后粗动;向右扳紧制动手柄,转动手轮 15 可微量移动 Y 滑台。由读数器 1 读得 Y 滑台的移动量。

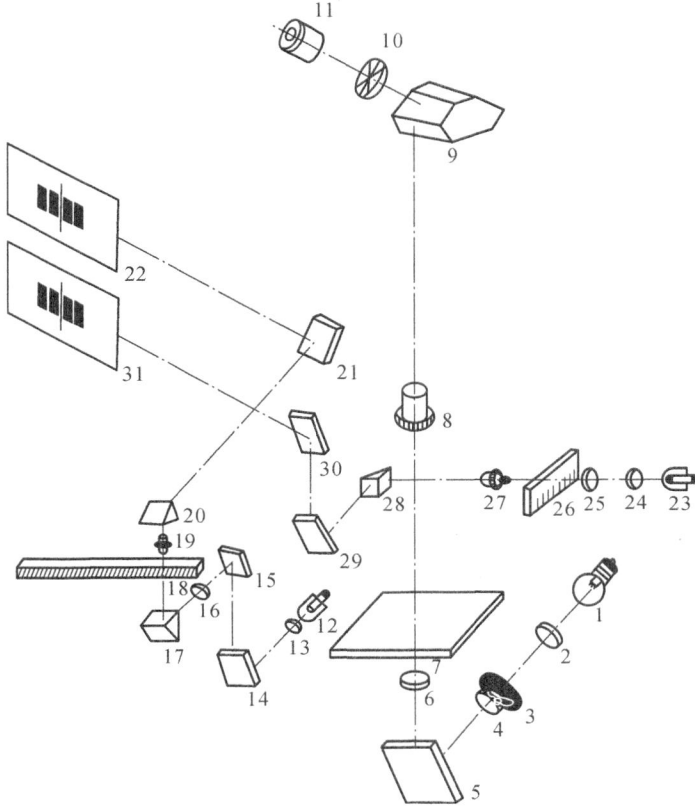

图 4.4.2　万能工具显微镜光学系统原理图

1.照明灯　2.聚光镜　3.可变光阑　4.滤色片　5.反光镜　6.聚光镜　7.工作台　8.显微物镜
9.棱镜　10.米字线分划板　11.目镜　12~17.照明系统　18.纵向 X 坐标毫米分划尺　19.投影物镜
20.21.转向系统　22.影屏　23~31.横向 Y 坐标读数系统

　　立臂 5 上安装了瞄准显微镜 6 及照明光管。瞄准显微镜通过转动手轮 7 沿立臂燕尾导轨作上下移动,以实现精确的调焦,从而获得被测件的清晰影像。转动手轮 9 能使立臂连同瞄准显微镜、照明光管一起作左右 15° 的倾斜。倾斜角度值可从手轮 9 一起转动的读数鼓轮上读得。

　　可变光阑可方便地通过可变光阑调节手轮 8 在 $\phi3\sim\phi32$mm 范围内变化,其通光直径大小在手轮 8 相应的度盘上读出。图 4.4.2 为仪器的光学系统,包括瞄准和读数两部分。

　　瞄准显微镜系统:照明灯 1 通过聚光镜 2、可变光阑 3、滤色片 4 和反光镜 5、聚光镜 6 照明置于玻璃工作台 7 上的被测件。显微物镜 8 借助棱镜 9 的转折将被测件清晰地成像于米字线分划板 10 上,最后由目镜 11 进行瞄准。

　　投影读数系统:X 坐标玻璃毫米分划尺 18 的刻线在照明系统(12~17)的照明下,由投影物镜 19 通过转像系统(20、21)成像于屏 22 上,并在屏上进行读数。Y 坐标读数系统(23~31)的光路也基本相同。

瞄准显微镜借助米字线分划板 10 上的刻线来瞄准置于工作台上的被测件,通过移动滑台可先后对各被测位置进行瞄准定位,如图 4.4.3 所示。

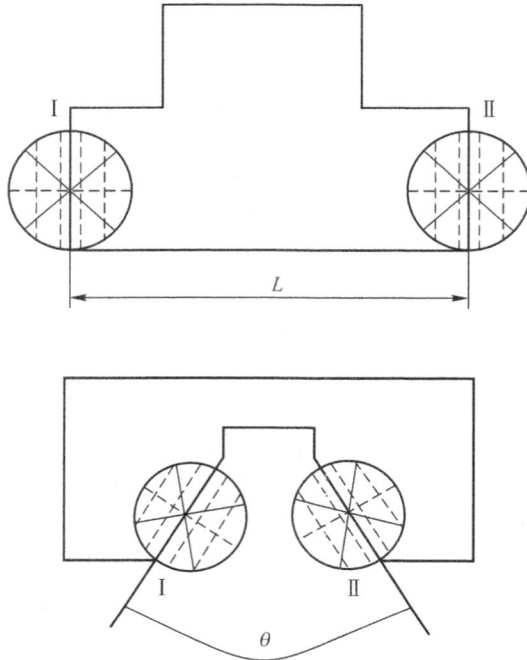

图 4.4.3　瞄准定位示意图

仪器的 X、Y 滑台上各装有一精密的长度基准元件——玻璃毫米分划尺。读数系统 19、27 将毫米刻线清晰地显示在投影屏上,再由测微器作细分读数,读数方法如图 4.4.4 所示,便可精确地确定滑台的坐标值。图 4.4.4 中,投影屏上刻制有 11 个光缝,夹在光缝之间的分划尺刻线显示了毫米值,相邻两光缝的间隔相当于 0.1mm;另外,读数鼓轮 26 旋转 100 个刻度可带动投影屏移动 1 个光缝,则鼓轮的每个刻度相当于 0.001mm,为此图示读数为 55.7645mm。

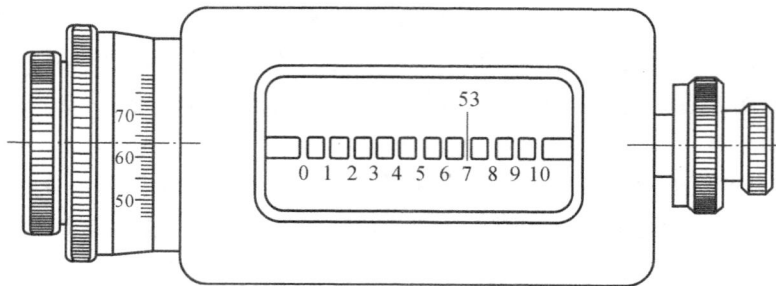

图 4.4.4　细分读数示意图

（2）测量原理

在万工显上用影像法测量工件的基本方法是：显微物镜 8 将正确安放在工作台上的被测工件成像在米字线分划板 10 上，通过目镜 11 进行观测。测量时移动工作台，先用分划板上的"米"字标志瞄准工件影像的一个边缘，在读数装置上读出一个数值。然后再移动工作台，以分划板上同一"米"字刻线瞄准工件影像的另一边缘（如图 4.4.3），再在同一读数装置上读出第二个数值，两次读数之差值，即为工件的被测长度尺寸。

关于角度测量的基本原理与长度尺寸测量原理相类似，其不同之处是供测量角度用的基准元件是光学度盘，并配有相应的角度读数装置。

当测量置于水平面内的圆柱体、圆锥体及其他回转体的直径时，应正确选择照明用可变光阑的大小，否则会带来较大的测量误差。光阑大小可根据被测件直径的大小查阅有关资料（如仪器说明书）确定之。

4. 实验内容及步骤

（1）测量前的准备

1）清洁被测样板，并置于工作台上。样板的形状与尺寸要求如图 4.4.5 所示。

2）选择合适的放大倍数的物镜装上仪器。

3）正确调焦。为了能清晰地观察到视场中的分划板"米"字刻线和被测样板的轮廓影像，调焦时，先调目镜视度，即调目镜焦距，使分划板上的"米"字刻线清晰；然后再使瞄准显微镜在立臂上上下移动作精确的调焦，使被测件的影像清晰。

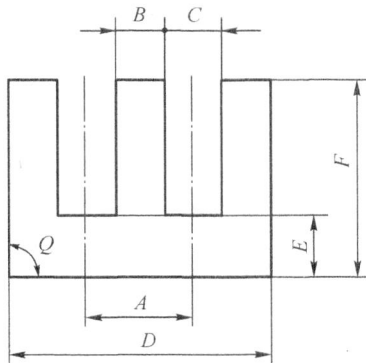

图 4.4.5　被测样板示意图

4）正确选择瞄准方法。测量时的瞄准方法有压线法和对线法，压线法用于测量长度，对线法用于测量角度，所谓压线法，就是把米字线的某一条虚线的宽度之半压在影像轮廓之内，另一半宽度压在影像之外。所谓对线法，就是把米字线的虚线与被测角影像的边缘相靠近，但留有一条极窄的光隙而并不重合。

（2）长度尺寸测量

1）测量布线如图 4.4.6 所示。测量时，先将米字线放正，即使角度目镜的读数为 $0°0'$。然后调整被测体在工作台上的位置，使米字线的水平虚线与被测的水平边平行。

2）A、B、C、D 尺寸的测量

用米字线的中央虚线分别对 Ⅰ—Ⅰ、Ⅱ—Ⅱ、Ⅲ—Ⅲ、Ⅳ—Ⅳ、Ⅴ—Ⅴ、Ⅵ—Ⅵ 压线，得读数 X_1、X_2、X_3、X_4、X_5 和 X_6。则

$$A = \frac{X_5 + X_4}{2} - \frac{X_3 + X_2}{2} \tag{4.4.1}$$

$$B = X_4 - X_3 \tag{4.4.2}$$

$$C = X_5 - X_4 \tag{4.4.3}$$

$$D = X_6 - X_1 \tag{4.4.4}$$

3）E、F 尺寸的测量

将米字线转 $90°$，即米字线的中央虚线处于水平位置，分别对 Ⅰ′—Ⅰ′、Ⅱ′—Ⅱ′和Ⅲ′—Ⅲ′压线，得 Y_1、Y_2 和 Y_3 读数。

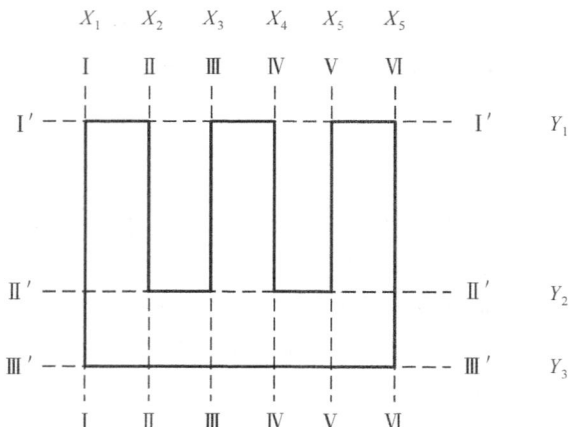

图 4.4.6　长度尺寸测量布线图

则　　　　　　　$E = Y_3 - Y_2 \tag{4.4.5}$

$$F = Y_3 - Y_1 \tag{4.4.6}$$

4）角度测量

将米字线的中央虚线对被测角的一边进行对线，在角度目镜中得读数 θ_1，然后转动米字线使中央虚线对被测角的另一边进行对线，得读数 θ_2。

则　　　　　　　$\theta = \theta_2 - \theta_1 \tag{4.4.7}$

5）数据记录及处理

将上述测得的各组数据 $X_1, X_2, \cdots, X_6; Y_1, Y_2, Y_3; \theta_1, \theta_2;$ 记录于表 4.4.1 中，按相应的计算式进行数据处理，将结果标注于图中。

5. 实验注意事项及预习要求

熟悉仪器原理；了解具体操作步骤；注意测量前首先要调整测角目镜的角度，还要将工件基准与测量轴线调整在一条直线上才开始测量。

6. 实验报告要求

（1）实验目的和要求

（2）数据处理及实验结果

（3）思考题

1）所谓"调焦"是指什么？

2）为什么测量长度尺寸用压线法，而测量角度用对线法？反之是否可行？

（4）讨论

7. 参考资料

［1］李岩,花国梁.精密测量技术(修订版)［M］.北京:机械工业出版社,2001

［2］何频,郭连湘.计量仪器与检测(第 1 版)［M］.北京:化学工业出版社,2006

［3］林玉池,毕玉玲,马凤鸣.测控技术与仪器实践能力训练教程(第 2 版)［M］.北京:机械工业出版,2009

［4］于春泾,齐宝玲.几何量测量实验指导书(第 1 版)［M］.北京:北京理工大学出版社,1992

［5］童竞主编.几何量测量(第 1 版)［M］.北京:机械工业出版社,1988

［6］武晋燮.几何量精密测量技术(第 1 版)［M］.北京:中国计量出版社,1989

表 4.4.1　实验数据记录表

		测量次数				A	B	C	D	E	F	θ
		1	2	3	CP	$\dfrac{X_5+X_4}{2}-\dfrac{X_3+X_2}{2}$	X_4-X_3	X_5-X_4	X_6-X_1	Y_3-Y_2	Y_3-Y_1	$\theta_2-\theta_1$
纵向尺寸	X_1											
	X_2											
	X_3											
	X_4											
	X_5											
	X_6											
横向尺寸	Y_1											
	Y_2											
	Y_3											
角度	θ_1											
	θ_2											

实验 4.5　在万工显上用灵敏杠杆测孔径

1. 实验目的与要求

（1）了解万工显的原理及使用。

（2）掌握用光学灵敏杠杆测孔径的方法。

2. 实验仪器及材料

万工显、附件、圆环。

3. 实验原理

(1)万能工具显微镜的外形

万能工具显微镜见图4.4.1。

(2)工作原理

光学灵敏杠杆是万工显的主要附件之一,它也称为光学定位器。光学灵敏杠杆主要用于测量内尺寸,特别是盲孔,也可以测量外尺寸。它的工作原理如图4.5.1所示,照明光源4照亮分划板1,分划板上有三对双刻线,光线经透镜与测杆相连的反射镜2反射向上,再经主显微镜的物镜7放大后,成像在测角目镜8上,转动灵敏杠杆右侧的滚花轮(图4.5.1中未画),以调整分划板1的焦距,使目镜视场内的双刻线像清晰,转动灵敏杠杆左侧的滚花轮(图4.5.1中未画),可改变测量头的测力方向。反射镜2和测头紧固在一起可绕共同轴转动,当测头与被测体的孔壁接触,弹簧6使测球和孔壁接触时,保持一定的测力,移动被测孔,带动测头与反射镜一起摆动,直至使三段双线像对称套在米字线的中央线两侧时,认为

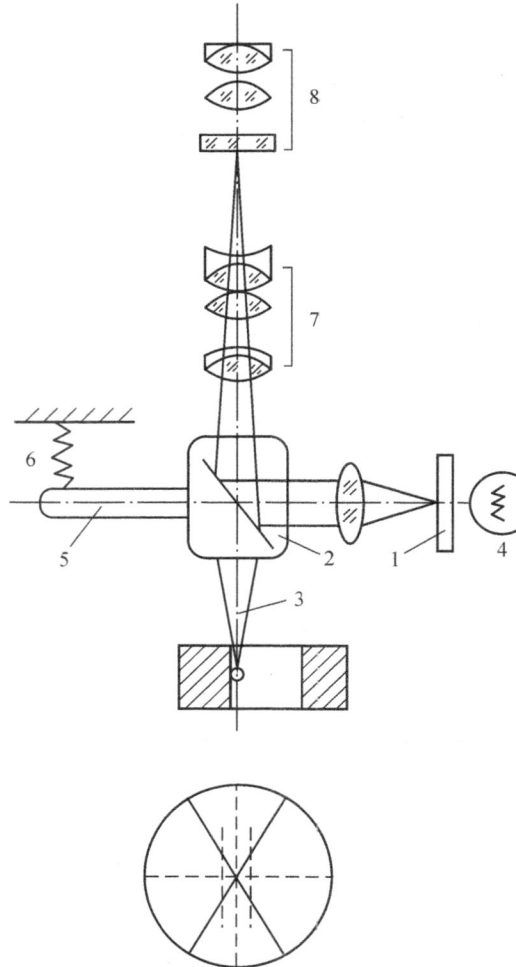

图4.5.1　光学灵敏杠杆测孔

1.分划板　2.反射镜　3.测杆　4.光源　6.弹簧　7.物镜　8.目镜

被测孔已定好位,便可进行读数。

为了使测量线与工件的孔径线重合,可用找转折点的方法来确定其横向位置。当测球置于孔径线上后,通过移动纵向工作台,使杠杆测头与孔的左、右壁接触,在纵向标尺上分别读得两读数 A_1、A_2,已知测球直径为 d 球,则被测孔径 D 为

$$D = d_球 + (A_2 - A_1) \qquad\qquad (4.5.1)$$

4. 实验内容及步骤

(1)在万工显上装上 3 倍物镜,并在其下面正确安装好光学灵敏杠杆,需使三段双线像平行于米字线的其中一条刻线,此时应使角度目镜的读数为 $0°0'$。

(2)把工件固定在工作台上,把测头伸入到固定在工作台上的被测孔至适当深度,与孔壁一侧接触后,通过转动横向工作台手轮,使测头在孔壁来回移动,在测角目镜视场中找出转折点并紧固横向工作台手轮。移动纵向工作台,直到测头与孔壁接触,并记下纵向读数显示屏读数 A_1。

(3)移动纵向工作台,当测头移到孔中心左右位置,转换测力方向,使测头与孔的另一侧接触,定好位后,读得第二个读数 A_2。

(4)按公式(4.5.1)计算出被测孔直径。

5. 实验注意事项及预习要求

熟悉仪器原理;了解具体操作步骤;根据测量工件形状确定测量力的方向;注意当测头靠近工件时要用微动手轮来调节。

6. 实验报告要求

(1)实验目的和要求

(2)数据处理及实验结果

(3)思考题

1)为什么首先要在横向找转折点? 不找横向转折点对测量带来什么误差?

2)与影像法测孔径相比较有何特点? 分析之。

(4)讨论

考虑其他测量环规的方案,哪种精度更高些?

7. 参考文献

[1]李岩,花国梁.精密测量技术(修订版)[M].北京:机械工业出版社,2001

[2]何频,郭连湘.计量仪器与检测(第 1 版)[M].北京:化学工业出版社,2006

[3]林玉池,毕玉玲,马凤鸣.测控技术与仪器实践能力训练教程(第 2 版)[M].北京:机械工业出版社,2009

[4]于春泾,齐宝玲.几何量测量实验指导书(第 1 版)[M].北京:北京理工大学出版社,1992

[5]童竞主编.几何量测量(第 1 版)[M].北京:机械工业出版社,1988

[6]武晋燮.几何量精密测量技术(第 1 版)[M].北京:中国计量出版社,1989

实验 4.6 在万能测长仪上测量孔径

1. 实验目的与要求

(1)了解万能测长仪的工作原理。

(2)熟悉用万能测长仪测量孔径的几种方法。

2. 实验仪器及材料

万能测长仪、标准环规、被测圆环。

3. 实验原理

万能测长仪是一种用途较广的计量光学仪器。它可对零件的外尺寸进行直接测量和比较测量,也可用来测量内尺寸,如孔径、槽宽,此外,利用仪器附件,还可测定各种特殊工件,如小孔内径、内外螺纹中径等。由于它测量轴处于水平位置,因此仪器称为"卧式测长仪"。

(1)原理及结构

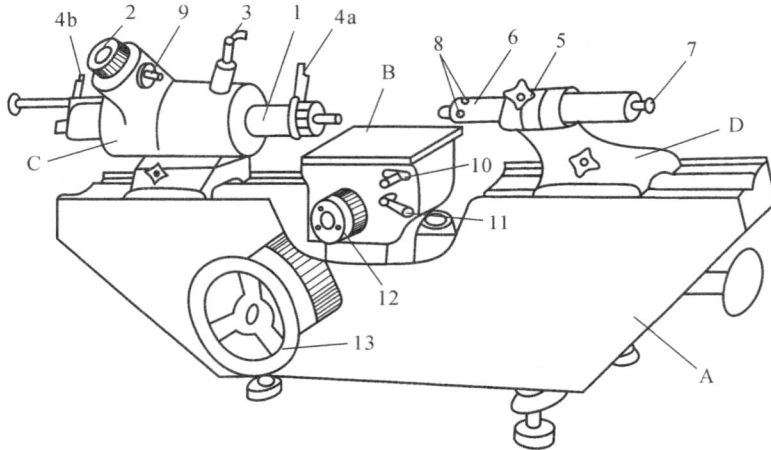

图 4.6.1 测长仪外形图

1. 测量轴 2. 读数显微镜 3. 照明装置 4. 牵绳环 5. 尾架 6. 尾管 7. 微动手轮 8. 调整螺钉 9. 微读数调节螺钉 10.11. 工作台调节用手柄 12. 微分筒 13. 旋转手轮

万能测长仪是按照阿贝原则设计制造的,工件的被测尺寸可放在标准刻度尺轴线的延长线上,因此能保证测量的高精度。

万能测长仪是由底座 A、万能工作台 B、测量座 C、尾座 D 及各种测量附件组成的。如图 4.6.1 所示,底座 A 是用来承受和安放仪器主要部件的。测量座是由测量轴 1、读数显微镜 2、照明装置 3 及微动装置等组成。测量轴可在壳体的滚动轴承上运动,测量轴内部装有 1 根分度值为 1mm,长度为 100mm 的标准尺。尾座是由尾架和尾管组成,尾管的一端有微动手轮,转动它可使尾管测头作轴向微动,以满足调整测量起始值时的需要,尾管的另一端是尾管测杆,测杆上可装不同形状的测头。测量座和尾座都可以在底座的导轨上滑动,并根据测量需要紧固在任一位置。万能工作台具有 5 个自由运动:升降运动、横向运动、纵向(测量轴线方向)的自由运动,绕垂直轴的转动和绕其横轴的摆动,调整工作台可使工件的被测尺寸正确地位于标准线的延长线上。

(2)仪器读数方法

测微目镜的分划板是由 100 等分的圆刻尺及 10 圈阿基米德螺旋线组成。标准刻尺两条刻线之间的距离为 1mm 成像后正好等于十条螺旋线的间距,因此两圈螺旋线的分划值为 1/10mm,圆刻尺分度值为 1/1000mm,目视读数时要求旋动螺钉使某一条双螺旋线对称地对准 mm 刻线后再进行读数,如图 4.6.2 所示读数为 53.1756mm。

4. 实验内容

(1)用双测钩测量孔径

1)根据被测孔大小、厚度选取测钩等附件。安装双测钩,调整尾架、尾管和测座的适当位置,并固定之,转动尾管轴微调手轮 16,观察测钩测头上的两球心连线与测体运动方向是否一致。

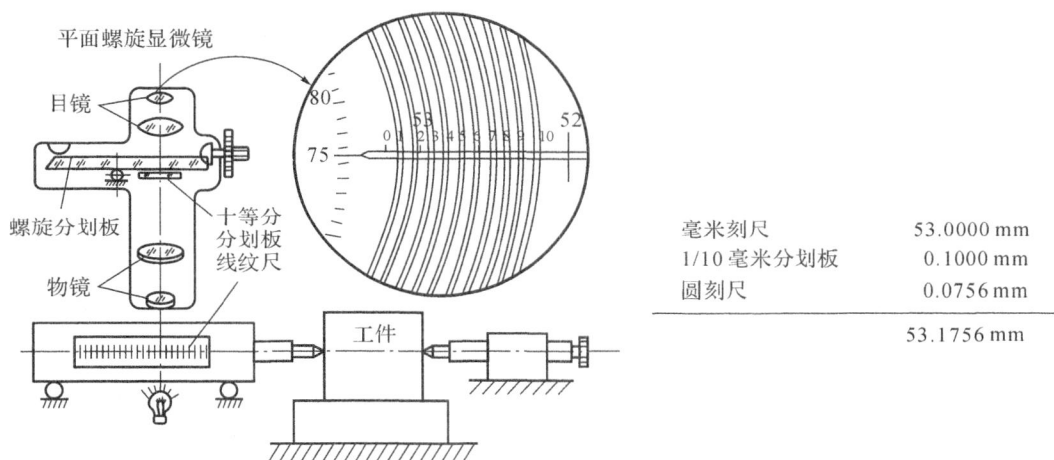

毫米刻尺	53.0000 mm
1/10 毫米分划板	0.1000 mm
圆刻尺	0.0756 mm
	53.1756 mm

图 4.6.2 读数示意图

2)根据被测孔大小选取标准环规,清洗工作台、环规,把标准环规置于工作台上且环规上标记方向与测量方向一致,用压板固定之。

3)上升工作台,使双测钩测头进入环规,利用重锤施加一定的测量力,横向移动工作台,在显微镜内寻找一个最大值,即最大拐点处,然后再扳动手柄 7 使工作台作左右倾斜寻找一个最小值,即最小拐点处,记下读数 N_1。

4)取下标准环规,换上被测工件,按 3)方法同样可记下被测环规读数值 N_2。

5)根据被测孔径等于标准孔径与两读数差之和

即
$$B_{测} = D_{标} + (N_2 - N_1) \tag{4.6.1}$$

计算被测孔径 $B_{测}$。

6)做好结束工作,将所有的用具清洗干净,上油放回原处。

(2)用"电眼"装置测量孔径

当被测孔径为 $\phi 1 \sim \phi 20$mm,就必须用较小的测钩,但在一定的测力下,小测钩的变形较大,给测量带来了误差。因此,在测试中通常用"电眼"装置来测量。

测量时用绝缘工作台、电眼装置(即调谐指示管)来进行,将已知其精确尺寸的球测头固定在测量臂上,测量臂则固定在测量体上,被测件用压板固定在绝缘工作台上,绝缘工作台用一根导线接于电源的负极上。电眼装于仪器后面插入被测孔内,当测头与孔臂接触时,电路导通,工作台的负电位被加到调谐指示管的栅极上,光屏闪耀面积增大,当测球在被测孔直径方向上移动,并与孔左、右臂接触时(以电眼开始闪耀为接触),在读数显微镜上读取两数 N_1 和 N_2,则被测孔径的直径为测球直径加读数差值,即

$$D_测 = d_球 + (N_2 - N_1) \tag{4.6.2}$$

(3)具体步骤

1)先调整绝缘工作台上的水准器,调到水平位置。

2)把被测件固定在绝缘工作台的适当位置上,升降工作台使测头进入被测孔高的二分之一处,横向移动工作台,直到测头碰到工件,记下测头与工件两次接触的横向读数(以电眼开始闪耀为接触)A_1、A_2,然后取其一半 $A = (A_1 + A_2)/2$ 作为弦中直径所在方向,将横向读数放在 A 的大小位置,这时测得的左右位置即在被测孔的直径方向上。

3)通过微动装置移动测杆,使测球先后与孔的左右两臂刚刚接触,即电眼闪耀时,在读数显微镜上读取 N_1、N_2。

4)按式(4.6.2)计算出被测孔径。

5. 实验注意事项及预习要求:

熟悉仪器原理;了解具体操作步骤;掌握两种测量方法在测量轴径的异同点。

6. 实验报告要求

(1)实验目的和要求

(2)数据处理及实验结果

(3)思考题

1)测孔时如何保证测量的是孔的直径,而不是孔的某一弦长?

2)产生测量误差的主要因素有哪些?

3)二测头偏移如何校正?

4)电眼测量修正数 ε 如何求解?

(4)讨论

考虑直接测量轴径的方案?

7. 参考文献

[1]李岩,花国梁.精密测量技术(修订版)[M].北京:机械工业出版社,2001

[2]《几何量实用测试手册》编委会编.几何量实用测试手(第1版)册[M].北京:机械工业出版社,1987

[3]林玉池,毕玉玲,马凤鸣.测控技术与仪器实践能力训练教程(第2版)[M].北京:机械工业出版社,2009

[4]于春泾,齐宝玲.几何量测量实验指导书(第1版)[M].北京:北京理工大学出版社,1992

[5]童竞主编.几何量测量(第1版)[M].北京:机械工业出版社,1988

[6]何频,郭连湘.计量仪器与检测(第1版)[M].北京:化学工业出版社,2006

[7]武晋燮.几何量精密测量技术(第1版)[M].北京:中国计量出版社,1989

实验 4.7　基于"JD25.D 数字式万能测长仪"测量平台的孔径测量

1. 实验目的

(1)了解 JD25.D 数字式万能测长仪的结构和工作原理。

(2)熟悉用 JD25.D 数字式万能测长仪测量孔径的两种方法——"双钩法"和"电眼法"。

2. 实验用具

JD25.D 数字式万能测长仪、JDS100 数显箱、标准环规、被测环规。

3. 实验原理

本仪器是接触式长度计量仪器,仪器测量基准是有效刻划长度为 100mm 光栅尺,设计中把它安放在阿贝测轴的中心线上,这一设计符合阿贝原则。工作台有五个自由度运动,附有内测钩、电测装置等专门附件,可完成工件内、外尺寸测量,这些都与传统的万能测长仪一致。

(1)光栅数显系统

光栅数显系统包括光栅测量系统和数显箱两个部分。

1)光栅测量系统由光栅尺和读数头组成(见图 4.7.1)

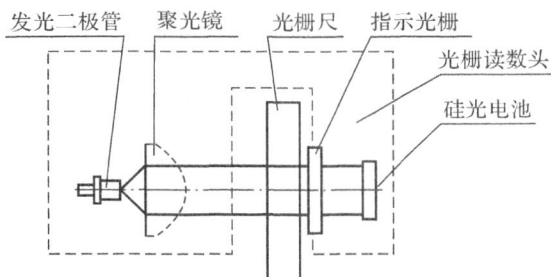

图 4.7.1　光栅测量系统原理图

①照明系统

光栅读数头中采用了红外发光二极管做光源,通过聚光镜成平行光照在光栅尺刻线面上。

②光电转换

光栅尺是黑白光栅,每毫米 100 条刻线;指示光栅为四裂相型,当两者刻线调到相互平行时,由于这两块光栅相对移动时透光和遮光效应,形成了光闸莫尔条纹,位于指示光栅后方的硅光电池便可接收到周期变化的光通量,并转换为依次相差 0°、90°、180°和 270°电信号,送入数字显示系统。

2)数显箱

数显箱具有"清零"、"置数"、"采样"、"模式转换"功能。

①清零 CLR:按 CLR 键,可对当前显示数据清为零。

②置数 SET:按键,键上红色指示灯,表现为置数功能状态,按数据键"0"～"9"及"."

键,可对数据进行设置。

③模式转换 MD:通过按键可方便地进行公制英制转换。键上绿色指示灯亮,表示当前显示数据为英制状态。

(2)仪器结构

1)主机外形图(见图 4.7.2)

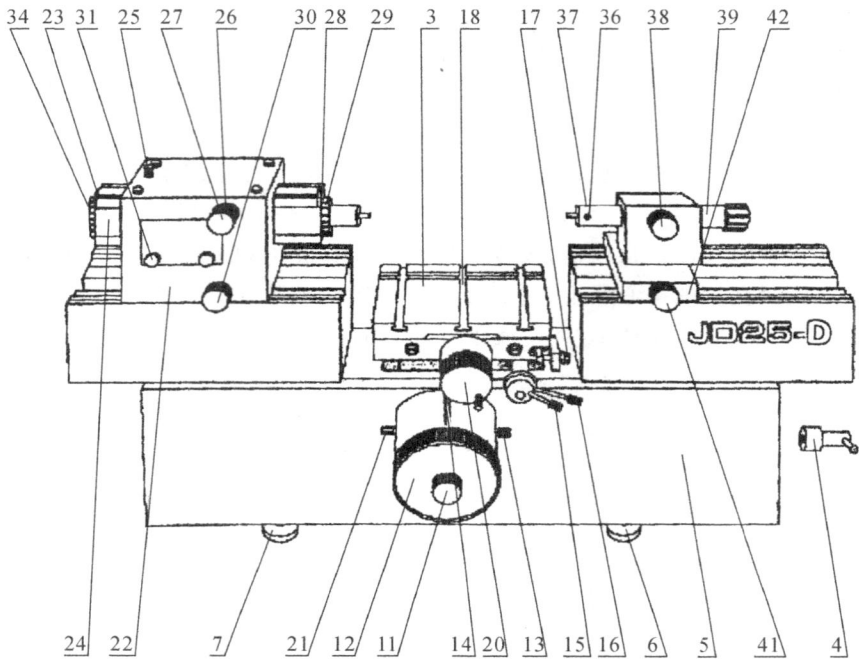

图 4.7.2　JD25.D 数字式万能测长仪外形图

　　3.万能工作台　4.工作台平衡调节扳手　5.底座　6.7.底脚螺丝　11.工作台升降锁紧手轮　12.工作台升降手轮　13.工作台升降下限设定螺钉　14.工作台升降高度刻度盘　15.工作台摆动锁紧手柄　16.工作台摆动调节手柄　17.工作台转动调节手柄　18.“T”形槽　20.工作台测微鼓　21.工作台升降上限设定螺钉　22.阿贝测量头　23.外测张力索夹头　24.测量主轴　25.测量主轴锁紧螺钉　26.测量主轴微动机构啮合手轮　27.测量主轴微动手轮　28.内测张力索夹头　29.测量主轴前端拼紧螺母　30.阿贝测量头固紧螺钉　31.重锤门开关　34.测量主轴后端拼紧螺母　36.37.尾管测帽固定轴调节螺钉　38.尾管固紧螺钉　39.尾管主轴　41.滑座固紧螺钉　42.滑座

　　2)电测装置(见图 4.7.3、图 4.7.4)

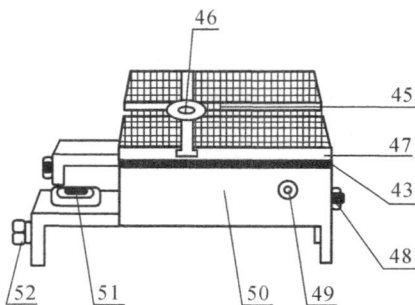

图 4.7.3　电测法绝缘工作台

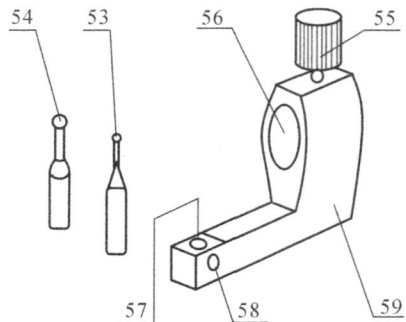

图 4.7.4　电测法测钩和测头

包括一只带有发光二极管 49 的电绝缘工作台(图 4.7.3)、测钩(图 4.7.4)和球端测杆。此装置主要用于测量直径为 1.60mm 的孔,如用万能测钩,可测量 14～112mm 的孔,且无测量力。最大测量直径由下式计算

$$D_{\max} \leqslant 60 + K - W \qquad (\text{mm})$$

式中:W——孔的壁厚;K——测球的直径;$D_{\max}$——最大可测孔直径。

电绝缘工作台(图 4.7.3)的台面 47 由绝缘基块 43 隔离,使之与工作台基座 50 绝缘。台面上开有凹口,球端测杆可以从下面插入被测件的孔中,被测件直接放在绝缘工作台上,小零件可通过中继环 46 装在台面上,此环被插入孔中。

绝缘工作台被装在万能工作台上,用夹紧螺钉 48、52 固定在万能工作台的楔形槽中。设在绝缘工作台基座 50 上的长水准器用来精确调整工作台的水平。绝缘工作台由一台 6V 变压器供电。固定在被测件的压板置于槽 45 中。当测头与被测件接触时,发光二极管就发光指示。测钩装在测量主轴上,用旋钮 55 固紧,球端测杆固定在测钩的孔 57 中,用螺钉 58 锁紧。球端测杆与电测装置一起用于孔的测量,刻在测杆上的数值表示有效的球径。当球端与被测件接触时,电路接通,发光二极管发光。

3)内测装置(见图 4.7.5)

由大、小测钩各一付、小测钩专用心轴以及两个标准环规组成。两副测钩可分别用于不同内径以及不同深度的测量。测量时尽可能地使用大测钩。用小测钩可测孔径在 10～400mm,最大伸入深度为 12mm。测钩被分别固定在测量主轴和小测钩专用心轴上,之后可以用旋手固定,用大测钩可测孔径在 30～370mm;其最大伸入深度为 50mm,测钩分别固定在测量主轴和尾管轴上。

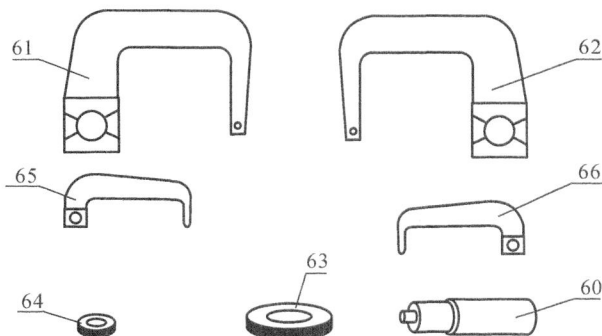

图 4.7.5　内测附件

4)测量力的选择

测量力可根据工件公差及工件易变形程度来选择,公差范围小和易变形工件,测量力应尽量小。万能测长仪测力由砝码产生,分别为 2.5N 和 1.5N。转动图 4.7.2 旋钮 31,打开小门,摘取砝码,可改变测力。测大工件或使用大测钩时用 2.5N,测小工件或使用小钩时用 1.5N 测力。

5)找"转折点"(参见图 4.7.6)

大多数工件测量时,要操作不同手柄寻找两次转折点;例如图 4.7.6 所示,测量一个圆柱体要先按图 4.7.6(a)调整手柄使工作台左右偏摆;找到最小值,称"第一转折点",并保留

该状态,然后按图 4.7.6(b)移动工作台横向手轮使测轴通过圆柱直径,即找最大值,称"第二转折点"。操作手柄速度不可过快,特别是接近"转折点"时,速度应放慢,可以反复多找几次,比较其示值大小,最后确定之。

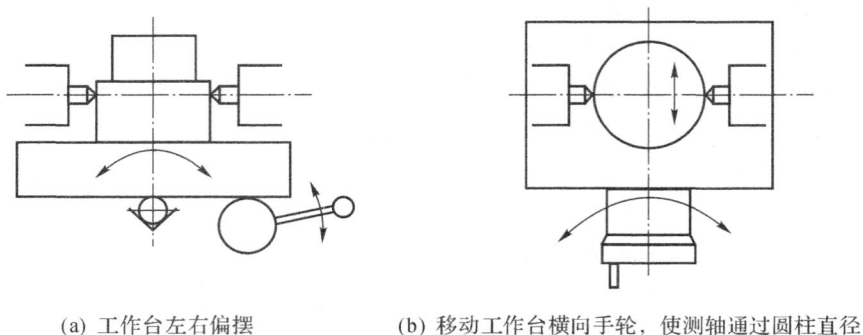

(a) 工作台左右偏摆　　　　　(b) 移动工作台横向手轮,使测轴通过圆柱直径

图 4.7.6　找"转折点"的基本操作

4. 实验步骤

测量前,仪器应作如下调整:

数显系统开机,左右移动测量主轴(图 4.7.2 的 24)至数显屏有坐标数据显示。按 CLR 键清零(注意在移动测量主轴时不能超出最大移动范围)。

(1)"双钩法"测量孔径

1)根据被测孔大小、厚度选取测钩等附件。安装双测钩,挂上内测砝码。

2)清洗工作台、环规,先将标准环规安装在工作台上,刻线标记平行于测轴,提升工作台使两测钩伸入孔中与孔壁接触;拉出内测张力索挂在内测张力索夹头上,松开测轴锁紧螺钉(图 4.7.2 的 25),啮合微动机构(图 4.7.2 的 26)(此处应拖住测量主轴使其缓慢移动至孔壁再松开)。

3)调整工作台摆动调节手柄(图 4.7.2 的 16),观察数显屏找到一个最小值,即最小极值,再调整工作台测微鼓轮(图 4.7.2 的 20),观察数显屏找到一个最大值,即最大极值,记下读数 N_1 或按键将示值清零。

4)拆下环规,换上被测件,提升工作台使两测钩伸入孔中与孔壁接触;寻找最大极值,记下读数 N_2。

5)被测件实际尺寸 $D_{被测}=D_{标}+(N_2-N_1)$,($D_{标}$ 为标准环规实际尺寸),或 $D_{被测}=D_{标}+N_2$。

6)改变测量位置,测得三组数据取其平均值作为最后测量数据。

7)结束工作,将所有的用具清洗干净,上油放回原处。

(2)"电测法"测孔

"电测法"是用球测头进行无测力内尺寸测量,由"电眼"(指电测绝缘工作台上的发光二极管)指示接触状态。

测量前,仪器应作如下调整:

1)安装电测工作台(图 4.7.3),调整工作台微倾手柄(图 4.7.2 的 15),使其水泡(图 4.7.3 的 51)居中。

2）解下测力砝码，松开测轴锁紧螺钉（图 4.7.2 的 25），啮合微动机构（图 4.7.2 的 26）。

3）安装电测测头（图 4.7.4）。对于较小的通孔，测钩横梁可位于测轴下方，以便于观察接触情况。

4）安装被测工件，并压紧，外形小于 $\phi20$mm 的零件应加垫中继环（图 4.7.3 的 26）。

5）接通电测回路，检查电眼（图 4.7.3 的 49）闪烁是否灵敏。

测量前，应校正工件位置，使工件内孔中心与测量轴线重合，其方法如下（图 4.7.7）：

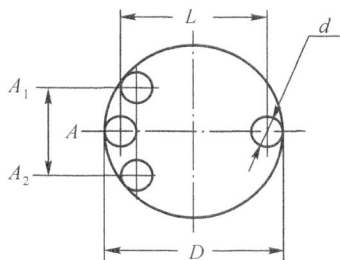

图 4.7.7　两点法测孔

转动工作台横向测微手轮，故意使工件内孔中心略偏于测量轴线，微动测轴，使测头与工件接近，直至电眼闪耀，记下测微手轮读数 A_1；转动横向测微手轮，使测头离开工件，直至测头再次与孔壁接近，当电眼闪耀时，记下测微手轮第二个读数 A_2，求出两次读数平均值：$A = \frac{1}{2}(A_1 + A_2)$；将测微手轮转到读数 A，此时工件内孔中心已和测量轴线重合。

具体步骤：

微动测量主轴，使测头与工件孔壁一侧接近，直至电眼闪耀，记下测量主轴读数 N_1 或清零；反向微动测量主轴，使测头与孔壁另一侧接近，直至电眼闪耀，记下读数 N_2；再次退回到 N_1 读数状态，检查 N_1 读数是否走动，若否，则取两次读数平均值为 N_1 的终值。测 3 组数据取其平均数。

环规测量结果为

$$D_{被测} = d + \mid N_2 - N_1 \mid \tag{4.7.1}$$

$$或\ D_{被测} = d + N_2 \tag{4.7.2}$$

式中：d 为测头球体直径实际值。

5. 实验报告要求

（1）实验目的和要求

（2）数据处理及实验结果

（3）思考题

分别定性分析"双钩法"和"电眼法"的测量误差源，比较哪一种测量方法引入的误差小？

（4）讨论

6. 参考文献

[1]武良臣，吕宝占，胡爱军. 互换性与技术测量.（第 1 版）[M]. 北京：北京邮电大学出版社，2009

实验 4.8 平台测量(一)

1.实验目的与要求

(1)掌握平台测量的特点,即在平板上,由量具、仪器和专用工具以一定的几何关系的组合,建立函数关系,获得被测量的方法。

(2)学会直线与直线交点尺寸、直线与圆弧交点尺寸、相关尺寸的测量方法及数据处理。

(3)学会平面一般角度、弧半径、凸轮盘母线对轴线平行度的测量及数据处理。

2.实验仪器及材料

平板(或平台)、量块、千分尺、标准件、方铁(或方箱)、百分表、高度规、被测工件等。

3.实验原理

(1)直线与直线交点尺寸测量

图 4.8.1 所示为提供实验用的被测件,求图中 α、L、$P(x,y)$(当 $x=30$ 时,求 y 值)。

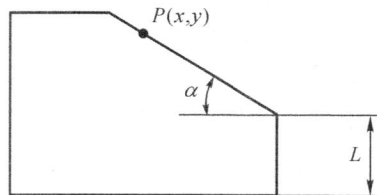

图 4.8.1 被测件示意图

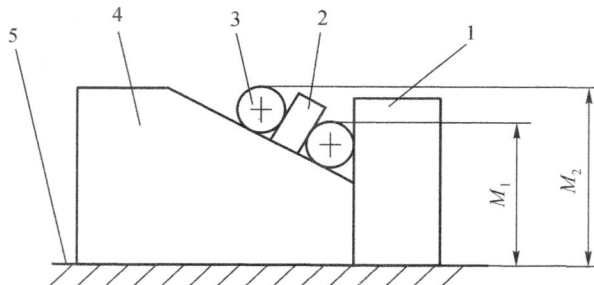

图 4.8.2 直线与直线交点尺寸测量简图
1.量块 2.标准件 3.被测件 4.平板 5.方铁

(2)圆弧与直线交点尺寸测量

按提供的被测件求图 4.8.3 中 M、N。

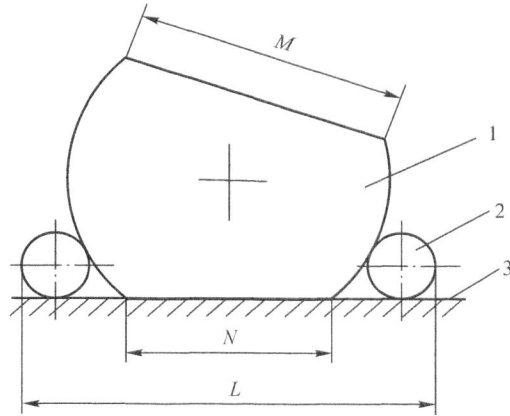

图 4.8.3　圆弧与直线交点尺寸测量简图
1. 被测件　2. 标准件　3. 平台

(3)轴径 R 和 V 形角 2α 的测量

图 4.8.4 为在 V 形块上测量轴径 R 及角度 α 的原理简图。

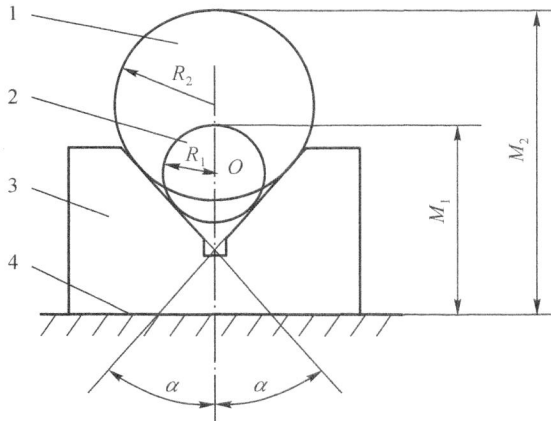

图 4.8.4　轴径及角度测量简图
1. 被测件　　2. 标准件　3. V 形块　4. 平台

(4)凸轮轴线与母线的平行度测量

图 4.8.5 为凸轮测量要求简图。

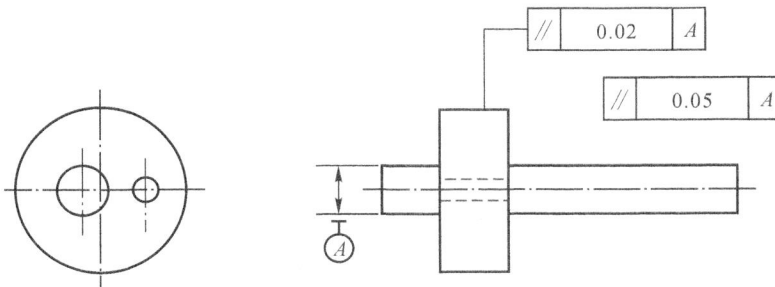

图 4.8.5　凸轮测量要求简图

4. 实验内容

(1)按提供的测量简图作为测量方法之参考,亦可自行设计测量方案;

(2)绘出各测量方法简图,进行图形分析,建立函数关系式;

(3)实测;

(4)进行数据处理,给出测量结果和测量误差。

5. 实验注意事项及预习要求

熟悉平台测量的基本原理;根据间接测量方法,借助已知直径的芯棒(钢球),通过三角关系计算出想要的尺寸量。

6. 实验报告要求

(1)实验目的和要求

(2)数据处理及实验结果

(3)思考题

1)测某一尺寸时,由于条件所限,量具精度略低于测量精度要求,可采用什么方法来降低测量误差?

2)凸轮平行度测量中,比较两项平行度公差值的不同,含义各为什么?

3)分析测量误差来源及降低测量误差的途径。

(4)讨论

7. 参考文献

[1]李岩,花国梁. 精密测量技术(修订版)[M]. 北京:机械工业出版社,2001

[2]《几何量实用测试手册》编委会编. 几何量实用测试手册(第 1 版)[M]. 北京:机械工业出版社,1987

[3]林玉池,毕玉玲,马凤鸣. 测控技术与仪器实践能力训练教程(第 2 版)[M]. 北京:机械工业出版社,2009

[4]于春泾,齐宝玲. 几何量测量实验指导书(第 1 版)[M]. 北京:北京理工大学出版社,1992

[5]童竞主编. 几何量测量(第 1 版)[M]. 北京:机械工业出版社,1988

实验 4.9　平台测量(二)

1. 实验目的与要求

掌握单角度斜孔坐标尺寸各种标注方法的平台测量方法,提高分析误差来源的能力。

2. 实验仪器及材料

被测工件、芯轴、标准圆柱、量块、百分表、正弦尺、高度规、平板等平台用具。

3. 实验原理

(1)斜孔坐标尺寸以孔的轴线与端面交点标注时的测量

图 4.9.1 为被测工件示意图,其斜孔坐标尺寸 $O(x, y)$ 测量原理如图 4.9.2 所示。

(2)斜孔坐标以孔的轴线外任意一点标注时的测量(L_x、L_y 值利用正弦规测量),如图 4.9.3 所示。

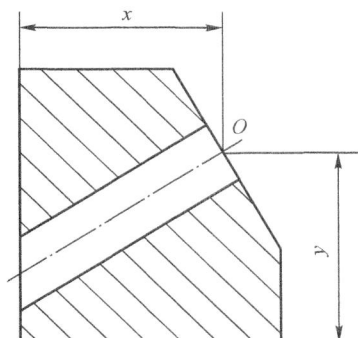

图 4.9.1　被测件示意图

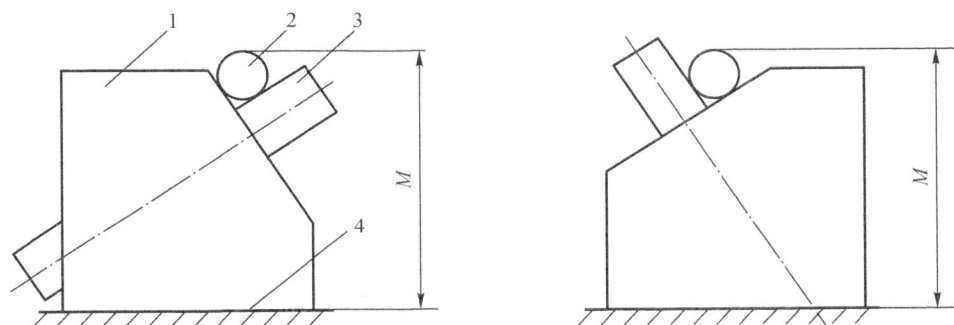

图 4.9.2　斜孔坐标尺寸测量原理简图
1. 被测件　2. 标准圆柱　3. 芯轴　4. 平台

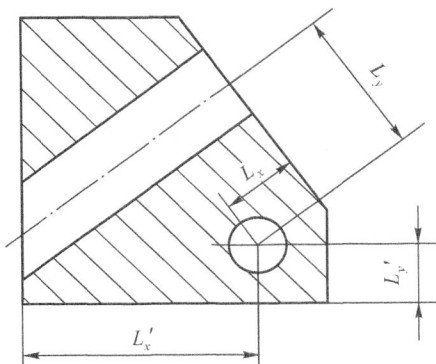

图 4.9.3　斜孔坐标尺寸 L_x、L_y 的测量

4. 实验内容

(1) 绘测量简图；

(2) 图形分析，导出计算关系式；

(3) 实测数据；

(4) 分析误差来源；

(5) 多次测量数据处理。

5. 实验注意事项及预习要求

熟悉平台测量的基本原理；根据间接测量方法，借助已知直径的芯棒（钢球），通过三角关系计算出想要的尺寸量。

6. 实验报告要求

（1）实验目的和要求

（2）数据处理及实验结果

（3）思考题

1）对标准圆柱，芯轴的选择有什么要求？

2）如何消除由于平台不平度引起的测量误差？

（4）讨论

7. 参考文献

［1］李岩，花国梁. 精密测量技术（修订版）［M］. 北京：机械工业出版社，2001

［2］《几何量实用测试手册》编委会编. 几何量实用测试手册（第 1 版）［M］. 北京：机械工业出版社，1987

［3］林玉池，毕玉玲，马凤鸣. 测控技术与仪器实践能力训练教程（第 2 版）［M］. 北京：机械工业出版社，2009

［4］于春泾，齐宝玲. 几何量测量实验指导书（第 1 版）［M］. 北京：北京理工大学出版社，1992

［5］童竞主编. 几何量测量（第 1 版）［M］. 北京：机械工业出版社，1988

实验 4.10　平台测量（三）

1. 实验目的

（1）掌握正弦尺的测角原理和使用方法。

（2）学会用正弦尺测量角度块工作角和锥度量规的方法。

（3）学会在平台上测量内、外锥角的方法。

2. 实验仪器和设备

平板（或平台）、正弦尺、测微表、量块、表座支架、标准圆柱、角度块、钢尺、锥度量规等。

3. 实验内容与步骤

（1）角度块工作角的测量

设被测角度块公称角为 α，正弦尺两圆柱间距为 L，则量块组合高度为

$$H = L\sin\alpha \tag{4.10.1}$$

设 h_a、h_b 为测微表在 A、B 点读数，那么角度块工作角偏差值为

$$\delta = \frac{h_a - h_b}{l} \times 10^{-3}（弧度） \tag{4.10.2}$$

式中：h_a、h_b 读数单位为微米，l 单位为毫米。

要求测量三次，取平均值（注意 δ 的正负号）。

角度块工作角实际值为

$$\alpha = \alpha_1 + \delta \qquad (4.10.3)$$

式中：α_1 为角度块名义值。

(2)锥度塞规测量

按图 4.10.3 测量：1)大、小端直径 D、d；2)锥角 α。

自行推导被测量与直接测量间的函数关系式。

(3)记录数据，并进行数据处理。

4.实验注意事项及预习要求

熟悉平台测量的基本原理；根据间接测量方法，借助已知直径的芯棒（钢球），通过三角关系计算出想要的尺寸量。

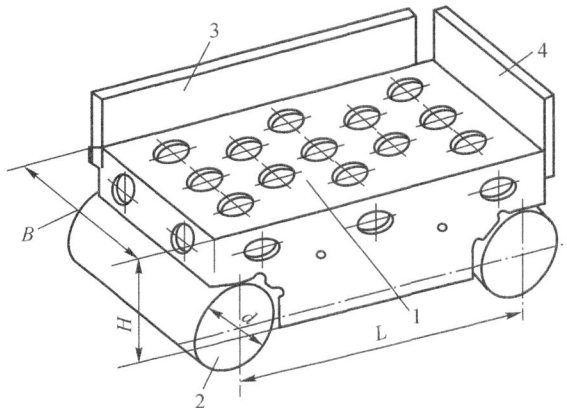

图 4.10.1　正弦尺外形图

1.尺身工作面　2.精密圆柱　3、4.挡板

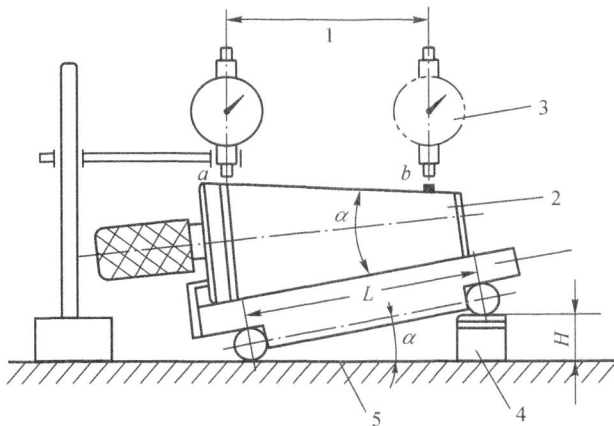

图 4.10.2　用正弦尺测量角度

1.正弦尺　2.角度块　3.测微表　4.量块　5.平台

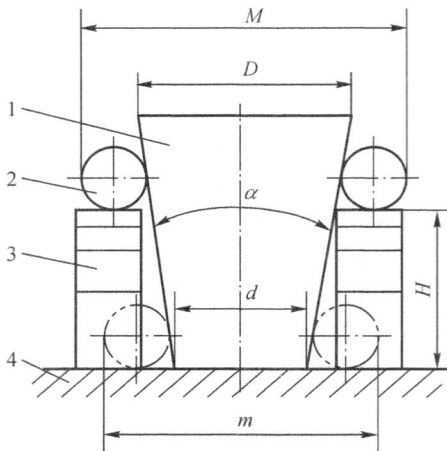

图 4.10.3　用圆柱测量外圆锥角
1.锥度塞规　2.标准圆柱　3.量块　4.平台

5. 实验报告要求

(1)实验目的和要求

(2)数据处理及实验结果

(3)思考题

1)正弦尺测量角度时,误差来源有哪些? 为何测量小角度为最佳?

2)锥度测量时,H 值偏大或偏小有何关系,为什么?

3)分别以实验 1、2 的函数关系式,计算角度的测量误差。

(4)讨论

6. 参考文献

[1]李岩,花国梁.精密测量技术(修订版)[M].北京:机械工业出版社,2001

[2]《几何量实用测试手册》编委会编.几何量实用测试手册(第 1 版)[M].北京:机械工业出版社,1987

[3]林玉池,毕玉玲,马凤鸣.测控技术与仪器实践能力训练教程(第 2 版)[M].北京:机械工业出版社,2009

[4]于春泾,齐宝玲.几何量测量实验指导书(第 1 版)[M].北京:北京理工大学出版社,1992

[5]童竞主编.几何量测量(第 1 版)[M].北京:机械工业出版社,1988

实验 4.11　全组合定角法检定多面棱体

1. 实验目的与要求

(1)熟悉用两台自准直仪组成检定多面棱体工作角偏差的原理的方法。

(2)掌握全组合定角法的数据处理、测量误差的计算。

2. 实验仪器及材料

多齿分度盘、自准直仪两台、多面棱体。

3. 实验原理

全组合定角法又称排列常角法。该法的特点是不需要圆分度标准器,采用角度测量基本原则(封闭原则),利用高精度转台或多齿台和稳固性好的大平台,来获得高精度、等权的棱体工作角偏差值,是目前各部门广泛使用的圆分度方法之一。

本实验以检定正六面棱体为例。图 4.11.1 为其测量原理图。转台 1 和两台自准直仪 Z_1、Z_2 放置在同一大平台上。转台的旋转轴线位于平台中心,且垂直于台面。在转台中央放置六面体。

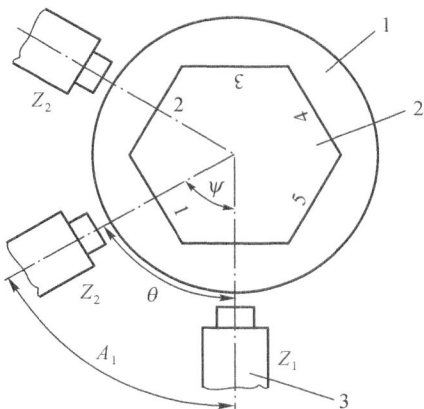

图 4.11.1　全组合定角法检定棱体
1. 转台　2. 多面体　3. 自准直仪

对六面体来说,两准直仪(Z_1 用作定位,Z_2 用作读数)需分别组成近似 60°、120°、180°、240°、300°五个稳定的常角。每一常角分别与被检的六面棱体的六个圆心角($\varphi_{i,j}$)进行顺序的封闭的独立的比较测量,在五个测回中共获得 30 个测量数据。而后进行数据处理,消去常角本身偏差的影响,最后确定棱体各个工作角的偏差。

4. 实验内容与步骤

(1)步骤

首先将被检六面棱体置于仪器的工作转台上,尽量使棱体中心与转台转轴中心重合。然后调整棱体与自准直仪的相对位置,使棱体各工作面的中心与自准直仪的光轴处在同一平面内,转动工作台使自准直仪 Z_1 对准棱体工作面“0”,自准直仪 Z_1 读数为某一读数,在全部测量过程中自准直仪 Z_1 的位置和读数均保持不变;再将自准直仪 Z_2 对准棱体工作面“1”,同样使读数调整为 φ_1,此时,即利用棱体“0”与“1”工作面的法线夹角(圆心角)作为 60°定角 A_1。因此,与 A_1 的偏差值记作 $\varphi_1 - A_1 = \Delta_1^{(1)}$,当两台自准直仪光轴调成定角后,在整个第一测回中两台自准直仪的位置应保持不变。此后将转台连同棱体一起旋转,使棱体工作面“1”对准自准直仪 Z_1 的 0 位,在第二台自准直仪上读取的读数即为 φ_2 与 A_1 的偏差值为 $\Delta_2^{(1)}$,同理,继续顺序转动工作转台,则可得到相应的一系列的圆心角偏差值,其关系式为

$$\varphi_1 - A_1 = \Delta_1^{(1)}$$

$$\varphi_2 - A_1 = \Delta_2^{(1)}$$

$$\cdots\cdots \quad (4.11.1)$$

$$\varphi_6 - A_1 = \Delta_6^{(1)}$$

在式(4.11.1)中,按顺序两式相减,得

$$\varphi_1 - \varphi_2 = \Delta_1^{(1)} - \Delta_2^{(1)} = a_1 \varphi$$

$$\varphi_2 - \varphi_3 = \Delta_2^{(1)} - \Delta_3^{(1)} = b_1$$

$$\cdots\cdots \tag{4.11.2}$$

$$\varphi_6 - \varphi_1 = \Delta_6^{(1)} - \Delta_1^{(1)} = f_1$$

测完一周后,再将自准直仪 Z_2 移动对准棱体工作面"2",同样使读数调整为 $\varphi_1 + \varphi_2$,此时,即利用棱体"0"与"2"工作面的法线夹角(圆心角)作为 $120°$,定角为 A_2,得

$$\varphi_1 + \varphi_2 - A_2 = \Delta_1^{(2)}$$

$$\varphi_2 + \varphi_3 - A_2 = \Delta_2^{(2)}$$

$$\cdots\cdots \tag{4.11.3}$$

$$\varphi_6 + \varphi_1 - A_2 = \Delta_6^{(2)}$$

同理得下列方程组

$$\varphi_1 - \varphi_3 = \Delta_1^{(2)} - \Delta_2^{(2)} = a_2$$

$$\varphi_2 - \varphi_4 = \Delta_2^{(2)} - \Delta_3^{(2)} = b_2$$

$$\cdots\cdots \tag{4.11.4}$$

$$\varphi_6 - \varphi_2 = \Delta_6^{(2)} - \Delta_1^{(2)} = f_2$$

在第 1 个定角测量中,定角为 A_i,得

$$\varphi_1 - \varphi_{i+1} = \Delta_1^{(i)} - \Delta_2^{(i)} = a_i$$

$$\varphi_2 - \varphi_{i+2} = \Delta_2^{(i)} - \Delta_3^{(i)} = b_i$$

$$\cdots\cdots \tag{4.11.5}$$

$$\varphi_6 - \varphi_i = \Delta_6^{(i)} - \Delta_1^{(i)} = f_i$$

将式(4.11.2)、式(4.11.4)及式(4.11.5)中的第 1 式、第 2 式……直至第 6 式分别相加,得

$$6\varphi_1 - (\varphi_1 + \varphi_2 + \cdots + \varphi_6) = \sum_{i=1}^{6} a_i$$

$$6\varphi_2 - (\varphi_1 + \varphi_2 + \cdots + \varphi_6) = \sum_{i=1}^{6} b_i$$

$$\cdots\cdots \tag{4.11.6}$$

$$6\varphi_6 - (\varphi_1 + \varphi_2 + \cdots + \varphi_6) = \sum_{i=1}^{6} f_i$$

由于圆周的封闭特性,则

$$\sum_{i=1}^{6} \varphi_i = 360°$$

得多面棱体各工作面法线间的实际夹角为

$$\varphi_1 = 60° + \frac{1}{6} \sum_{i=1}^{6} a_i$$

$$\varphi_2 = 60° + \frac{1}{6} \sum_{i=1}^{6} b_i$$

$$\cdots\cdots \tag{4.11.7}$$

$$\varphi_6 = 60° + \frac{1}{6} \sum_{i=1}^{6} f_i$$

(2)测量误差计算

由得到的实际夹角值 φ_i，求出每一实际角度差值与测量差值之差，即为各相应项的剩余误差 v_i，按下式可算出每个测量值的标准偏差为

$$\sigma = \pm \sqrt{\frac{\sum v_i^2}{m-t}} \tag{4.11.8}$$

式中：t 为未知数个数。因其圆周封闭特点，故有 $n-1$ 个未知数，考虑到定角 A_i 也是一种未知数，故 $t=2(n-1)$。M 为误差方程式的数目，它等于棱体边数与测回数的乘积，即 $m=n(n-1)$。

由于被测多面棱体每一夹角的测量结果相当于 n 次测量的平均值，故其测量结果的标准偏差为

$$\sigma_{\Delta\varphi} = \pm \frac{\sigma}{\sqrt{n}} \tag{4.11.9}$$

5. 实验注意事项及预习要求

熟悉仪器原理与结构；熟悉全组合定角法检定多面棱体的方法与原理。

6. 实验报告要求

(1)实验目的和要求

(2)数据处理及实验结果

(3)思考题

1)自准直仪组成的定角误差在测量中如何消除？

2)组合定角测量法利用什么原理达到提高测量精度的？

(4)讨论

7. 参考文献

[1]李岩,花国梁.精密测量技术(修订版)[M].北京:机械工业出版社,2001

[2]何频,郭连湘.计量仪器与检测(上册)(第 1 版)[M].北京:化学工业出版社,2006

[3]林玉池,毕玉玲,马凤鸣.测控技术与仪器实践能力训练教程(第 2 版)[M].北京:机械工业出版社,2009

[4]于春泾,齐宝玲.几何量测量实验指导书(第 1 版)[M].北京:北京理工大学出版社,1992

[5]童竞主编.几何量测量(第 1 版)[M].北京:机械工业出版社,1988

[6]武晋燮.几何量精密测量技术(第 1 版)[M].哈尔滨:哈尔滨工业大学出版社,1989

[7]蒋作民,武晋燮,庄志涛.角度测量(第 1 版)[M].北京:中国计量出版社,1995

实验 4.12　度盘分度误差的测量

1. 实验目的与要求

(1)掌握以多面棱体为基准,检定度盘相应刻度值分度误差的方法。

(2)了解测角仪的基本结构与工作原理。

(3)掌握度盘分度误差的数据处理方法。

2. 实验仪器及材料

标准棱体、测角仪、小水准器、四方体。

3. 实验原理

(1)仪器结构

本实验使用的测角仪为上海光学仪器厂 32J0.5 秒测角仪,度盘最小分度值 10 分;秒尺量程 5 分,分度值为 0.5 秒,测角仪结构如图 4.12.1,它由底座 6、平行光管 1、自准直望远镜 2、读数显微镜 7、主体、工作台 3 等组成。

底座上装有主轴和平行光管,主轴采用长圆柱密珠轴系结构,因而运转灵活,稳定可靠,底座下有三个调整螺钉,可调整仪器至水平。

平行光管中带有十字分划板,在其一旁装有狭缝,并可改变狭缝宽度。光管还可作微倾的调节。

望远镜中带有双线瞄准分划板、自准十字分划板、自准测微目镜。当用自准直测量时,自准测微目镜鼓轮可作测微器使用。

主体上有轴套、望远镜、读数显微镜、度盘。有专用手轮,可使度盘单独转动;度盘、工作台一起转动以及使用回转臂 5 实现望远镜、读数显微镜相对度盘的转动。

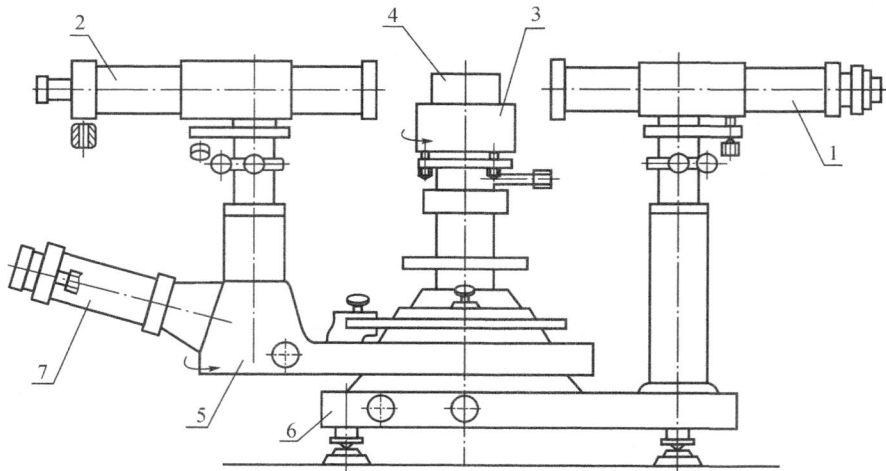

图 4.12.1　测角仪结构简图

1. 平行光管　2. 自准直望远镜　3. 工作台　4. 四面体　5. 照准器　6. 底座　7. 读数显微镜

工作台下面有三个调整螺钉,可使被测件表面调整至与望远镜光轴或主轴轴线垂直。工作台可单独转动。

(2)测角仪工作原理

测角仪的光学系统由瞄准和读数两部分组成。瞄准系统为平行光管和望远镜采用内调焦的结构,对被测面进行瞄准定位。读数系统由度盘对径刻线通过双臂符合光路系统合象,可消除偏心引起的系统误差。

测角仪采用比较或直接法测量角度,即棱体角度(作标准)与测角仪的度盘进行比较,或反之。

图 4.12.2 中,当望远镜瞄准棱体(图 4.12.2 中是角度块)两工作面 *A*、*B* 时,在读数显

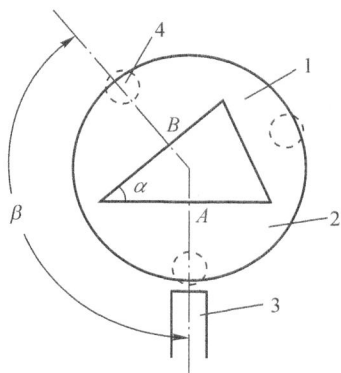

图 4.12.2　测角仪测量原理图
1.角度块　2.工作转台　3.望远镜　4.读数显微镜

微镜中读得 α_A、α_B，工作台的转角为 β，这时 α 角的实际值为

$$\alpha = 180° - (\alpha_B - \alpha_A) = 180° - \beta \qquad (4.12.1)$$

显然 β 角为 α 角的补角（或外角）。

4. 实验内容及步骤

(1)测量

1)将棱体(本实验以十二面体代作六面体)放在被检测角仪回转工作台上,调整棱体中心与工作台回转中心一致。测量时,应注意棱体工作面角度增加方向与仪器度盘增加方向是否一致。

2)转动测角仪壳体的刻度盘,或度盘直接对准在 0°刻线上,此时棱体亦在 0°面,并准确对准后,在读数显微镜中读取第一个读数 a_0。

3)按度盘刻度增加向与棱体一起旋转 60°,照准棱体 60°面准确对准,在读数显微镜中读取第二个读数 a_{60}。

4)同理,依次转至棱体 120°、180°、240°、300°各面,在度盘上读得 a_{120}、a_{180}、a_{240}、a_{300},最后至棱体 0°面,读 $a_0{}'$,$a_0{}'$ 与 a_0 之差值控制在"0.5~1"内,否则应重测。

以上为正向测回。

5)进行反向测回。首先为了消除反转开始时的回程误差,应将度盘正向多转过几十度后,再反向转动度盘。将棱体仍对在 0°(即 360°)面,度盘亦在 0°(360°)刻线处,准确对准棱体,在显微镜中读得 a_{360}(反),同样按上述操作,得 a_{300}(反),…,a_0(反),并检查 a_0(反)与 a_{360}(反)差值是否在规定范围内。

(2)数据处理

1)将各点正反测回读数取平均值 a_i。

2)从各点平均值中减去第一点的平均值作为测量结果

$$\bar{\Delta}_i = a_i(平均) - a_0(平均) \qquad (4.12.2)$$

3)将棱体误差修正量(第 i 面对 0°面的角度偏差)修正之各测量点中,得到度盘各 60°间距点的零起刻线误差 $\bar{\Delta}'_i$

$$\bar{\Delta}'_i = \bar{\Delta}_i + \lambda_i \qquad (4.12.3)$$

4)根据刻线误差与零起刻线误差之关系,计算度盘各 $60°$ 间隔的刻线误差 Δ_i

$$\Delta_i = \overline{\Delta}'_i + \Delta_0 \tag{4.12.4}$$

式中: $\Delta_0 = -\sum_{i=1}^{n} \overline{\Delta}_i$

5)根据刻线误差计算出刻线间距误差 f_i

$$f_i = \Delta_{i+1} - \Delta_i \tag{4.12.5}$$

找出任意间距误差中绝对值最大的误差作为最大间距误差 f_{max}

$$f_{max} = |\Delta_{imax} - \Delta_{imin}| \tag{4.12.6}$$

将上述测量记录在表 4.12.1 和表 4.12.2 中。

5. 实验注意事项及预习要求

熟悉仪器原理;了解具体操作步骤。

6. 实验报告要求

(1)实验目的和要求

(2)数据处理及实验结果

表 4.12.1　实验数据记录表

度盘刻线 φ_i	正测 α_i	返测 α_i(反)	平均值 $\dfrac{\alpha_i + \alpha_i(反)}{2}$	相对零位读数差 $\overline{\Delta}'_i$	棱体修正 λ_i	结果值 $\overline{\Delta}_i$
0°						
60°						
120°						
180°						
240°						
300°						
360°						
360°与0°平均						

表 4.12.2　实验数据记录表

度盘刻度 φ_1	零起刻线误差 $\overline{\Delta}'_i$	刻线误差 Δ_i	间距误差 f_i	直径误差 ψ_i	最大刻线间距误差 f_{max}
0°					
60°					
120°					
180°					
240°					
300°					
360°(0°)					
总　和					

(3)思考题

1)试述度盘分度误差测量的步骤。

2)刻线误差、间隔误差、零起刻线误差三者之关系是怎样的？若三者中知道任一种，如何求得另外两种？

3)试求正返读数平均值之测量极限误差。该值的大小说明了什么问题？

(4)讨论

考虑直接测量线纹尺的方案？

7. 参考文献

[1]李岩,花国梁.精密测量技术(修订版)[M].北京:机械工业出版社,2001

[2]何频,郭连湘.计量仪器与检测(上册)(第 1 版)[M].北京:化学工业出版社,2006

[3]林玉池,毕玉玲,马凤鸣.测控技术与仪器实践能力训练教程(第 2 版)[M].北京:机械工业出版社,2009

[4]于春泾,齐宝玲.几何量测量实验指导书(第 1 版)[M].北京:北京理工大学出版社,1992

[5]童竞主编.几何量测量(第 1 版)[M].北京:机械工业出版社,1988

实验 4. 13　导轨直线度的测量

1. 实验目的与要求

(1)了解平直度仪的结构、原理及使用方法。

(2)学会用平直度仪测量导轨直线度的方法。

(3)掌握直线度误差数据处理的两种方法。

2. 实验仪器及材料

平直度仪(或自准直仪)、平面反射镜、桥板、导轨。

3. 实验原理

(1)平直度仪原理

平直度仪(或自准直仪)是测量微小角度变化量的精密光学仪器,它适用于测量精密导轨的直线度误差及小角度范围内的精密角度测量。用平直度仪测量被测要素的直线度误差,是利用平直度仪的光轴模拟理想直线,将被测直线与理想直线比较,将所得数据用作图法或计算法来求出直线度误差值。

平直度仪的基本度量指标:

分度值:0.005mm/m 或 0.001mm/200mm

示值范围:+500 分度值

测量范围:约 5m

仪器由本体及反射镜两部分组成,其结构如图 4.13.1 所示。

它的光学系统是根据自准直原理设计的。由光源 1 发出的光线经分划板 3 的十字形透光指标后两次反射,透过物镜 10 成平行光射到平面反射镜 13。当镜 13 垂直于光轴时,光线沿原路返至立方棱镜头 4 并被其中的半透明膜反射向上成像于固定分划板 5 的上平面

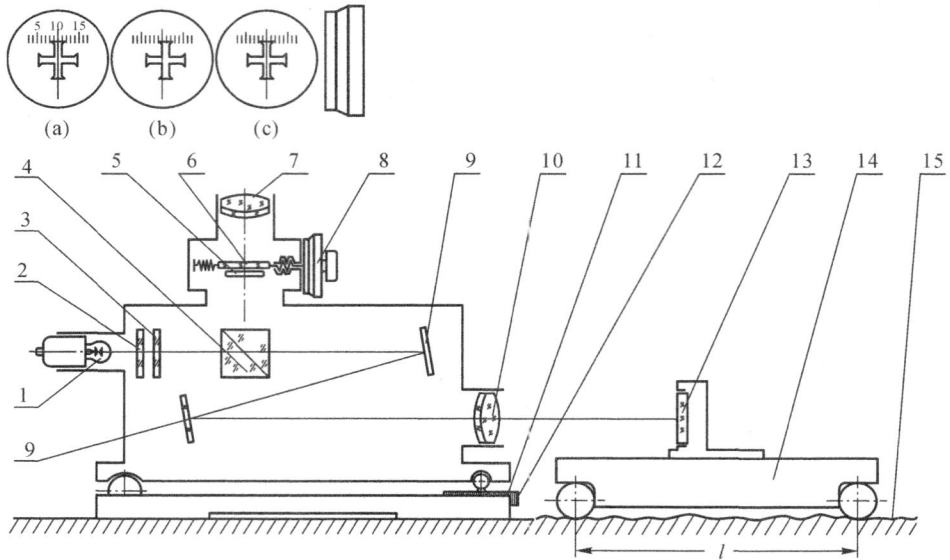

图 4.13.1　平直度仪结构示意图

1.光源　2.绿色滤光片　3.粗十字形指示分划板　4.立方棱镜　5.固定分划板　6.可动分划板　7.目镜　8.测微鼓轮　9.反射镜　10.物镜　11.水平调整板　12.调节手轮　13.平面反射镜　14.桥板　15.被测导轨

（该面刻有短线和数字 5、10、15）。可动分划板 6 的下平面有一条长刻线作测量时对准用，可借助测微螺杆移动，测微螺杆的外端是测微鼓轮 8。透过目镜 7 可看到图 4.13.1（a）（b）（c）所示的视场。

当被测导轨凸凹不平，使平面反射镜底座一段抬高或降低，平面反射镜便不再与物镜的光轴垂直而相应偏转一微小角度 α，经镜反射后的平行光束相对于入射光束偏转 2α 角。平直度仪的读数仅与反射镜的偏角有关，与镜面的位置无关。

微小的角度量通常以角量（符号 ε）表示，即可按角秒或弧度计算，但在长度测量中要按线量（符号 i）取值，它与所用桥板长度 L 有关

$$i = 5 \times 10^{-6} \varepsilon L \, \mathrm{mm} = 0.005 \varepsilon L \, \mu\mathrm{m}$$

式中：ε 以秒计，L 以 mm 计。例如当 $\varepsilon = 1$ 秒（或 0.005mm/m≈1 秒），$L = 200$mm 时，$i = 1\mu$m。

（2）测量原理

用平直度仪测量导轨直线度误差，是将被测导轨全长沿测量方向上等距各点的连线，相对于光轴的角度变化反映为高度变化。具体方法是将安置反射镜座的桥板沿被测轮廓线上各测点顺次移动，在仪器的读数机构中读出桥板两端高度差 Δ_i，据此画出误差曲线，再按两端点连线或最小包容区域法求出直线度误差值。

例　表 4.13.1 及图 4.13.2 是被测导轨长度为 1.6m，桥板跨距 200mm，导轨分为 8 段的计算直线度误差的实例。

4. 实验内容及步骤

（1）将平直度仪沿导轨的长度方向固定在靠近被测导轨一端。

（2）接通电源，调整仪器目镜视度环，使活动分划板上的指标线清晰。

（3）把被测导轨调整到大致水平，即使得反射镜在导轨始、末两端位置上都能看到反射回来的清楚十字影像。

（4）将反射镜安放在桥板上，并置于被测道轨一端，调节读数鼓轮，使指标线与十字影像对准，记下第一个读数 a_1。

（5）将桥板依次按跨距逐段移动，移动时要注意首尾衔接，且移动轨迹尽量为一直线。记下各次读数 a_2、a_3……

4.13.1　计算直线度误差表

测量	序列 j	1	2	3	4	5	6	7	8
节距	位置(mm)	0~200	200~400	400~600	600~800	800~1000	1000~1200	1200~1400	1400~1600
测微鼓	轮读数(格)	54	55	52	54.6	59.3	59.1	50.8	53.7
相对	读数(格)	0	1	-2	0.6	5.3	5.1	-3.2	-0.3
累计	读数 f_j(格)	1	1	-1	-0.4	4.9	10	6.8	6.5

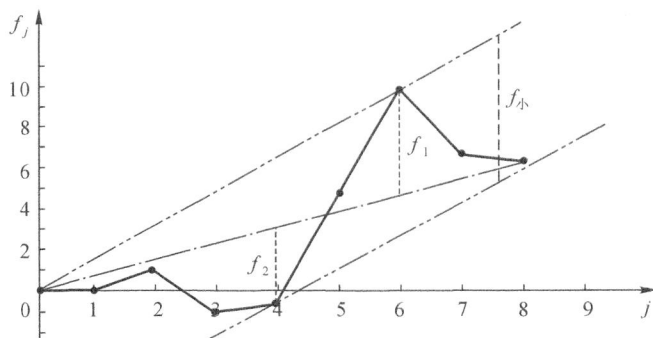

图 4.13.2　误差曲线图

（6）为减小测量中的各种误差因素，对以上的测量再进行回测，并记下读数。取同一位置两次读数的平均值作为测量结果。若两次读数相差较大，还应进行重测。

（7）以测定点 0 为基准，算出各测点的相对值和累计值。以适当的比例按表 4.13.1 中的累计值作误差曲线，按近似法和最小区域法评定直线度误差，并作出结论。

5. 实验注意事项及预习要求

熟悉仪器原理，熟悉自准直仪测量直线度的原理及评定方法。

6. 实验报告内容及要求

（1）实验目的和要求

（2）数据处理及实验结果

（3）思考题

1）分析引起直线度测量误差的因素。

2）用作图法处理数据时，为什么直线度误差用坐标距离表示，而不用垂直距离表示？

3）当平面反射镜置于被测导轨两端其读数相同时，能否说明这两端是等高的？为什么？

（4）讨论（或扩展实验设计）

能否用全组合法的评定方法来解决直线度误差评定问题？

7.参考文献

[1]李岩,花国梁.精密测量技术(修订版)[M].北京:机械工业出版社,2001

[2]何频,郭连湘.计量仪器与检测(上册)(第1版)[M].北京:化学工业出版社,2006

[3]林玉池,毕玉玲,马凤鸣.测控技术与仪器实践能力训练教程(第2版)[M].北京:机械工业出版社,2009

[4]武晋燮.几何量精密测量技术(第1版)[M].哈尔滨:哈尔滨工业大学出版社,1989

[5]童竞主编.几何量测量(第1版)[M].北京:机械工业出版社,1988

[6]于春泾,齐宝玲.几何量测量实验指导书(第1版)[M].北京:北京理工大学出版社,1992

[7]李世阳.形位误差检测(第1版)[M].北京:中国计量出版社,1988

[8]《几何量实用测试手册》编委会编.几何量实用测试手册(第1版)[M].北京:机械工业出版社,1987

[9]范德梁.互换性与测量技术基础实验(第1版)[M].北京:机械工业出版社,1989

实验 4.14　平板平面度的测量

1.实验目的与要求

(1)了解平直仪的工作原理及使用方法;

(2)掌握使用平直仪测量直线度误差的方法及数据处理方法。

2.实验仪器及材料

平直仪(或水平仪)、桥板、被测平板。

3.实验原理

(1)仪器描述

检测导轨在给定平面内的直线度误差可以用水平仪或平直仪。本实验所用平直仪也叫自准直仪,它是一种测量微小角度变化量的精密光学仪器。除了测量直线度误差外,还可测量平面度、垂直度和平行度误差以及小角度等。

仪器的基本技术性能指标如下:

分度值	1秒或0.005mm/m
示值范围	±500分度值
测量范围(被测长度)	约5m

(2)仪器原理

自准直仪是由仪器本体和反射镜座两部分组成,其光学系统如图4.14.1所示。由光源8发出的光线照亮了带有一个十字刻线的分划板6(位于物镜10的焦平面上),并通过立方棱镜9及物镜10形成平行光束投射到反射镜11上。而经反射镜11返回之光线穿过物镜10,投射到立方棱镜9的半反半透膜上,向上反射而会聚在分划板3和4上(两个分划板皆位于物镜10的焦平面上)。其中件4是固定分划板,上面刻有刻度线,而件3是可动分划板,其上刻有一条指标线。由于分划板3、4又都位于目镜2的焦平面上,所以由目镜视场中可以同时看到指标线、刻度线及十字刻线的影像。

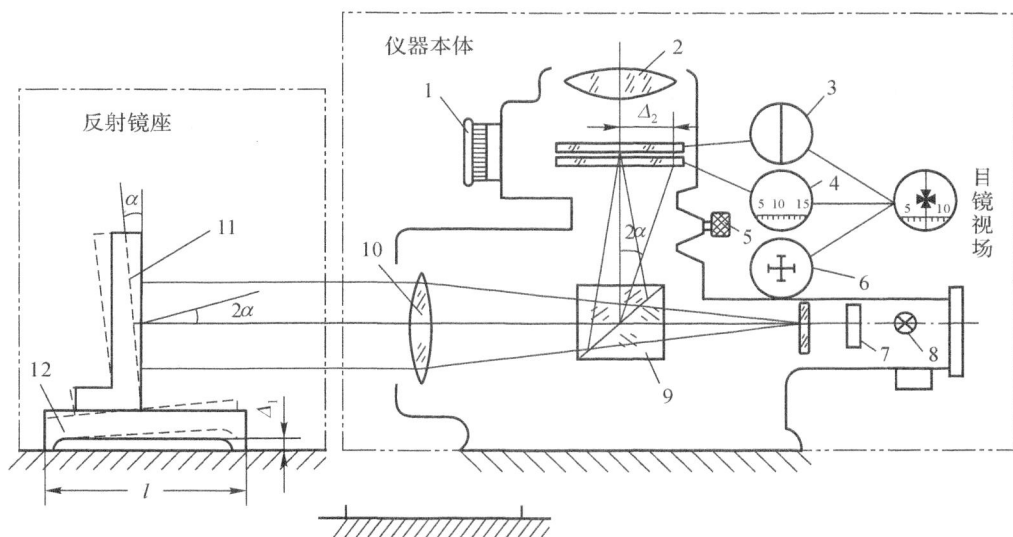

图 4.14.1 仪器光学系统图

如果反射镜 11 的镜面与主光轴垂直,则光线由原路返回,在分划板 4 上形成十字影像,此时若用指标线对准十字影像,则指标线应指在分划板 4 的刻线"10"上,且读数鼓轮 1 的读数正好为"0"(图 4.14.2(a))。

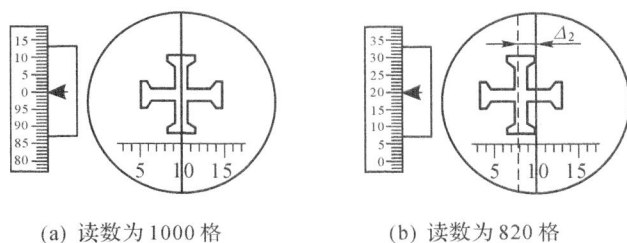

(a) 读数为 1000 格   (b) 读数为 820 格

图 4.14.2 读数鼓轮

当反射镜倾斜并与主光轴成 α 角时,也就是反射镜镜面与主光轴不垂直,此时,反射光线与主光轴成 2α 角。因此穿过物镜后,在分划板 4 上所成十字像偏离了中间位置。

若移动指标线对准该十字像时,则指标线不是指在"10",而是偏离了一个值(图 4.14.1 及图 4.14.2(b))。此偏离量与倾斜角 α 有一定关系,α 的大小可以由分划板 4 及鼓轮 1 的读数确定。

(3)仪器读数

鼓轮 1 上共有 100 个小格。而鼓轮每回转一周,分划板 3 上的指标线在视场内移动 1 个格,所以视场内的 1 格等于鼓轮上的 100 个小格。读数时,应将视场内读数与鼓轮上的读数合起来。如图 4.14.2(a),视场内读数为 1000 格,鼓轮读数为 0,故读数应为 1000 格。再如图 4.14.2(b),视场内读数为 800 格,鼓轮读数为 20 格,故合起来读数应为 820 格。仪器的角分度值为 $1''$,即每小格代表 $1''$,故可容易地读出倾斜角 α 的角度值。为了能直接读出桥板与导轨两接触点相对于主光轴的高度差 Δ_1 的数值(图 4.14.1),可将格值用线值来表示。

此时,线分度值与反射镜座(桥板)的跨距有关,当桥板跨距为 200mm 时,则分度值恰好为 0.001mm。

(4)测量布线方式

用平直仪测量平面度误差,是以水平面作为理想平面。由于任一平面都可以看成是由若干条直线组成,因此可用几个截面的直线度误差来综合反映该平面的平面度误差。通常按一定的布线方式测量实际表面上几个特征截面,经适当的数据处理,统一为对选定的基准平面的坐标值,然后按一定的评定方法确定平面度误差值。被测平面的布线方式可为网络型、米字型等。

测点数视平板的大小,对于≤400mm×400mm 的平板,测点数应≥9 点;对于>400mm×400mm 的平板,测点数应≥25 点。

若采用等跨距的桥板,则只需规定测量截面数如六或八个截面等。

4. 实验内容及步骤

(1)首先将被测平板调整到大致水平,使平直仪在被测平面上各处均可读到读数。

(2)将被测平板沿纵、横方向画好网格(或"米"字)布线方式,四周离边缘 10mm 左右。确定桥板长度和测点数。

(3)测出各点读数,测量时,桥板沿测量长度方向移动,需注意始、末点的衔接。这里每一点的读数都是相对前一点的高度差,欲得到各点对于起始点的高度,需把各测点读数逐点累计。

(4)测量是按各截面独立进行的,为得到被测平板平面度误差值,还需进行截面间的联系,以获得处理平面度误差的原始数据。

(5)找出基准平面在各个截面上的位置,即按对角线法求出平面度误差的近似值和通过旋转法的数据处理求出符合最小条件的平面度误差值。

(6)将以格为单位的读数化为线量,用换算式

$$i = 0.005 \times c \times l \tag{4.14.1}$$

式中,c 的单位为 arc sec,角秒;l 的单位为 mm;i 为线量,单位:μm。

5. 实验注意事项及预习要求

熟悉仪器原理,熟悉自准直仪测量平面度的原理及评定方法。

6. 实验报告内容及要求

(1)实验目的和要求

(2)数据处理及实验结果

(3)思考题

1)试分析引起平面度测量误差的因素有哪些?

2)如何理解每一点的读数都是相对前一点的读数?

3)说出如何按"米字"布线方式进行平面的联系?

(4)讨论(或扩展实验设计)

能否用全组合法的评定方法来评定平面度误差?

7. 参考文献

[1]李岩,花国梁. 精密测量技术(修订版)[M]. 北京:机械工业出版社,2001

[2]何频,郭连湘. 计量仪器与检测(上册)(第 1 版)[M]. 北京:化学工业出版社,2006

[3]林玉池,毕玉玲,马凤鸣.测控技术与仪器实践能力训练教程(第 2 版)[M].北京:机械工业出版社,2009

[4]武晋燮.几何量精密测量技术(第 1 版)[M].哈尔滨:哈尔滨工业大学出版社,1989

[5]童竞主编.几何量测量(第 1 版)[M].北京:机械工业出版社,1988

[6]于春泾,齐宝玲.几何量测量实验指导书(第 1 版)[M].北京:北京理工大学出版社,1992

[7]李世阳.形位误差检测(第 1 版)[M].北京:中国计量出版社,1988

[8]《几何量实用测试手册》编委会编.几何量实用测试手册(第 1 版)[M].北京:机械工业出版社,1987

[9]范德梁.互换性与测量技术基础实验(第 1 版)[M].北京:机械工业出版社,1989

实验 4.15　箱体位置误差测量

1. 实验目的与要求

掌握箱体上七项位置误差,即平行度、垂直度、同轴度、对称度、位置度、圆跳动、全跳动的测量方法。进一步理解各项位置公差的实际含义。

2. 实验仪器及材料

箱体,杠杆千分表。箱体各部位的尺寸如图 4.15.1 所示。

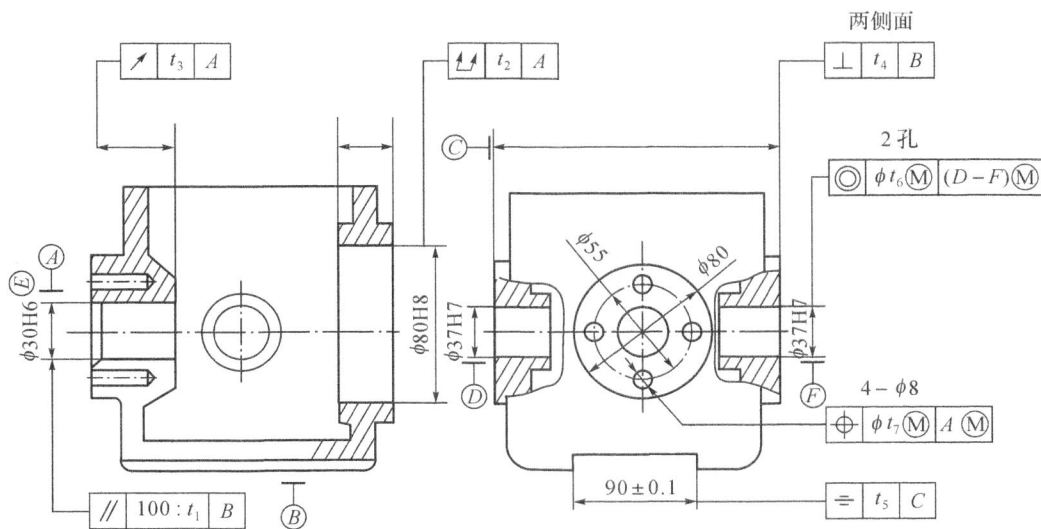

图 4.15.1　被测箱体简图

位置公差建议值:$t_1 = 0.015, t_2 = 0.05, t_3 = 0.08, t_4 = 0.10, t_5 = 0.20, \phi t_6 = \phi 0, \phi t_7 = \phi 0.25$。

3. 实验内容与步骤

(1)平行度误差检测

1) ⌿ | 100:t_1 | B 检测方案Ⅰ,如图 4.15.2 所示。

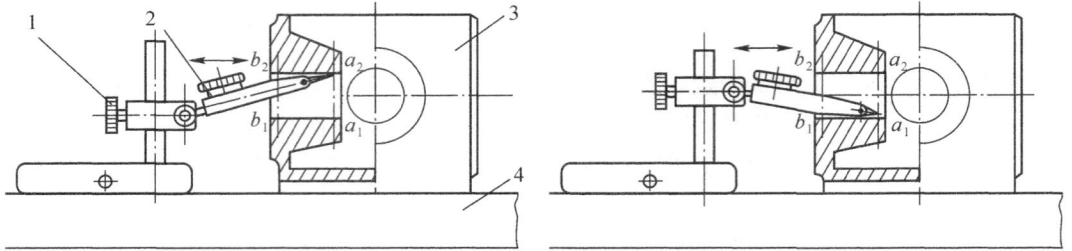

图 4.15.2　平行度误差检测方案Ⅰ原理图
1.平板　2.箱体 3.表架　4.测杆　5.杠杆百分表

将箱体置于平板上,调整杠杆百分表使测头接触孔壁。在上下素线上,离端面 2mm 的 a_2、b_2 和 a_1、a_2 处,用百分表分别找到最高点和最低点得到读数 M_{a2}、M_{b2} 和 M_{a1}、M_{b1}。

按下式计算平行度误差

$$f_{11} = \frac{1}{2} \left| (M_{a1} - M_{b1}) + (M_{a2} - M_{b2}) \right| \tag{4.15.1}$$

2) $\boxed{// \mid 100:t_1 \mid B}$ 检测方案Ⅱ,如图 4.15.3 所示。

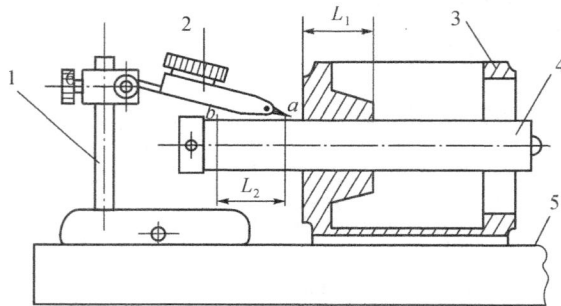

图 4.15.3　平行度误差检测方案Ⅱ原理图
1.表架　2.杠杆百分表　3.箱体　4.芯轴　5.平板

将箱体置于平板上,被测轴线由心轴模拟。在测量距离为 L_2 的 a、b 两点上测得读数分别为 M_a、M_b,则平行度误差应按下式计算

$$f_{11} = \frac{L_1}{L_2} \left| M_a - M_b \right| \tag{4.15.2}$$

(2)端面圆跳动误差检测

1) $\boxed{\swarrow \mid t_2 \mid A}$ 检测方案Ⅰ,如图 4.15.4 所示。

将箱体和磁性表座(或方铁)置于平板上,心轴插入基准孔,顶住磁性表座(或方铁),调整百分表使测头接触端面,将芯轴回转一周,百分表上读数的最大差值即为端面圆跳动误差检测误差 $f_↑$。

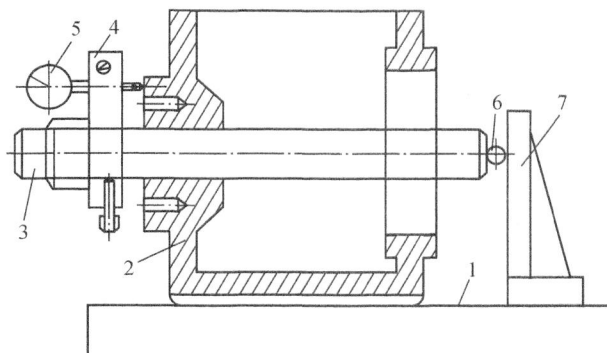

图 4.15.4 端面圆跳动误差检测方案Ⅰ原理图

1.表架 2.箱体 3.芯轴 4.表架 5.杠杆百分表 6.滚珠 7.角尺

2) $\boxed{\nearrow \mid t_3 \mid A}$ 检测方案Ⅱ,如图 4.15.5 所示。

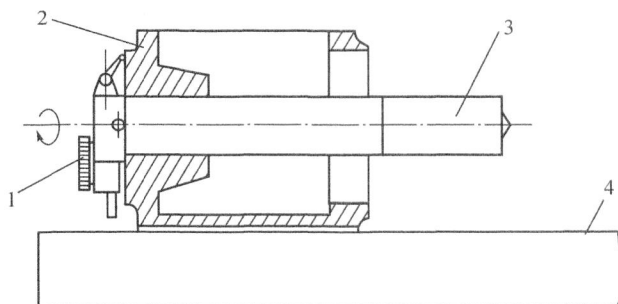

图 4.15.5 端面圆跳动误差检测方案Ⅱ原理图

1.杠杆百分表 2.箱体 3.芯轴 4.平板

将箱体置于平板上,芯轴插入基准孔。直到芯轴台阶靠到箱体端面。调整百分表,使测头接触端面,将芯轴回转一周,百分表上读数的最大差值即为端面圆跳动误差。

(3)径向全跳动误差 $\boxed{\nearrow \mid t_3 \mid A}$ 检测,如图 4.15.6 所示。

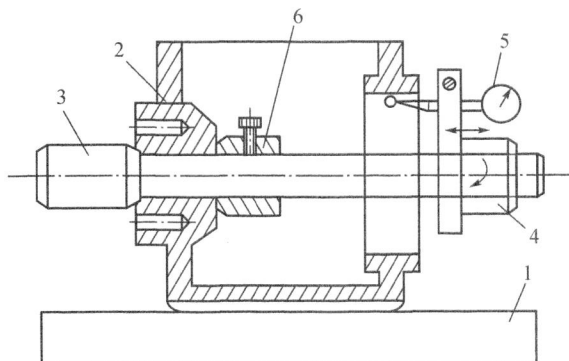

图 4.15.6 径向全跳动误差检测原理图

1.杠杆百分表 2.箱体 3.芯轴 4.平板

将箱体置于平板上,芯轴插入基准孔。调整百分表使测头接触被测孔壁,将芯轴连续回转,并沿基准孔方向作直线运动,在此过程中,百分表的最大差值即为径向全跳动误差。

(4)垂直度误差的检测

1) $\boxed{\perp\ |\ t_4\ |\ B}$ 检测方案 I,如图 4.15.7 所示。

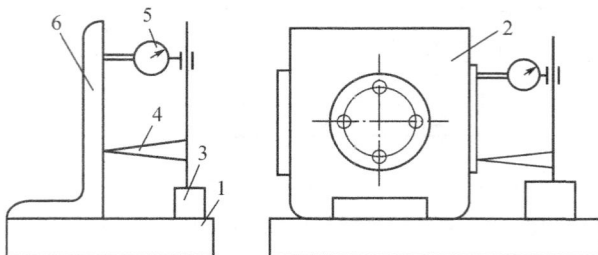

图 4.15.7　垂直度误差检测方案 I 原理图
1.平板　2.箱体　3.表架　4.垫铁　5.杠杆百分表　6.直角规

将表架置于垫铁平板上,垂直放置于平板上的同轴度量规作圆柱角尺,调整百分表,使其测头和表座圆弧侧面与量规在同素线上接触,转动表盘,读数取零。

再将垫铁平板上的表座圆弧侧面百分表测头靠向箱体被测面,在表座圆弧侧面与箱体被测面保持接触的条件下,水平移动表座,取百分表读数最大差值作为垂直度误差 $f_\perp$。

2) $\boxed{\perp\ |\ t_4\ |\ B}$ 检测方案 II,如图 4.15.8 所示。

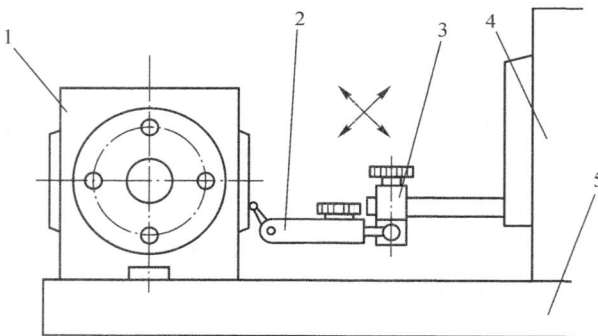

图 4.15.8　垂直度误差检测方案 II 原理图
1.箱体　2.杠杆百分表　3.表架　4.方箱　5.平板

将箱体和方箱置于平板上。

在表座底面紧贴方箱侧面的条件下,使表座圆弧侧面沿平板横向移动,利用百分表调整箱体被测面与方箱平行。

再将表座靠在方箱侧面,在各个方向上移动表座,取百分表读数的最大差值,即为垂直度误差 $f_\perp$。

(5)对称度误差 $\boxed{=\ |\ t_5\ |\ C}$ 的检测,如图 4.15.9 所示。

将箱体置于平板上。

1)在等距的三个测位上,分别测得槽面至平板的距离 a_1、b_1、c_1,记录读数。

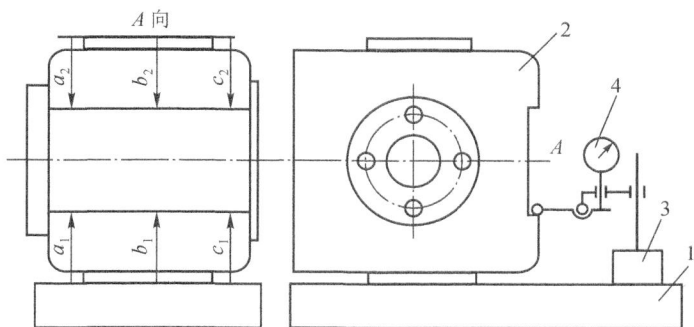

图 4.15.9 对称度误差检测原理图
1.箱体 2.杠杆百分表 3.表架 4.平板

2)将箱体翻转后,在分别测量另一槽面至平板的距离 a_2、b_2、c_2,记录读数。取各对应测位读数的差值中最大值作为对称度误差 f。

(6)同轴度误差 $\boxed{\bigcirc}\ \boxed{\phi t_6 \text{M}}\ \boxed{(D-F)\text{M}}$ 的检测,如图 4.15.10 所示。

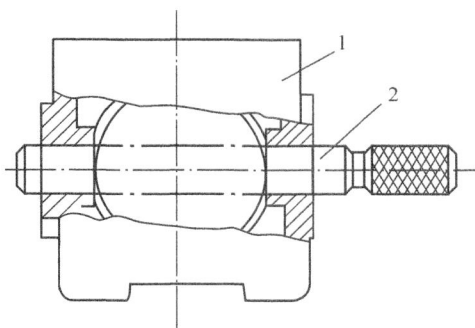

图 4.15.10 同轴度误差检测原理图
1.箱体 2.同轴度量规

按 GB8069.87 设计的同轴度量规(取 $\phi t_6 = \phi 0$),应能进入箱体零件的两个"$\phi 30 \text{H7}$ ○"孔。

(7)位置度误差 $\boxed{\bigoplus}\ \boxed{\phi t_7 \text{M}}\ \boxed{A\ \text{M}}$ 的检测,如图 4.15.11 所示。

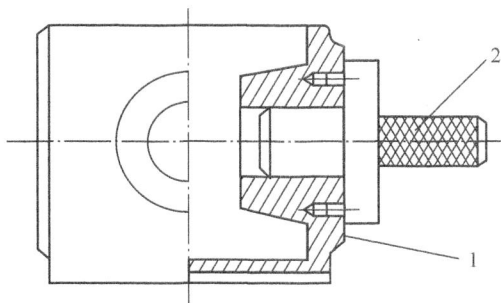

图 4.15.11 位置度误差检测原理图
1.箱体 2.位置度量规

按 GB8069.87 设计的位置度量规(取 $\phi t_7 = \phi C.25$),在中心定位量规进入箱体的基准孔后,四个小插销应能同时进入箱体上相应的四孔。

4. 参考文献

[1]李岩,花国梁. 精密测量技术(修订版)[M].北京:机械工业出版社,2001

[2]何频,郭连湘. 计量仪器与检测(上册)(第 1 版)[M].北京:化学工业出版社,2006

[3]林玉池,毕玉玲,马凤鸣.测控技术与仪器实践能力训练教程(第 2 版)[M].北京:机械工业出版社,2009

[4]武晋燮.几何量精密测量技术(第 1 版)[M].哈尔滨:哈尔滨工业大学出版社,1989

[5]童竞主编.几何量测量(第 1 版)[M].北京:机械工业出版社,1988

[6]于春泾,齐宝玲.几何量测量实验指导书(第 1 版)[M].北京:北京理工大学出版社,1992

[7]李世阳.形位误差检测(第 1 版)[M].北京:中国计量出版社,1988

[8]蒋作民,武晋燮,庄志涛.角度测量(第 1 版)[M].北京:中国计量出版社,1995

[9]范德梁.互换性与测量技术基础实验(第 1 版)[M].北京:机械工业出版社,1989

实验 4.16　用光切显微镜测量表面粗糙度

1. 实验目的与要求

(1)了解光切显微镜的工作原理及使用方法。

(2)学会仪器定度及求 R_z 参数方法。

(3)按 R_z 参数评定被测表面粗糙度等级。

2. 实验仪器及材料

光切显微镜、被测工件。

3. 实验原理

(1)仪器描述

光切显微镜是以光切原理,用目测或照相的方法来测量机械制造业中零件加工表面的粗糙度。评定参数一般用不平度平均高度 R_z,仪器测量范围为 $R_z = 0.8 \sim 80\mu m$(旧国标为$\nabla 3 \sim \nabla 9$)。

图 4.16.1 为 9J 光切显微镜的外形图。基座 1 上装有立柱 2,显微镜的主体通过横臂 3和立柱 2 联接,转动手轮 4 使横臂 3 沿立柱 2 上下移动,此时,显微镜进行粗调焦并用旋钮 5将横臂 3 紧固在立柱上,可换物镜组 12 装在壳体 16 上,由手柄 7 借弹簧力固紧。壳体 16上还装有测微目镜 11、照明灯 8 及摄影装置 10 等。微调手轮 6 用于显微镜的精细调焦。被测件置于仪器的坐标工作台 18 上,利用手轮 14 可对零件进行坐标测量与调整。松开旋手 15,工作台可作 360°转动。对平的零件可直接放在工作台上测量,对圆柱形零件可放在工作台的 V 形块 17 上进行测量,对于大型零件可以松开旋钮 5,将显微镜主体转至仪器的两侧或背面进行测量。

仪器的摄影装置 10 装在插座 4 处(使用时须将防尘盖拿去),可与测微目镜并用。摄影时,将手轮 20 转向摄影部位即可。仪器共有四组物镜(3 倍,14 倍,30 倍,60 倍),供不同被

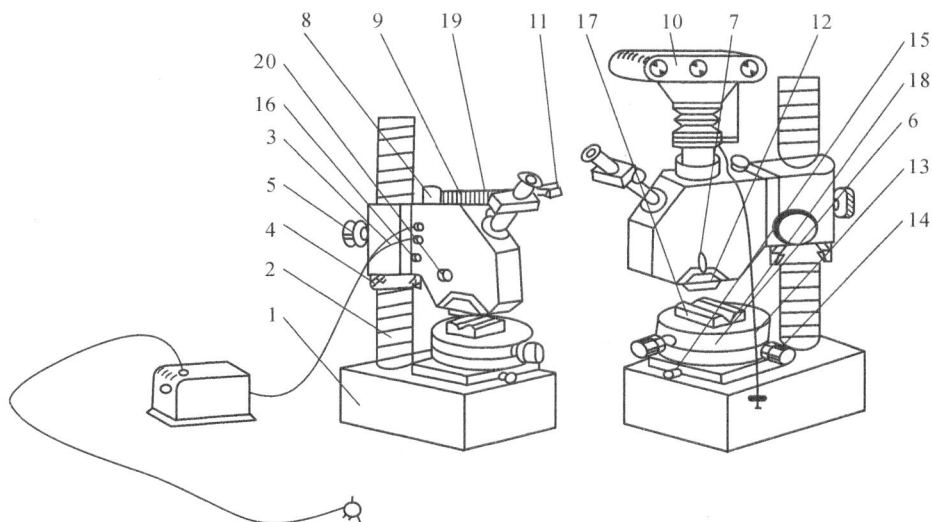

图 4.16.1　光切显微镜外形图

1.基座　2.立柱　3.横臂　4.手轮　5.旋钮　6.微调手轮　7.手柄　8.照明灯　9.插座

10.摄影装置　11.测微目镜　12.物镜组　13.快线　14.手轮　15.旋手　16.壳体　17.V 形块

18.工作台　19.固紧螺钉　20.手轮

测件的粗糙度级别选用。

（2）工作原理

1）光切法原理

所谓光切法就是利用一狭窄的扁平光束 A 以一定的倾斜度投射到被测表面上,光束在被测表面上发生反射所反映出来的表面微观不平度,在光束反射方向上用显微镜观测的方法。图 4.16.2 为光切法测量原理图。（若被测量面为一理想平面,则所有反射光点将成像在一直线上,否则反射光点成像不在一直线上。）倾斜光束 A 投射到被测阶梯表面 P_1、P_2 上,其交线分别为 S_1、S_2,在 A 方向上的距离为 h',于反射光 B 的方向上可观察到 S_1、S_2 的像 S_1'、S_2',其间距离为 h'',若倾斜角 α 取 $45°$,则阶梯表面的阶梯高度 h 由图 4.16.3 中的几何关系不难看出

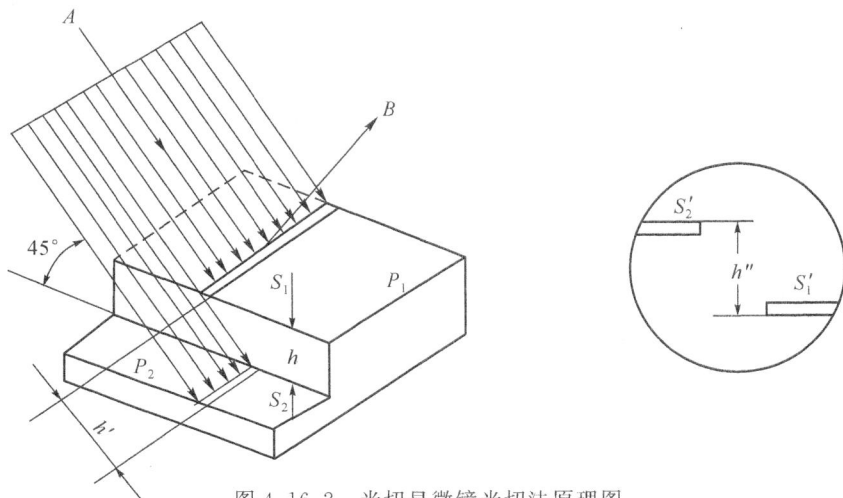

图 4.16.2　光切显微镜光切法原理图

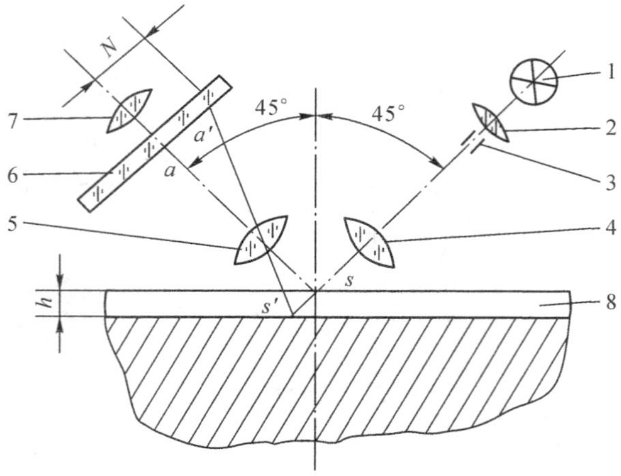

图 4.16.3　光切显微镜光学系统原理图

1.光源　2.聚光镜　3.光阑　4.光源管物镜　5.观测管物镜　6.分划板　7.物镜

$$h' = \frac{h}{\cos 45°} = \sqrt{2} h \qquad (4.16.1)$$

当观察用显微镜物镜的倍率为 β 时,两像 S_1'、S_2' 之间的距离 h'' 为

$$h'' = \beta \cdot h' \qquad (4.16.2)$$

联立式(4.16.1)、(4.16.2),求得表面阶梯高度 h 为

$$h = \frac{h''}{V} \cos 45° = \frac{h''}{\sqrt{2} V} \qquad (4.16.3)$$

测量表面粗糙度峰谷距离就是基于上述原理。

2)测量原理

为了测量与计算方便,在仪器设计时采用机械方法加以有理化,即在光切显微镜上将测微目镜分划板十字线的移动方向 A-A 与波峰波谷差值 h'' 方向成 $45°$,如图 4.16.4 所示,其移动量 a 由测微目镜鼓轮读出。因此,在目镜视场内光带的峰谷之间的距离 h'' 与测微鼓轮读出的数值 a 之间的关系为

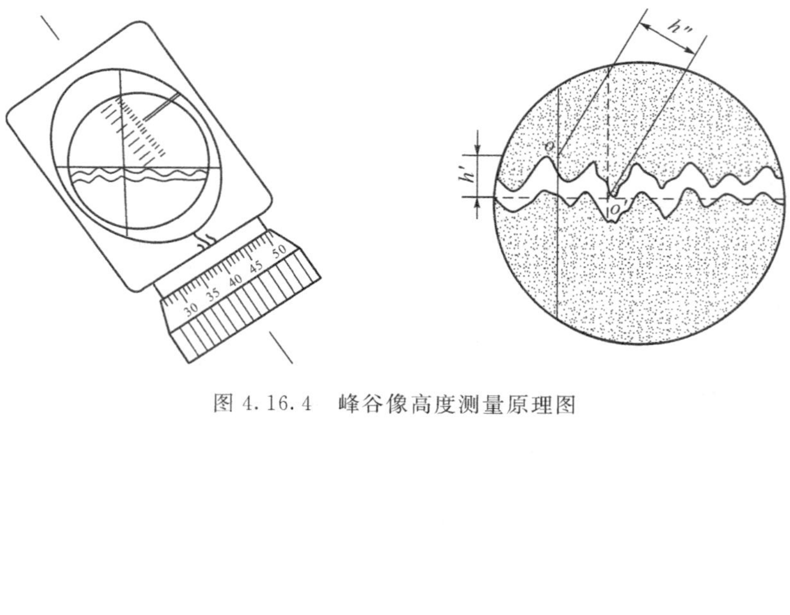

图 4.16.4　峰谷像高度测量原理图

$$h'' = a \cdot \cos 45° \qquad\qquad (4.16.4)$$

式中:a——测量目镜瞄准峰谷像高度 h''(图 4.16.5 中位置 I 与 II)时两次读数差值;

　　h——表面粗糙度某一峰谷高度;

　　V——所选用物镜的放大倍数。

将(4.16.4)式代入(4.16.3)式,可得表面不平度的实际高度 h 与测微目镜鼓轮读数 a 之间的关系如下

$$h = \frac{h'' \cos 45°}{V} = \frac{a \cdot \cos^2 45°}{V} = \frac{a}{2V} \qquad\qquad (4.16.5)$$

4. 实验内容及步骤

(1)根据被测表面粗糙度数值要求,按表 4.16.1 选择适当倍率的物镜。

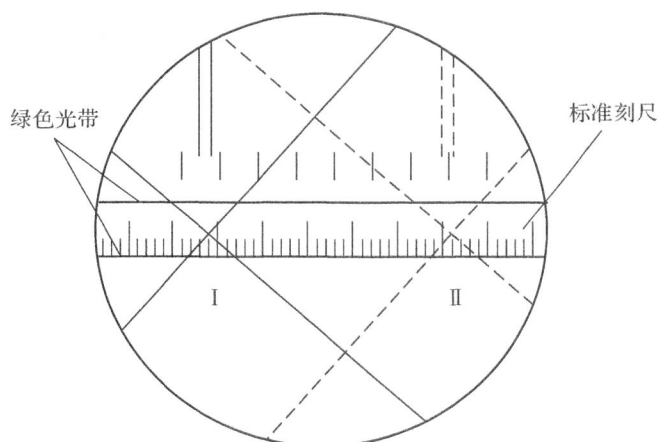

图 4.16.5　标准刻度尺

表 4.16.1　适当倍率的物镜选择表

测量范围 (不平度平均高度值 μm)	表面粗糙度 (级别)	所选物镜 公称倍率	数值孔径 NA	视场 (mm)	工作距离 (mm)
(20~63)	∇5、∇3	7×	0.12	2.5	0.04
6.3~20	∇7、∇5	14×	0.20	1.3	0.2
1.6~6.3	∇9、∇7	30×	0.40	0.6	2.5
0.8~1.6	∇9	60×	0.55	0.3	9.5

(2)仪器定度

在光切显微镜上,把确定测微目镜的鼓轮上每一小格所对应的被测峰谷高度值的过程叫作"定度"。由式(4.16.5)可见测微目镜鼓轮上一小格的刻度值 C 是随物镜放大倍率不同而不同,而对同一台仪器用同一物镜的 C 值是不变的,所以要对 C 值测定。

C 值的测定,使用仪器所带的一块 1mm 内有 100 等分的标准刻度来测定。具体方法如下(当然也可以先测物镜放大率 V 值,计算得 C 值)。

1)将标准刻度尺(刻度值 $Z=0.01$mm)放在仪器工作台上,调整仪器,使在目镜视场内

看到刻度尺的清晰刻线,使刻线与光带垂直,并使目镜内十字线交叉点移动方向与光带平行。

2)按物镜放大倍率选择标准刻度线的格数 M,参见表 4.16.2。

表 4.16.2 物镜放大倍率选择标准刻度线的格数表

物镜倍率 / 记录数据 / 项目	7×			14×			30×			60×		
	a_{1i}	a_{2i}	$n_i = a_{2i} - a_{1i}$	a_{1i}	a_{2i}	$n_i = a_{2i} - a_{1i}$	a_{1i}	a_{2i}	$n_i = a_{2i} - a_{1i}$	a_{1i}	a_{2i}	$n_i = a_{2i} - a_{1i}$
第一次测量读数(格值)			n_1			n_1			n_1			n_1
第二次测量读数(格值)			n_2			n_2			n_2			n_2
第三次测量读数(格值)			n_3			n_3			n_3			n_3
$n_{cp} = (n_1 + n_2 + n_3)/3$												
标准刻度尺的刻线格数 M	100	50	30	20								
$C = \dfrac{1}{2} \cdot \dfrac{M}{n_{cp}} \times 10$ (μm/格)												

3)旋转测微目镜鼓轮,使十字线交叉点和刻度尺上被选段一端刻线重合(如图 4.16.5 I 位置),记下读数 a_1,然后转动鼓轮,使十字线交叉点与所选段另一端刻线重合(如图 4.16.5 II 位置),记下鼓轮上的读数 a_2,求出 $n(n = a_2 - a_1)$。

为精确测量起见,需要更换标准尺上刻线部位进行不少于三次测量。将测得 a_1、a_2 填入表 4.16.2,按下式(4.16.6)求得 C 值

$$C = \frac{1}{2} \cdot \frac{M}{n_{cp}} \times 10 \ (\mu m/格) \tag{4.16.6}$$

式中,n_{cp}——三次测量读数的平均值,$n_{cp} = (n_1 + n_2 + n_3)/3$(格);

M——标准刻度线的格数。

(3)工件 R_z 参数的测量

1)松开旋钮 5,移动粗调手轮 4 将仪器下降对工作台面调焦,微调 6,使视场中出现最清晰的狭缝像。

2)调整工作台横向移动方向与狭缝像平行,为此可在工作台上预先做一标记,使目镜千分尺十字线和标记相切。转动工作台上手轮,使工作台横向移动,观察标记是否离开十字线相切点。

3)将被测件置于工作台上,移动被测件,使加工纹路与狭缝像相垂直,在视野中部使狭缝像的一个边沿与清晰加工表面微观不平轮廓重合。

4)转动目镜头,使其分划板上十字线的水平线与被测轮廓像的波峰和波谷相平行,然后在相应的取样长度内选择 5 个最大的轮廓峰高与 5 个最大的轮廓谷深,依次用十字线与各峰、各谷相切瞄准,得到读数 h_i' 及 h_i(格数),如图 4.16.6 所示,则 R_z 值按(4.16.7)式计算得出:

$$R_z = C \left(\sum_{i=1}^{5} h_i' - \sum_{i=1}^{5} h_i \right)/5 \tag{4.16.7}$$

5)在 4 个取样长度上分别测量 R_z,求取该样板的 R_z 平均值。

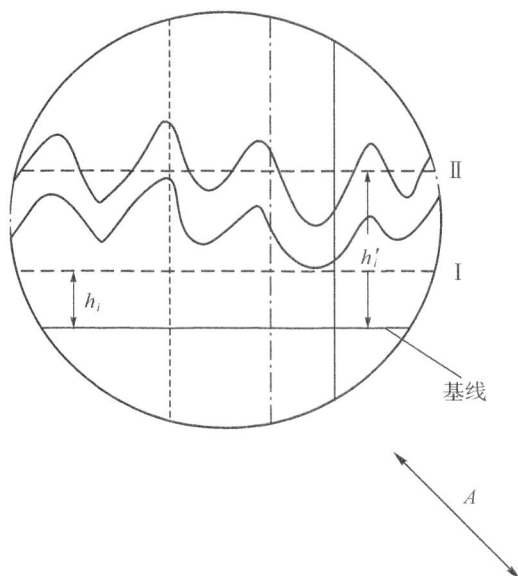

图 4.16.6　峰谷测量示意图

5. 实验注意事项及预习要求

熟悉仪器与结构,注意要将光带与刻线尺调整到最佳位置才开始进行测量。

6. 实验报告内容及要求

(1)实验目的和要求

(2)数据处理及实验结果

(3)思考题

1)光切显微镜用于粗糙度值为多少的表面粗糙度测量合适?

2)测量微小深度是否可用光切显微镜?

(4)讨论

盲孔深度能否用光切显微镜来测量呢?

7. 参考文献

[1]李岩,花国梁. 精密测量技术(修订版)[M]. 北京:机械工业出版社,2001

[2]何频,郭连湘. 计量仪器与检测(上册)(第 1 版)[M]. 北京:化学工业出版社,2006

[3]林玉池,毕玉玲,马凤鸣. 测控技术与仪器实践能力训练教程(第 2 版)[M]. 北京:机械工业出版社,2009

[4]《几何量实用测试手册》编委会编. 几何量实用测试手册(第 1 版)[M]. 北京:机械工业出版社,1987

[5]童竞主编. 几何量测量(第 1 版)[M]. 北京:机械工业出版社,1988

[6]于春泾,齐宝玲. 几何量测量实验指导书(第 1 版)[M]. 北京:北京理工大学出版社,1992

[7]袁长良,丁志华,武文堂. 表面粗糙度及其测量(第 1 版)[M]. 北京:中国计量出版社,1989

[8]中华人民共和国国家计量检定规程.JJG102.89 表面粗糙度比较样块[M].
[9]翟绪圣.表面粗糙度测量(第1版)[M].北京:中国计量出版社,1989

实验 4.17　用干涉显微镜测量表面粗糙度

1. 实验目的与要求

(1)了解干涉显微镜的工作原理及使用方法。

(2)按 R_z 参数评定被测表面粗糙度。

2. 实验仪器及材料

干涉显微镜、被测工件。

3. 实验原理

(1)仪器描述

干涉显微镜是应用光学干涉原理测量表面粗糙度的仪器,也可用来测量零件表面刻线,刻槽镀层(透明)等深度。本实验使用的 6JA 干涉显微镜测量表面粗糙度范围为▽10～▽14,相当于测量表面不平深度范围为 1～0.03μm。

图 4.17.1 为 6JA 干涉显微镜外形,它主要由目镜头、工作台、干涉仪主体、微调干涉条纹部件等组成,其功能简述如下。

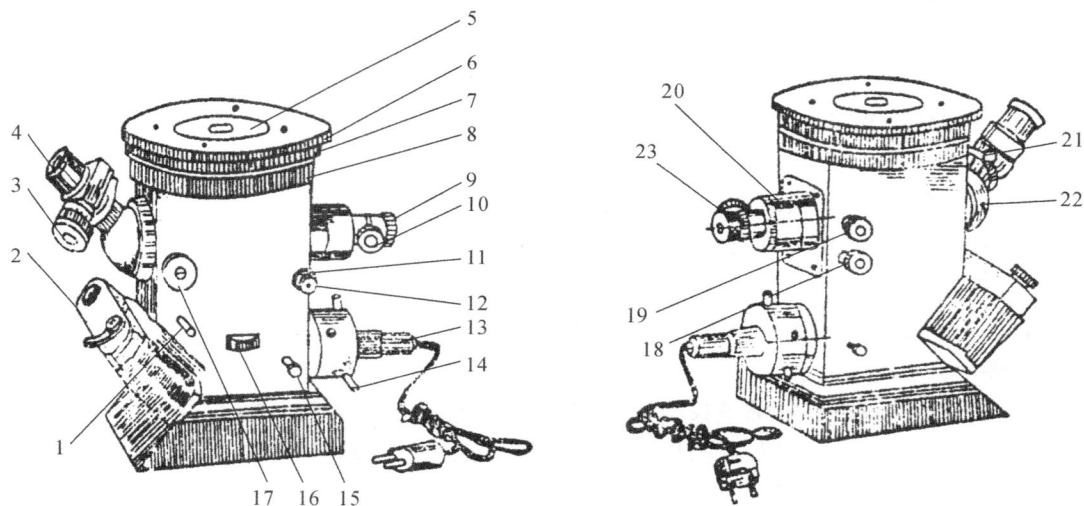

图 4.17.1　6JA 型干涉显微镜外形图

1.转换手柄　2.相机　3,21.测微筒和紧固螺钉　4.目镜　5.工作台　6,7,8.工作台移动,转动,升降滚花轮 9,10,11,12,18,19.干涉带调整手轮　13,14.光源和调节手轮　15.白光和单色光选择手柄　16.调整光阑手轮 17.目视或相机选择手轮　20.干涉带调节机构　21.止紧螺丝　22.目镜转接头　23.手轮

1)目镜头:它是一个普通的测微目镜,转动鼓轮 3 能使目镜视场中十字线位移,位移量由分划板刻度和鼓轮上刻度读出,分划板刻度值为 1mm,鼓轮刻线格值为 0.01mm,松开螺丝 21 可将目镜在目镜转接头 22 中转动,同时也可将测微目镜从目镜管中拔出,换上其他目镜,进行特殊测量。

2)工作台:用手推滚花轮 6 可使工作台作任意方向移动,使被测表面所需测量的部位移到视场中去,转动滚花轮 7,可使工作台作 360°旋转,转动滚花轮 8,可使工作台作高低方向移动,以便对工作表面调焦。

3)干涉条纹调节机构:其中安置物镜 O_1 和标准镜 P_1(见图 4.17.2),同时转动手轮 18、11,可改变干涉条纹的宽度和方向,转动手轮 9 能使物镜 O_1 和标准镜 P_1 一起作轴向微量移动,以便随时补偿因温度、外力等影响而产生的光程的变化。

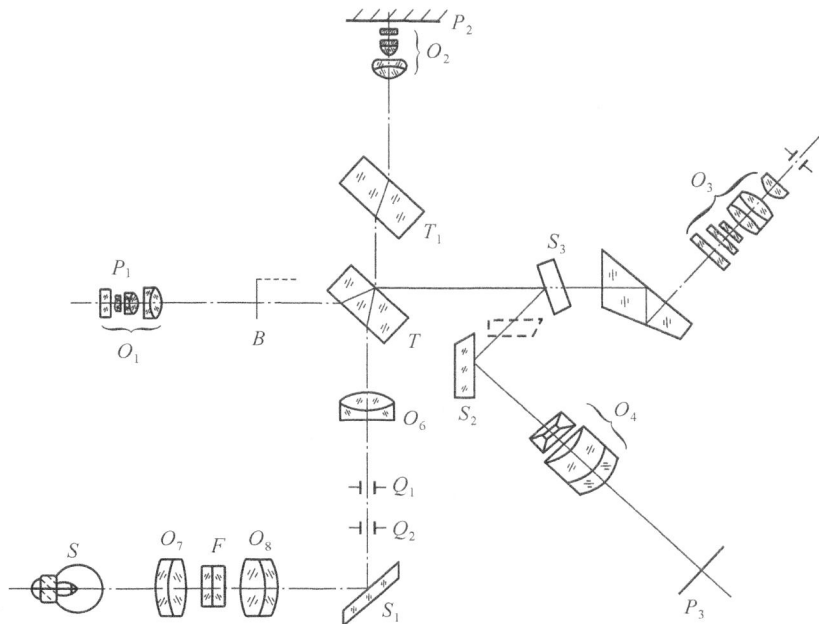

图 4.17.2　6JA 型干涉显微镜光学系统图

O_1,O_2.显微物镜　O_3.目镜　O_4.照相物镜　O_6,O_7,O_8.聚光镜　S_1,S_2.反射镜　S_3.可调反射镜
P_1.标准镜面　P_2.工件测量面　P_3.照相底片　T.分光镜　T_1.补偿板　B.遮光板　F.干涉滤光片
Q_1.视场光栏　Q_2.孔径光栏　S.光源

手轮 10 可调节标准镜 P_1 和物镜 O_1 之间的距离,以便使标准镜 P_1 表面清晰地成像在目镜焦面上。

手轮 23 可以改变标准镜 P_1 的反射率,将手轮朝一个方向转到底时,镜 P_1 具有高反射率,手轮 23 朝另一方向转到底,是低反射率,这适合于被测工件是玻璃等非金属或无光泽的低反射率表面,以保证在此时也能获得良好的对比度的干涉条纹。

4)灯源:直接拉伸灯头,可使灯丝在轴向位移,转动调节螺丝 14,可使灯丝作垂直于光轴方向作小量位移,使灯丝中心位于光轴上。

5)相机:松开转换旋手 1 可将相机从仪器上取下,照相时应将手轮 17 转到照相位置,使光线导向照相机。

6)主体:其右边有一半露的滚花手轮 16 用来改变孔径光栏 Q_2 的大小,手柄 15(两边都有是同轴)向左推到底时,将干涉滤光片移入光路,得到单色光照片;向右推到底时,滤光片就移出光路,得到白光照明。手轮 19 是转动遮光板 B 的,转动手轮 19 可使 B 转入光路,并使标准镜一路的光遮住,以进行对被测表面调焦。

（2）工作原理

图 4.17.2 是 6JA 干涉显微镜的光路图。光源 S 发出光，经聚光镜 O_7，O_8，滤光片 F，反射镜 S，孔径光栏 Q_2，视场光栏 Q_1，物镜 O_6，以平行光投向分光镜 T 后分成两路：一路经物镜 O_1，在标准镜 P_1 上反射回来，另一路通过补偿镜 T_1，物镜 O_2，在被测表面 P_2 上反射回来，两路光束再经分光镜透射和反射相遇叠加后产生干涉带，当反射镜 S_3 转到虚线位置，光束经半五角棱镜 M 进入目镜，当 S_3 处于实线位置时，光束则由反光镜 S_3 和 S_2 反射再经物镜 O_4，在 P_3 处进行拍照。

由于被测工件表面有微小的峰谷存在，则峰谷处两光程不一样，造成干涉条纹的弯曲，如图 4.17.3 所示。相应部位峰、谷的高度 h 与干涉条纹弯曲量 a 和条纹间距 b 有关，其关系式为

$$h = \frac{a}{b} \cdot \frac{\lambda}{2} \qquad\qquad (4.17.1)$$

式中：λ——测量用的光波波长，若采用白光时，取 $\lambda = 0.55\mu m$。

干涉法测量表面粗糙度就是基于此原理。本实验就是通过测量干涉条纹的弯曲量 a 及条纹间距 b 来确定微观不平度十点高度 R_z 值的。

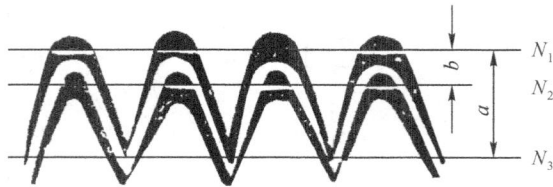

图 4.17.3　干涉条纹估算粗糙度示意图

4. 实验内容及步骤

（1）仪器的调整

1）调焦：将手轮 17 转到目视位置，转动手轮 19 将遮光板 B 从光路中转出，此时在目镜中应看到明亮的视场。否则可转动灯丝中心调节螺丝 14，以得到照明均匀的视场，转动手轮 10 使目镜视场中下方弓形直边清晰，如图 4.17.4 所示，这说明标准镜 P_1 已位于物镜 O_1 的物面上。然后在工作台上安置好被测工件，转动手轮 19 将标准镜 P_1 一路光束遮去，调节滚花轮 8，使工作台升降直到在目镜视场中观察到清晰的工件表面像为止，此时再转动手轮 19 将遮光板 B 从光路中转出。

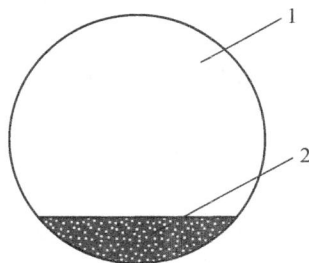

图 4.17.4　调目镜视场
1. 视场　2. 弓形边

2)孔径光栏的选择:光栏大,视场亮度高,物镜的数值孔径也大,鉴别率也高,但对仪器各部分要求也高。故孔径光栏不一定是开得越大越好,至少不能大于物镜框的直径,否则,孔径光栏发出的光线不能全部进入物镜,反而造成有害的杂乱光线。一般为了保证测量深度范围和提高条纹的对比度,也以稍微缩小孔径光栏为宜。

3)找干涉带:在调焦完毕后,取下目镜,直接从目镜管中观察,可以看到两个灯丝像,此时转动手轮 16,使孔径光栏开至最大,转动手轮 18、11,使两个灯丝像重合,然后调节灯源的前后位置,使灯丝像与孔径光栏(可变光栏)的像成在同一平面上,同时调节螺丝 14 使灯丝位于孔径光栏像的中央,建议使孔径光栏的像占物镜出射瞳孔直径的 2/3,如图 4.17.5 所示。插上测微目镜,将手柄 15 向左推到底,即干涉滤色片 F 插入光路中,此时应能看见干涉条纹,若没有条纹,再慢慢地来回转动手轮 9,直至视场中出现最清晰的干涉条纹。此时把手柄 15 向左推到底,即把滤色片 F 从光路中移开,就可以观察到彩色干涉条纹。若干涉条纹还不够理想,可再精确地调节滚花轮 8 及手轮 10、9 就可以得到最佳的工件表面及干涉带。再转动 11、18 可得到较好的对比和所需宽度与方向的干涉条纹。

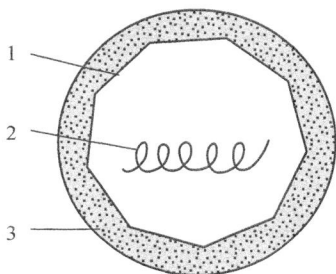

图 4.17.5　灯丝像调整示意图
1.孔径光阑像　2.灯丝像　3.物镜出射孔

(2)测量并计算

1)目视估计测量:正确地调整好仪器后,视场里同时可以看到被测表面和由于加工或划痕引起弯曲的干涉条纹,且条纹方向垂直于划痕方向。用眼睛来估计 a,b 后按式(4.17.1)计算得到不平深度值 h。

2)用测微目镜测量

把测微目镜十字线中一条和干涉条纹的方向平行,另一条与被测表面划痕方向平行,此时用固紧螺丝将测微目镜固紧。

测量时按图 14.7.3 所示进行:

①测量干涉条纹的间隔大小

在白光工作时,用两条黑色条纹进行测量,条纹之间间隔值用测微目镜上鼓轮分划数来表示,测量时,移动目镜视场中的十字线,使其与干涉条纹方向平行的一条刻线对准,以十字线之一对准一黑色条纹上凸缘的中间,此时得到第一读数 N_1;然后将同一条十字线对准相邻的另一条黑色干涉条纹上凸缘的中间,得到第二个读数 N_2,或者在单色光时,对准其他任一条干涉条纹的中间得到第二个读数 N_2,但此时必须记下两个干涉条纹间所包含的间隔数 n(为提高测量精度一般取 $n \geqslant 3$),则干涉条纹间距 $b \equiv (N_1 - N_2)/n$。白光时,$n=1$。

测量时,用上述的方法任意选择相邻的三对峰值,求得 b_1,b_2,b_3。则干涉条纹的平均间

距为

$$b = (b_1 + b_2 + b_3)/3$$

②测量干涉条纹的弯曲量

干涉条纹的弯曲量,同样用测微鼓上刻度数表示,用一条刻线对准干涉条纹下凸缘的中间得到读数为 N_3,移动十字线再以同一条刻线对准同一条干涉条纹最大弯曲处的凸缘中间得到读数为 N_4(同 N_1),则干涉条纹弯曲量 $a = n_4 - n_3$。

测量时,按微观不平度的平均高度的定义,应在取样长度 l 范围内,在零级黑色条纹上找出 5 个最高峰和 5 个最低谷,按上述方法读出 10 个读数,即 5 个 N_4 和 5 个 N_3,则 a 的平均值为

$$a_{cp} = \frac{\sum_{i=1}^{5} N_{4i} - \sum_{i=1}^{5} N_{3i}}{5} \tag{4.17.2}$$

③计算微观不平度的平均高度值 R_z

则

$$R_z = \frac{a_{cp}}{b} \cdot \frac{\lambda}{2} = \frac{3\lambda}{10} \cdot \frac{\sum_{i=1}^{5} N_{4i} - \sum_{i=1}^{5} N_{3i}}{\sum_{i=1}^{3} N_{1i} - \sum_{i=1}^{3} N_{2i}} \cdot n \tag{4.17.3}$$

采用白光时,$\lambda = 0.55\mu m$,$n = 1$。

④举例说明

有一个外表面,经目视估计其 R_z 大约在 $0.1 \sim 0.50\mu m$ 内,查表 4.17.1 可知取样长度为 $0.25mm$,评定长度为 $1.25mm$,因目镜视场直径为 $\phi0.25mm$,故在取样长度 l 内可以不移动工作台,若用单色光测量,在某一条干涉条纹上选取五个上凸缘与五个下凸缘读数值。

表 4.17.1　取样长度与评定长度关系对照表

$R_z/\mu m$	$\geqslant 0.025 \sim 0.10$	$\geqslant 0.10 \sim 0.50$	$\geqslant 0.50 \sim 10.0$	$\geqslant 10.0 \sim 50.0$	$\geqslant 50.0 \sim 320$
l/mm	0.08	0.25	0.8	1.5	8.0
l_n/mm	0.4	1.25	4	12.5	40.0

上凸缘 N_4 为 81,85,83,82,84　　　$\sum N_4 = 415$

下凸缘 N_3 为 39,29,41,14,27　　　$\sum N_3 = 150$

$$a_{cp} = \frac{\sum N_4 - \sum N_3}{5} = 15$$

相邻两干涉带的间隔 b,测量三次得读数 50,50.8,49,则

$$b = \frac{50 + 50.8 + 49}{3} \approx 50$$

$$\lambda = 0.53\ \mu m$$

$$R_z = \frac{\lambda}{2} \cdot \frac{a_{cp}}{b} = 0.265 \times \frac{15}{50} = 0.0795\ \mu m$$

评定长度 $1.25\mu m = 5$ 倍取样长度,故把评定长度分为五段得出 5 个 R_z 值,取平均值即为所要测量的 R_z 值。

（3）实验步骤

1）用汽油洗净零件后，将被测表面与粗糙度标准样板比较，初步估计 R_a 值。

2）查表求出取样长度 l 和评定长度 l_n。

3）经变压器接通电源，把工件小心地放到工作台上。

4）如前所述进行调焦。

5）如前所述寻找干涉带。

6）用测微目镜如前所述进行测量。

7）经过计算最后确定 R_a 值大小。

5. 实验注意事项及预习要求

熟悉仪器与结构，注意及时发现调整时出现的干涉条纹。

6. 实验报告内容及要求

（1）实验目的和要求

（2）数据处理及实验结果

（3）思考题

用干涉显微镜测量工件表面时，出现只有一条光带，请问是什么问题？可用什么方法解决？

（4）讨论

设计自动检测粗糙度的方法？

7. 参考文献

［1］李岩，花国梁. 精密测量技术（修订版）［M］. 北京：机械工业出版社，2001

［2］何频. 计量仪器与检测（上册）（第 1 版）［M］. 郭连湘. 北京：化学工业出版社，2006

［3］林玉池，毕玉玲，马凤鸣. 测控技术与仪器实践能力训练教程（第 2 版）［M］. 北京：机械工业出版社，2009

［4］武晋燮. 几何量精密测量技术（第 1 版）［M］. 哈尔滨：哈尔滨工业大学出版社，1989

［5］童竞主编. 几何量测量（第 1 版）［M］. 北京：机械工业出版社，1988

［6］于春泾，齐宝玲. 几何量测量实验指导书（第 1 版）［M］. 北京：北京理工大学出版社，1992

［7］袁长良，丁志华，武文堂. 表面粗糙度及其测量（第 1 版）［M］. 北京：中国计量出版社，1989

［8］中华人民共和国国家计量检定规程. JJG102.89 表面粗糙度比较样块［M］.

［9］翟绪圣. 表面粗糙度测量（第 1 版）［M］. 北京：中国计量出版社，1989

［10］《几何量实用测试手册》编委会编. 几何量实用测试手册（第 1 版）. ［M］. 北京：机械工业出版社，1987

实验 4.18　在万工显上用影像法和轴切法测量螺纹

1. 实验目的

（1）了解万工显的原理及使用。

（2）掌握在万能工具显微镜上用影像法和轴切法测量螺纹。

2. 实验仪器和设备

万能工具显微镜以及附件、被测螺纹。

3. 实验原理

（1）仪器概述

万能工具显微镜的外形如图 4.18.1 所示。万能工具显微镜（以下称万工显）是一种通用光学计量仪器，广泛应用于机械制造生产和科研单位、计量部门。该仪器测量范围较大，精度高，且备有多种附件，可以对各种工件进行复杂的测量工作，比如长度、角度、曲线样板、凸轮、齿轮、螺纹和各种切削刀具等。

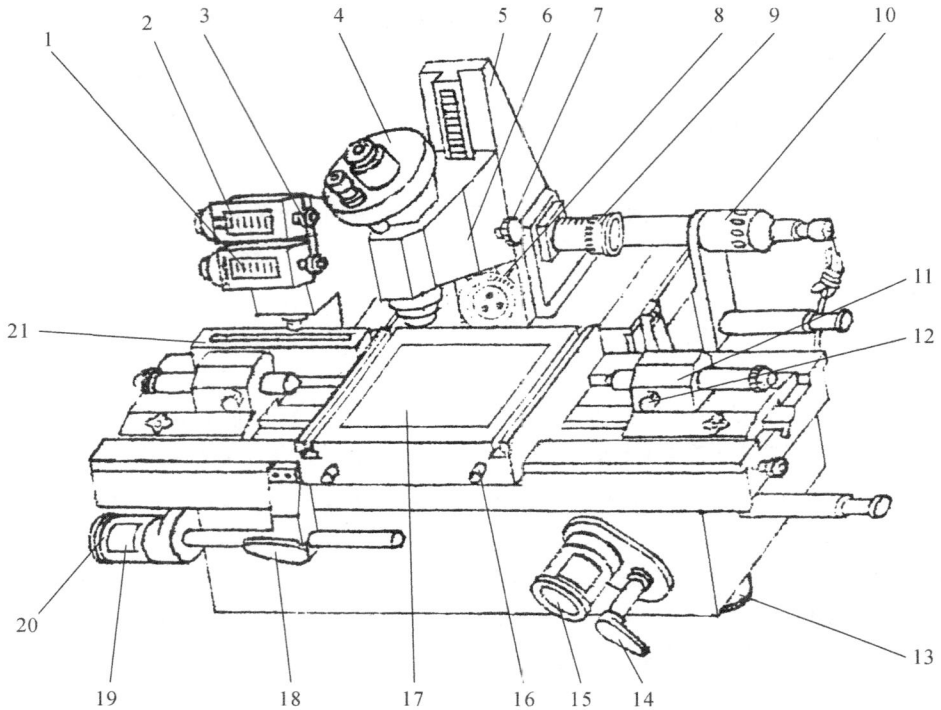

图 4.18.1　万能工具显微镜外形图

1,2.投影读数器　3.归零手轮　4.测角目镜头　5.立臂　6.瞄准显微镜　7.调焦手轮　8.可变光阑调节手轮
9.倾角手轮　10.Y向光源　11.顶针　12.顶针固紧螺丝　13.调平螺钉　14.Y向制动手柄　15.Y转动手轮
16.工作台调整螺钉　17.工作台　18.X向紧固手轮　19.X向微动手轮　20.X向制动手轮　21.X向 mm 标准刻尺

仪器的基本技术性能指标

测量范围　纵向 X　0～200mm；　　　横向 Y　0～100mm；　　　角度　0°～360°

分度值　　长度　0.001mm；　　　　角度　　1′

底座承受了仪器的全部部件，X 滑台、Y 滑台通过精密滚动导轨能在底座上作轻巧平稳的直线运动，底座的后部两侧分别固定有 Y 坐标读数系统的照明机构和投影物镜。

X 滑台供放置被测件之用，它可作 X 方向 200mm 的移动，向后旋转制动手轮 19 并捏住此手轮推拉 X 滑台，则可作快速的左右移动；紧固手轮 18 后，通过旋动手轮 19 可对 X 滑台的位置作微细的调节。X 滑台中部的支承面上可直接安放被测的工件以及玻璃工作台、光学分度台、测量刀等附件。若附件为顶针架、V 形架则可安置在 X 滑台中间的方形长槽内,并可根据所顶搁的被测件长度将它们移动至长槽内的任一位置上。通过读数器 2 可读出 X 滑台的移动量。

Y 坐标的测量是依据 Y 滑台带动瞄准显微镜 8 相对于固定在 X 滑台上的被测件作 Y 方向的移动来实现的,移动行程为 100mm。向左松开并捏住制动手柄 13 便可推拉 Y 滑台作前后粗动;向右扳紧制动手柄,转动手轮 15 可微量移动 Y 滑台。由读数器 1 读得 Y 滑台的移动量。

立臂 5 上安装了瞄准显微镜 6 及照明光管。瞄准显微镜通过转动手轮 7 沿立臂燕尾导轨作上下移动,以实现精确的调焦,从而获得被测件的清晰影像。转动手轮 9 能使立臂连同瞄准显微镜、照明光管一起作左右 15° 的倾斜。倾斜角度值可从手轮 9 一起转动的读数鼓轮上读得。

可变光阑可方便地通过可变光阑调节手轮 8 在 $\phi3 \sim \phi32$mm 范围内变化,其通光直径大小在手轮 8 相应的度盘上读出。图 4.18.2 为万能工具显微镜的光学系统,包括瞄准和读数两部分。

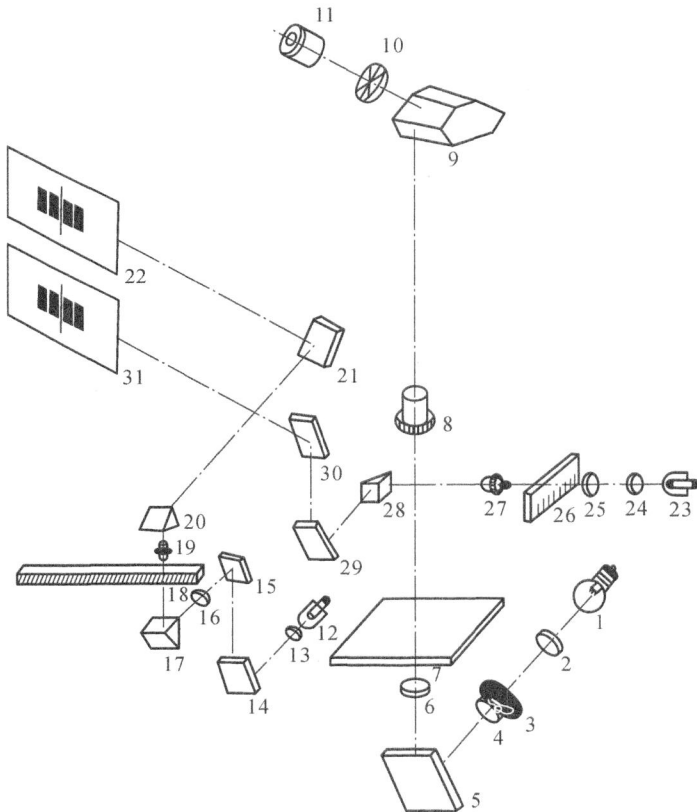

图 4.18.2 万能工具显微镜光学系统原理图

1.照明灯 2.聚光镜 3.可变光阑 4.滤色片 5.反光镜 6.聚光镜 7.工作台 8.显微物镜 9.棱镜 10.米字线分划板 11.目镜 12～17.照明系统 18.纵向 X 坐标 mm 分划尺 19.投影物镜 20.21.转向系统 22.影屏 23～31.横向 Y 坐标读数系统

　　瞄准显微镜系统：照明灯 1 通过聚光镜 2、可变光阑 3、滤色片 4 和反光镜 5、聚光镜 6 照明置于玻璃工作台 7 上的被测件。显微物镜 8 借助棱镜 9 的转折将被测件清晰地成像于米字线分划板 10 上,最后由目镜 11 进行瞄准。

　　投影读数系统：X 坐标玻璃 mm 分划尺 18 的刻线在照明系统(12～17)的照明下,由投影物镜 19 通过转像系统(20、21)成像于屏 22 上,并在屏上进行读数。Y 坐标读数系统(23～31)的光路也基本相同。

　　瞄准显微镜借助米字线分划板 10 上的刻线来瞄准置于工作台上的被测件,通过移动滑台可先后对各被测位置进行瞄准定位,如图 4.18.3 所示。

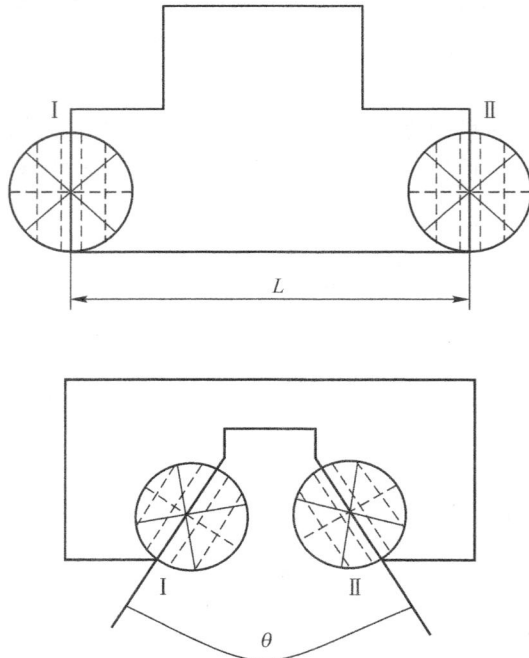

图 4.18.3　瞄准定位示意图

　　仪器的 X、Y 滑台上各装有一精密的长度基准元件——玻璃 mm 分划尺。读数系统 19、27 将 mm 刻线清晰地显示在投影屏上,再由测微器作细分读数,读数方法如图 4.18.4 所示,便可精确地确定滑台的坐标值。图 4.18.4 中,投影屏上刻制有 11 个光缝,夹在光缝

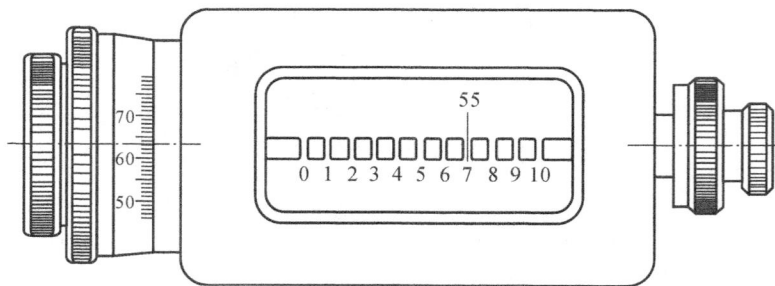

图 4.18.4　细分读数示意图

之间的分划尺刻线显示了 mm 值,相邻两光缝的间隔相当于 0.1mm;另外,读数鼓轮 26 旋转 100 个刻度可带动投影屏移动 1 个光缝,则鼓轮的每个刻度相当于 0.001mm,为此图示读数为 55.7645mm。

(2)测量工作原理

1)用影像法测量螺纹参数

①中径 d_2' 的测量

将中央显微镜立柱按螺纹旋向倾斜升角 Φ,Φ 角按下式计算

$$\tan\Phi = \frac{L}{\pi d_2} \tag{4.18.1}$$

式中:L——导程;d_2——被测螺纹公称中径。

用目镜米字线的中心虚线和牙形边缘相压,如图 4.18.5 所示。从横向读数显微镜上记下第一次读数,横向移动工作台并使主显微镜立柱反向倾斜 Φ 角,使米字中心虚线与对应的另一侧牙形边缘相压,记下第二次横向读数,测量中,工作台不允许有纵向移动。两次读数差即为螺纹的中径,记为 $d_{2右}$。为了画图方便起见,我们把目镜米字线的中心虚线作 a—a 标记。

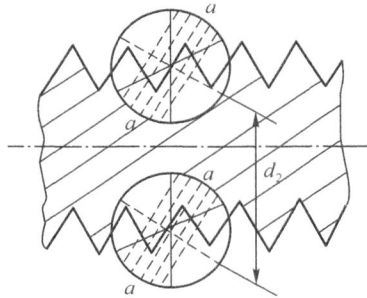

图 4.18.5　中径测量原理图

从图 4.18.6 可见,当螺纹轴线与工作台的纵移方向不平行时,由于中径的测量线是垂直于纵移方向的,从而造成了牙形两侧轮廓间的中径不等长,图示为 $d_{2右} < d_{2左}$。为消除这一误差,可采取两者的算术平均值作为实际中径 d_2',这就是所谓的"相消法",即

$$d_2' = \frac{d_{2左} + d_{2右}}{2} \tag{4.18.2}$$

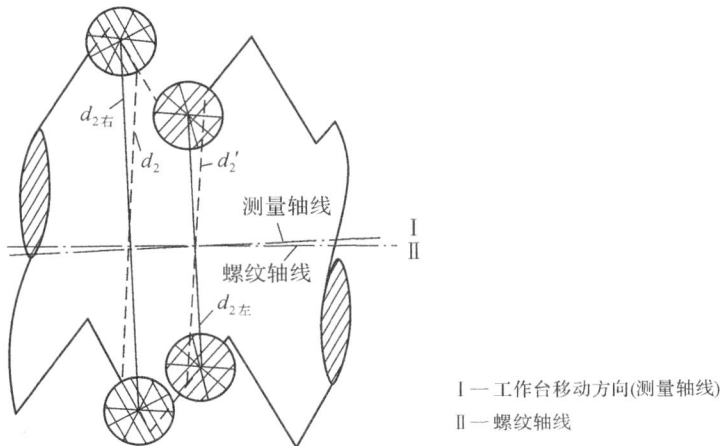

I—工作台移动方向(测量轴线)

II—螺纹轴线

图 4.18.6　螺纹轴线与测量轴线不平行对测量的影响

②螺距累积误差 δ_Σ 的测量

螺距累积误差是指 n 个实际螺距之和 $t_n{}'$ 与其相应的公称值 t_n 之差,由于螺纹轴线和测量线(即工作台纵向移动方向)不平行,如图4.18.3所示,致使 $t_{n左}$ 小于公称值 t_n,而 $t_{n右}$ 大于 t_n,因此测量时同样用"相消法"。

螺距测量也是用压线法。测量时纵向移动工作台,使目镜米字线的中心虚线 $a—a$ 分别压在相隔 n 个螺牙的两同名牙廓上,见图4.18.7,分别记下两次纵向读数,其差值便是牙形一侧 n 个螺距之实长,记为 $p_{n左}(np_左)$,同理,再测出 $p_{n右}(np_右)$。用相消法取两次读数的算术平均值得实际螺距

$$p'_n = \frac{p_{n左}+p_{n右}}{2} = \frac{np_左+np_右}{2} \tag{4.18.3}$$

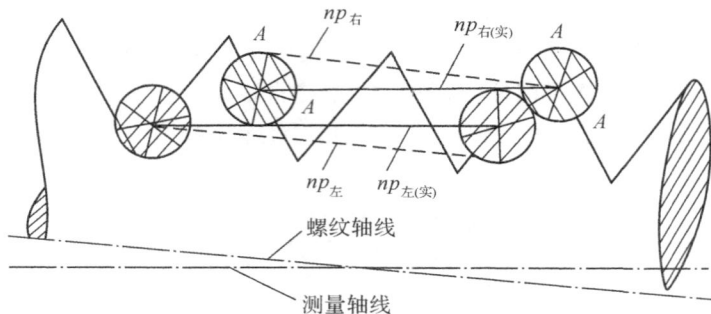

图4.18.7　螺距的测量

则 n 个螺距的累积误差 δ_Σ 为

$$\delta_\Sigma = p_n{}' - p_n \tag{4.18.4}$$

若求单个螺距 t,则

$$p = \frac{p'_n}{n} \tag{4.18.5}$$

③牙形半角误差 $\delta_{\frac{\alpha}{2}}$ 的测量

测量牙形半角用对角线法,测出如图4.18.8所示四个位置的半角实际值,测量顺序为 Ⅰ—Ⅱ—Ⅲ—Ⅳ。注意在牙形两侧测量时,分别向互为相反的方向倾斜 Φ 角,还应注意角值读数显微镜中角度值的正负号。

由于螺纹轴线与工作台纵向移动方向的不平行性,从图4.18.8中可以看出

$$\frac{\alpha}{2}(Ⅰ) < \frac{\alpha}{2}, \frac{\alpha}{2}(Ⅱ) > \frac{\alpha}{2}, \frac{\alpha}{2}(Ⅲ) < \frac{\alpha}{2}, \frac{\alpha}{2}(Ⅳ) > \frac{\alpha}{2}$$

式中:$\alpha/2$——螺纹的公称牙形半角值。

同样也采用相消法来减少测量误差,即

$$\frac{\alpha}{2}(右) = \frac{\frac{\alpha}{2}(Ⅰ)+\frac{\alpha}{2}(Ⅱ)}{2}$$

$$\frac{\alpha}{2}(左) = \frac{\frac{\alpha}{2}(Ⅲ)+\frac{\alpha}{2}(Ⅳ)}{2} \tag{4.18.6}$$

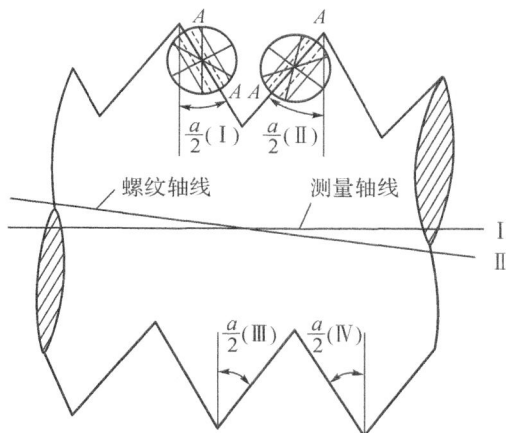

图 4.18.8　牙型半角测量

Ⅰ.测量轴线　Ⅱ.螺纹轴线

左右半角的实际偏差为

$$\Delta\frac{\alpha}{2}(右)=\frac{\alpha}{2}(右)-\frac{\alpha}{2}$$

$$\Delta\frac{\alpha}{2}(左)=\frac{\alpha}{2}(左)-\frac{\alpha}{2} \tag{4.18.7}$$

被测螺纹的半角误差为

$$\delta_{\frac{\alpha}{2}}=\frac{\left|\Delta\frac{\alpha}{2}(左)\right|+\left|\Delta\frac{\alpha}{2}(右)\right|}{2} \tag{4.18.8}$$

2)用轴切法测量

用轴切法,可以直接测得螺纹的轴向截面形状,所以轴切法常用来测量精密螺纹。

用轴切法测量需利用仪器附件测量刀。测量刀的外形如图 4.18.9 所示,可分为直刀和斜刀两种,其高度均为(5±0.004)mm。直刀测量刀用于测量光滑圆柱的直径、圆锥体的锥

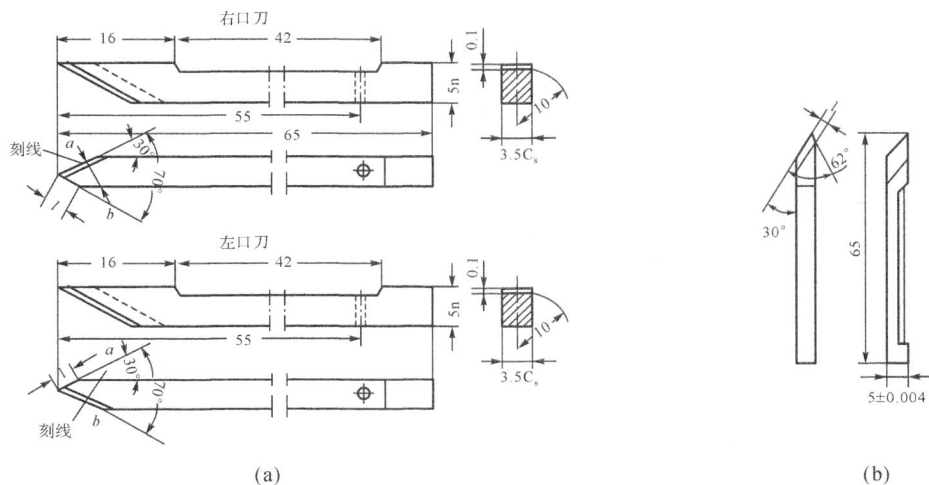

(a)　　　　　　　　　　　　　　　　　　(b)

图 4.18.9　测量刀类型

度等;而斜刀测量刀用于测量螺纹的几何参数。斜刀的刀刃与平行刻线间距离 S 有 0.3mm 和 0.9mm 两种,以满足不同螺纹测量的需要。

①安装测量刀的方法

ⅰ)安装 $3^{\times}$ 物镜

将 $3^{\times}$ 物镜装在仪器中央显微镜上,如图 4.18.10 所示,因为 $3^{\times}$ 物镜能使测量刀刃口和刻线间距 S 在通过 $3^{\times}$ 物镜放大后,分别与 a-a、d-d($S=0.9$mm 时)或者 b-b,c-c($S=0.3$mm 时)线相重合。

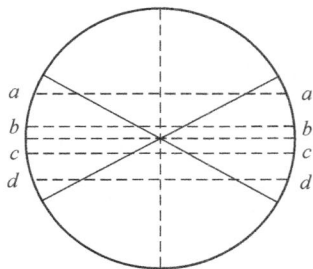

图 4.18.10　$3^{\times}$ 物镜时的目镜视场

ⅱ)装半镀银反光镜

在 $3^{\times}$ 物镜的滚花圈上装上半镀银反光镜。它的作用是使从下面上来的投射光线通过它的反射落到测量刀的表面,然后进入物镜使测量刀表面刻线在视野内成像。

ⅲ)装测量刀

测量刀在安装前应用汽油进行仔细的清洗,对于刻线工作面的最后擦净工作使用棉花蘸着乙醚或无水酒精轻拭。然后把测量刀安装在垫板上,使测量刀刃口大致引入被测螺纹的缺口处,用弹簧压住。如图 4.18.11 所示。

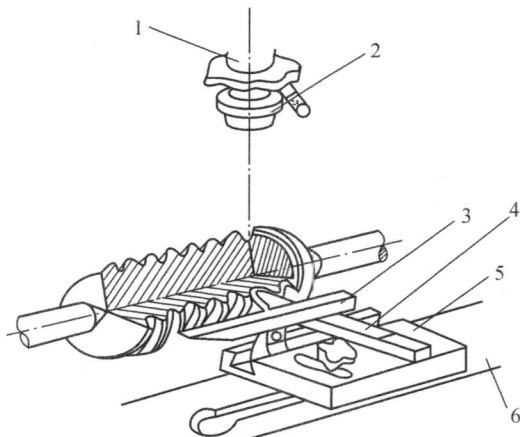

图 4.18.11　测量刀的安装

1.物镜　2.半镀银反射镜　3.弹簧压板　4.测量刀　5.垫板　6.纵向滑板

②对刀操作

对刀工作是使用测量刀测量时最关键的一步,若对刀不正确,一方面会使测量产生误差,另一方面也加速了测量刀的磨损。

对刀前,首先旋转中央显微镜的立柱,使沿螺纹螺旋角方向倾斜一个被测螺纹的螺旋角,调整焦距使测量刀刃口物像清晰,这时用左手的食指和中指夹持测量前端部分,以无名指控制压紧测量刀用的弹簧压板,右手的食指和中指夹持测量刀的尾部,这时沿着纵向方向慢慢移动测量刀直到某一区间与被测螺纹轮廓边缘接触,其后以接触部分为中心,使测量刀沿轮廓边缘摆动,直到刀口和轮廓密无光隙为止,如图 4.18.12 所示。再把测量刀紧固,同时把中央显微镜立柱放归"零"位。

不正确的对刀方法　　　　　　　　　　正确的对刀方法

图 4.18.12　对刀方法

③使用测量刀压线方法

压线时要根据使用的测量刀是 0.3mm 还是 0.9mm,当 $S=0.3$mm 时,把目镜视野内分划板上距中心虚线的第一条平行虚线与测量刀刻线影像压住,如图 4.18.13 所示。当 $S=0.9$mm 时,则用最外一条平行虚线压住。这时中心虚线实际上也和测量刀刃口对准了,从仪器上取得的读数与刻线 S 无关。

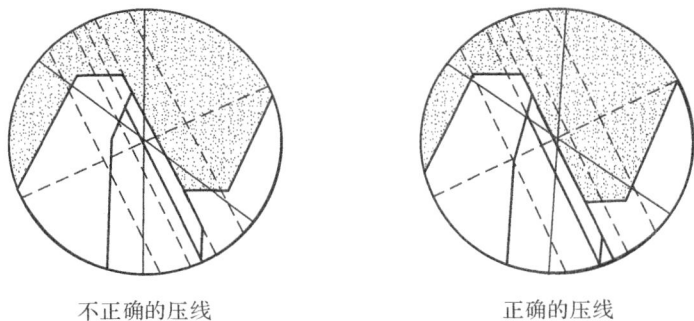

不正确的压线　　　　　　　　　　　　正确的压线

图 4.18.13　压线方法

4. 实验内容及步骤

(1)用影像法测量

1)根据被测螺纹的中径、牙形角,参照仪器说明书附表Ⅰ确定光阑直径。根据被测螺纹的螺距、中径,按照公式 4.18.1 计算出螺纹旋向倾斜升角 Φ。

2）接通电源、点亮照明灯,把光阑自零位调到所需的值。

3）利用定焦杆调整物镜位置。

4）把被测螺纹轴装在万工显的工作台上,并注意应使工作台纵向移动方向轴线与螺纹轴线一致。

5）根据前面测量原理介绍,对螺纹的各参数逐一进行实测。

①测量螺纹的大径与小径

用压线法,使米字线中央横线与大径一侧边缘重合,在横向读数显微镜上读取数值为A_1,横向移动工作台,在大径的另一侧使米字线中央横线与之重合,读数值为A_2,其差值为螺纹大径。

测量螺纹小径与测大径相仿。但必须注意压线时应使米字线中央横线与小径处的圆弧起始点(即直线与圆弧的转折点)重合。

②测螺纹的中径、螺距和半角及其误差。

按照前面所详叙的方法测出各值,并记入表 4.18.2。

6）计算误差值。

（2）用轴切法测量

1）通过电源,把被测螺纹装在万工显的工作台上,并使螺纹轴线与纵向移动方向一致。

2）安装 $3^{\times}$ 物镜及半镀银反光镜。

3）安装测量刀并对刀操作。

4）参照影像法的测量原理,测出螺纹的中径、螺距及牙形半角及误差。

5. 讨论（或扩展实验设计）

（1）影像法的测量误差分析

1）光束大小的选择及影响

测量螺纹时,光束直径的大小是根据被测螺纹公称中径和牙型半角来选取的,其值选择得当,对成像质量产生很大的影响。

因为显微镜自下而上通过被测表面轮廓的照明光束不可能完全是平行于光轴的平行光。所以被测件轮廓的影像将产生误差,其大小与光线不平行的程度及被测件的曲率有关。如图 4.18.14 所示,因斜光束在圆柱面上反射的结果使轴的半径影像比实际半径内缩了ΔR_i从而引起测量误差。当斜光束与光轴的夹角 U_i 越大,则内缩 ΔR_i 就愈大,测量误差也越大。所以在工具显微镜这类仪器中,我们是用光阑来控制入射光束与主光轴的最大夹角,以改善被测件影像质量。

一般说来,光阑一定,被测件曲率半径越大或被测件曲率一定而光阑越大时,成像误差就越大,这种误差在外尺寸测量中一般是负值,在内尺寸测量中一般是正值。因此,注意光束或被测件曲率半径不宜太大,但也不能太小。过小时,由于光线绕射的影响将产生反向的误差,即测量外尺寸时,影像反而外胀,使测量结果变大;测内尺寸时,影像反而内缩,使测量结果变小。

因为螺纹表面是一个螺旋形的大曲面,其牙廓上各点的曲率都不相同。因此要选择的光束不可能使牙廓上各点都得到相同的成像质量。在实际测量中,我们是根据中径来选择光束的,因为中径是螺纹的主要参数。但这样一来,将产生前述的现象,即只有中径处的影像真实地反映了中径处轮廓,而越靠牙尖处,影像内缩就越多;越靠牙根处,影像外胀得越

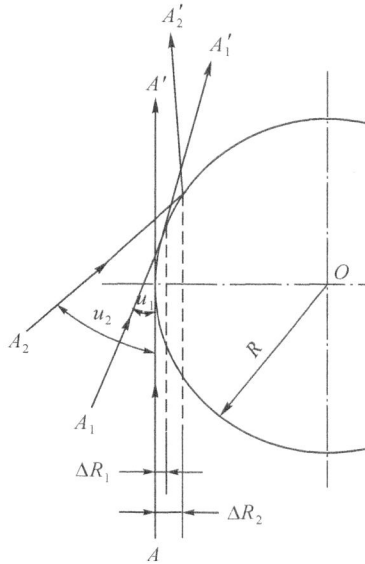

图 4.18.14　斜光束照明对曲面的影响

多,如图 4.18.15 所示,从而给牙形半角测量带来了一个 $+\Delta a/2$ 的误差。

　　另一方面,螺纹表面曲率变化情况也和牙形半角有关,牙形半角越大,轮廓上各点曲率相差就越小,曲率变化就越小,所以选择光阑时,也考虑了半角这个因素。

　　参见仪器使用说明书的附表 I,选取光阑直径。

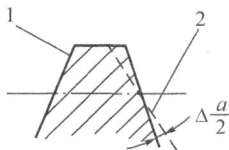

图 4.18.15　螺纹牙形轮廓
1.实际牙廓　2.牙部影像

　　2)立柱倾斜及其影响

　　因为螺纹参数定义在轴向截面内,所以测量应在轴向截面内进行,对于一般轴类零件,显微镜立柱只需在"0"位(即垂直位置)上精密调焦就可以得到轴向截面轮廓的清晰影像。然而对于螺纹,由于一部分光线被螺旋面挡住,视场内轴向截面轮廓影像十分模糊,轮廓误差由外径起向内径方向逐渐增大,如图 4.18.16 所示,因而无法进行测量。所以我们在螺纹切向轮廓测量时,须将立柱顺着螺纹走向倾斜一个升角 Φ。但时,立柱倾斜后得到的影像却不是轴向切面轮廓,而是法向切面轮廓,如图 4.18.8 所示,此切面上牙形角比轴向切面的牙形角小,从而带来了测量误差。

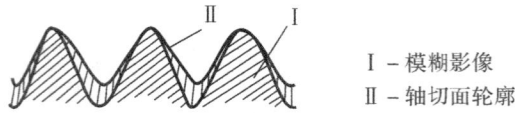

Ⅰ－模糊影像
Ⅱ－轴切面轮廓

图 4.18.16 螺纹轴向轮廓

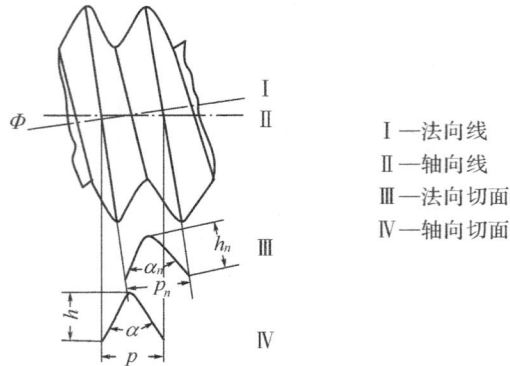

Ⅰ—法向线
Ⅱ—轴向线
Ⅲ—法向切面
Ⅳ—轴向切面

图 4.18.17 螺纹法/轴向切面参数几何关系

具体计算如下:按照图 4.18.8 的几何关系可以看出,无论是轴向截面的尺形还是法向截面的齿形,它们的投影高度 h、h' 是不变的,即

$$h_n = h$$

$$h = \frac{\dfrac{p}{2}}{\tan\dfrac{\alpha}{2}} \qquad h_n = \frac{\dfrac{p_n}{2}}{\tan\dfrac{\alpha_n}{2}}$$

式中:p,p_n——分别为轴向与法向螺距;

　　α,α_n——分别为螺纹牙型角和法截面三角形顶角。

$$p_n = p \cdot \cos\varPhi$$

即　　　$\alpha_n/2 = \arctan(\tan\alpha/2 \cdot \cos\psi)$　　　　　　(4.18.9)

那么半角误差为

$$\Delta\alpha/2 = \alpha'/2 - \alpha/2 = \arctan(\tan\alpha/2 \cdot \cos\psi) - \alpha/2 \qquad (4.18.10)$$

当 $\psi < 3°$ 时,此项半角误差和前述光阑带来的半角误差方向相反,大小近似相等,故在精度要求不高时,可视为两者抵消,无需修正。

当 $\psi > 3°$ 时,对测量结果应予以修正。

6.实验报告内容及要求

(1)实验目的和要求

(2)数据处理及实验结果

(3)思考题

1)用影像法测量螺纹时,有哪些产生误差的因素? 如何减少这些误差?

2)影像法与轴切法有什么区别?

（4）讨论

用所学的理论知识对实验结果进行分析。

表 4.18.1　实验数据记录表

螺纹中径测量记录	牙型左边读数			牙型右边读数		
	第一次读数	第二次读数	$d'_{2左}$	第一次读数	第二次读数	$d'_{2右}$
	实际中径	$d'_2 = (d'_{2左} + d'_{2右})/2 =$				
	偏差	$\Delta d_2 =$				

螺纹螺距累积误差测量记录	跨螺距数 $n =$					
	牙廓左边读数			牙廓右边读数		
	第一次读数	第二次读数	$p_{n左}$	第一次读数	第二次读数	$p_{n右}$
	实际累积值	$p'_n = (p_{2左} + p_{2右})/2$				
	公称尺寸	$p_n = n \cdot p =$				
	累积误差	$\Delta p_\sum = p'_n - p_n$				

半角误差测量记录	牙廓左边读数			牙廓右边读数		
	第一次读数	第二次读数		第一次读数	第二次读数	

表 4.18.2　实验数据记录表

被测体的有关参数	公称直径	螺距	牙型半角	中径 d_2
	螺旋升角　$\Phi = \arctan \dfrac{L}{\pi d_2}$			

7. 参考文献

［1］李岩,花国梁.精密测量技术(修订版)［M］.北京:机械工业出版社,2001

［2］何频,郭连湘.计量仪器与检测(上册)(第 1 版)［M］.北京:化学工业出版社,2006

［3］林玉池,毕玉玲,马凤鸣.测控技术与仪器实践能力训练教程(第 2 版)［M］.北京:机械工业出版社,2009

［4］武晋燮.几何量精密测量技术(第 1 版)［M］.哈尔滨:哈尔滨工业大学出版社,1989

［5］童竞主编.几何量测量(第 1 版)［M］.北京:机械工业出版社,1988

［6］于春泾,齐宝玲.几何量测量实验指导书(第 1 版)［M］.北京:北京理工大学出版社,1992

［7］徐孝恩.螺纹测量(第 1 版)［M］.北京:中国计量出版社,1986

实验 4.19　基于 JGW-S 型数字式万能工具显微镜的测量平台进行复杂几何形状零件测量

1. 实验目的和要求

(1)了解万能工具显微镜的结构及工作原理、微机二维软件和数显仪的使用。

(2)了解复杂几何形状零件测量的过程、方法及测量的意义。

2. 工作原理

仪器的光学系统包括瞄准显微镜和光栅读数头两部分。

(1)瞄准显微镜系统(参见图 4.19.1)

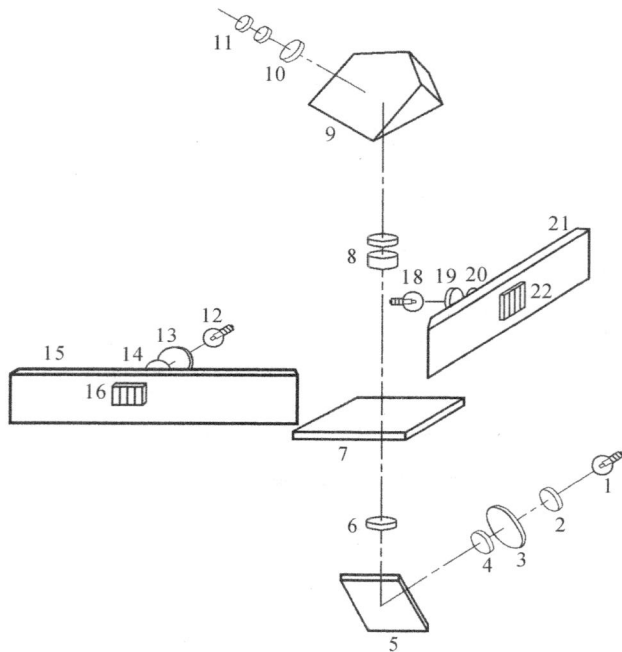

图 4.19.1　瞄准显微镜系统光路图

仪器照明光源 1,通过聚光镜 2、6,可变光栏 3,滤色片 4 和反射镜 5 照明置于玻璃工作台 7 上的被测件。瞄准显微镜的物镜 8 经棱镜 9 的转折将被测件清晰地成像在米字线分划板 10 上。最后由目镜 11 瞄准。

(2)光栅读数系统在测量过程中,每进行一次瞄准后,需作一次读数,同一坐标的两次读数之差值,则为先后瞄准对应的两个被测位置时该坐标滑台的移动量,也就是被测工件尺寸的测量值[①]。

---

① 实际测量中,可将第一次瞄准点的读数值置(清)零(CLEAR)后,再移动滑台至所需测量位置,数显表读数值即直接为该坐标的测量值,可免除两次读取读数值再以差值取得测量值,以下两次读数的测量方法可与此类同。

角度测量的基本原理与上述类似。在供测量角度应用的附件中,设置有精密的转动轴系、角度基准元件——光学度盘(选购件)及相应的角度读数装置。仪器的 x,y 向测量基准件,是两根光栅。

(3)光栅的工作

X 坐标的标尺光栅 15 与指标光栅 14 所产生的莫尔条纹信号,被光电接收元件 16 接收,然后通过电子学的数据处理,将 X 坐标的移动量,转换成相应位置的数字量,即实现了 X 坐标的自动记数。12 为 X 向读数头的照明光源。13 为聚光镜。

Y 坐标的光栅读数系统与 X 坐标基本相同。其中:18 为 Y 向读数头的照明光源,19 为聚光镜,20 为指标光栅,21 为标尺光栅,22 为光电接收元件。

测量时,将被测量工件置于工作台上,通过瞄准显微镜米字线分划板上的刻线来对准工作台上的被测件,然后移动滑台可先后对各被测位置进行瞄准定位。

当光栅在垂直于刻线方向作相对移动时,则条纹在垂直于光栅移动方向上产生相应的移动,并且条纹的移动量是与光栅的移动量成一定的比例关系,所以可以从条纹的移动量来测量光栅的移动量。

在图 4.19.2 中,θ 为两块光栅刻线之夹角;D 为光栅栅距;W 为莫尔条纹宽度。

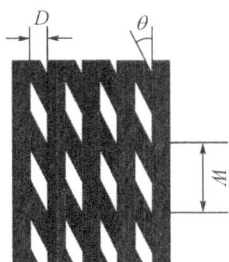

图 4.19.2　光栅结构图

由图 4.19.2 中可知,相邻条纹的间距是交角的函数,当 θ 较小时,其计算公式是

$$W = \frac{D}{2\sin\frac{\theta}{2}} \approx \frac{D}{\theta}P \qquad (4.19.1)$$

式中:$P = 180 \times 60/\pi = 3437$,$\theta$ 单位为秒。

在 19JC 中,光栅的刻线为每 mm100 条,则栅距 $D = 1/100 = 0.01\text{mm}$,$W = 8\text{mm}$(相当于四块光电池的宽度),代入上式得

$$\theta = \frac{D}{W}P = \frac{0.01}{8} \times 3437 = 4.3'$$

在本仪器中,通过数显表,对条纹信号进行 20 细分,则仪器最小示值分度值为

$$D/20 = 0.01/20 = 0.0005(\text{mm})$$

通常我们总是将可移动的长光栅称为标尺光栅,固定的短光栅称为指标光栅。

我们通过图 4.19.3,来说明读数头的原理。

从光源 S 发出的光,经聚光镜 L,变成平行光束,照射指标光栅 G_1 和标尺光栅 G_2,在 G_2 面上就形成莫尔条纹。

当明暗变化的莫尔条纹,经过光电元件 P 的转换后,条纹的移动量便转化为相应数量

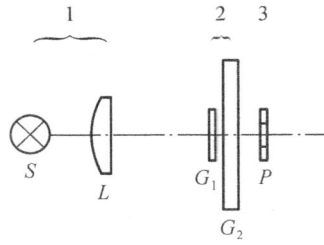

图 4.19.3 读数的原理

的电信号,将这些电信号经过电路处理,得到的脉冲数,换算后就是所需测量的长度。

当工作台带动标尺光栅移动时,近似正弦变化的光电信号,经硅光电池接收,送给光栅数显表。

为了提高读数系统的分辨率,就需要对信号予以细分。在本仪器中,通过光栅数显表进行细分,这样每当工作台移动一个栅距(0.01mm),莫尔条纹即变化一个周期。经 20 细分后,每一个脉冲信号就对应工作台移动 1/20 栅距,即 0.0005mm。

由于读数头输出信号幅值比较小,所以必须进行放大,然后再经过细分、辨向电路,送往可逆计数器,计数器的加减与工作台的移动位置相对应,最后结果直接由数码管显示出来。

3.实验内容

(1)测量范围与分格(度)值

X,Y 向坐标

测量范围: X 向   200mm

                    Y 向   100mm

分格值(数字增量)   0.0005mm

(2)JGW-S 型数字式万能工具显微镜的测量平台结构如图 4.19.4。

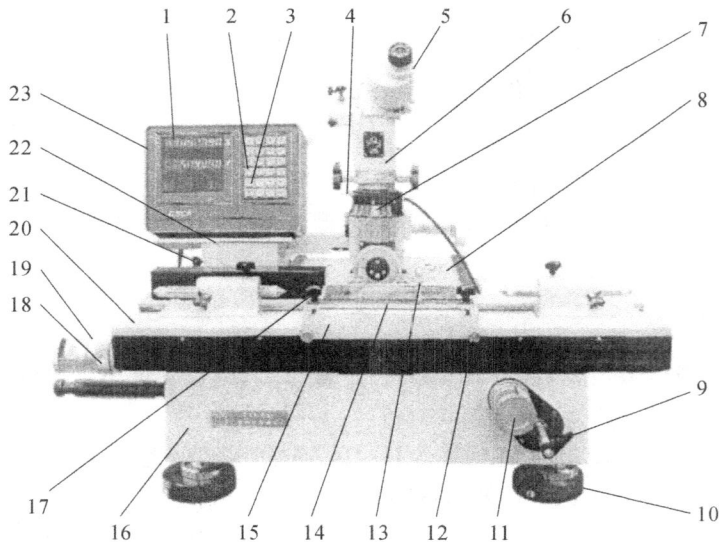

图 4.19.4   JGW-S 型数字式万能工具显微镜的测量平台 1

注意事项:横向移动轴(即 X 轴)上,如图 4.19.4 的 18 为 X 轴上的锁紧装置,图 4.19.4 的 19 为微调装置;前后移动轴(即 Y 轴)上,如图 4.19.4 的 9 为 Y 轴的锁紧装置,图 4.19.4 的 11 为微调装置,必须在锁紧装置锁紧后才能进行微调。

1)主机

①底座

底座(图 4.19.4 的 16)是仪器的基体,承受了仪器的全部部件。

②X 向滑台

X 向滑台(图 4.19.4 的 20)供放置被测工件之用,它可作 X 方向 200mm 的移动。

X 向滑台的前、后侧分别使用了经过精密加工的钢球—V 形导轨和球面滚动轴承—平面导轨的结构,具有良好的运动精度、灵敏性和承载能力。

③Y 向滑台

与 X 向坐标不同,Y 坐标的测量是依靠 Y 向滑台(图 4.19.4 的 8)带动瞄准显微镜(图 4.19.4 的 6)相对于固定在 X 向滑台上的被测件作 Y 方向的移动来实现的,移动行程为 100mm。

Y 向滑台也使用精密的钢球—V 形平面导轨。

④立臂

立臂(图 4.19.5 的 7)上安置了瞄准显微镜及照明光管。

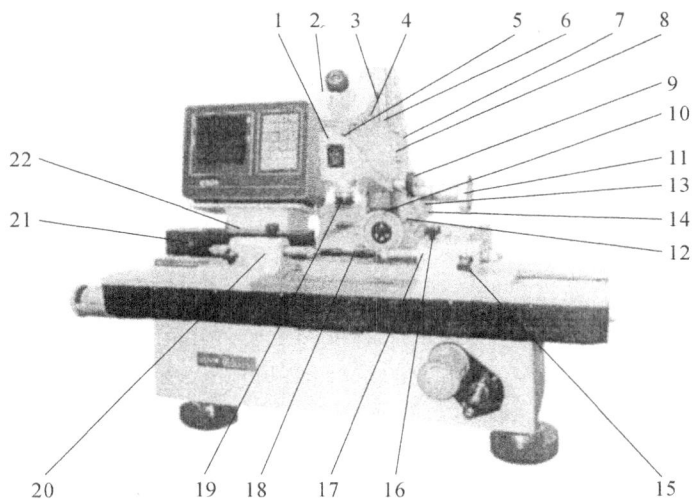

图 4.19.5　JGW-S 型数字式万能工具显微镜的测量平台 2

⑤瞄准显微镜

瞄准显微镜镜箱(图 4.19.5 的 1)上安置了物镜和目镜。物镜(图 4.19.5 的 19)安在镜箱下端的插座内,仪器所配备的三个物镜可以方便地拆换。测角目镜(图 4.19.5 的 2 下)、轮廓目镜(图 4.19.5 的 2 上)和双像目镜(图 4.19.4 的 5)根据测量的需要可在镜箱顶部的定位架(图 4.19.5 的 4)上相互取换。物镜插座的外部是一带内螺纹的圆形圈,供安装光学定位器和定位表架之用。

⑥光栅数显表

X、Y 向光栅数显表安放在一个托架(图 4.19.4 的 22)上。当仪器在通过瞄准显微镜对准工件后,随即按动数显表上的"置(清)零"键(图 4.19.4 的 3),然后可以进行 X、Y 向坐标值的读数了。

光栅数显表使用方法简介:

(a)将数显表接入电网,同时接入输入信号电缆。电源、输入信号电缆插座均装在数显表后部。在后面板一般还备有 BCD 码输出插座。

(b)接通电源,仪器面板数码管全部点燃,并作明暗间隔为 1 秒的闪烁,这是正常现象,按动面板置(清)零键全部数字置为"0",并将符号置为"+"。

(c)当工作台移动时,数显表记录位移量数值并显示,这时可进行测量。

(d)如果将外加数字置入数显表,可由面板上的"置数"键选择此数,按动面板上"置数"键即可。(例如,利用光学定位器测量内孔尺寸时,可将测头直径(3mm 左右)通过"置数"键,事先置入数显表,不必人工计算,测量结果即为被测孔尺寸。)

⑦照明机构

瞄准显微镜的照明是用一个 6V30W 的照明灯。它通过灯座用螺丝连接在照明光管的尾部。其亮度可由电源上标有"30W"的中间旋钮来调节。

4. 实验步骤

(1)开机:首先打开数显仪及万能工具显微镜的开关,使机器可以进入正常工作状态,将数显表清零(按 Xo 表示 X 轴清零,按 Yo 表示 Y 轴清零)。

(2)测量前调整:将平面工作台固定在万工显上,然后将要测量的复杂几何形状零件放在平面工作台上,将万能工具显微镜的横臂在立柱做升降进行调焦,直到我们能看清物体的轮廓。

(3)打开电脑桌面上"二维测量"软件,点击系统—新工件,输入生产单位和零件名。

(4)测量:打开软件第二行工具栏,选择测量的线的型号,从目镜看,调整万工显的 X、Y 轴的移动手轮,将平面工作台的直线相交点(即中心点)与所要测量的边刚好重合,然后点击左手边的金属鼠标;再移动万工显的 X、Y 轴的移动手轮,将中心点与同一边的另一点(距离越长越好)进行如上操作,如需在同一边上测量三个或三个以上的点,重复以上操作即可,该边画完按上述方法重复操作,直到所有的被测量测量完为止。

(5)计算机操作:点击"二维测量"中的系统,然后图形另存为到自己的文件夹里,打开DXFCAD 软件,浏览找到刚刚保存的文件,转换—关闭,再直接打开文件夹中的 DXF 文件,找到图形,对图形进行 CAD 处理,处理完成后保存在自己文件夹里即可。

5. 实验报告内容及要求

(1)实验目的和要求

(2)数据处理及实验结果

(3)思考题

测量过程中引入了哪些误差?

(4)讨论

6. 参考文献

[1]李岩,花国梁.精密测量技术(第 1 版)[M].北京:机械工业出版社,2001

[2]武良臣,吕宝占,胡爱军.互换性与技术测量(第 1 版)[M].北京:北京邮电大学出版社,2009

实验 4.20　三针测量外螺纹中径

1. 实验目的与要求

(1)熟悉用三针法测量外螺纹的方法。

(2)学会选择最佳三针。

2. 实验仪器及材料

三针、螺旋千分尺、被测工件。

3. 实验原理

(1)三针法测量中径原理

用三针法测量螺纹中径是一种间接测量的方法。如图 4.20.1 所示,将三根直径相同的量针放在被测螺纹的牙槽内,而且单根量针应放置在成对使用的两根量针对面的中间牙槽里。

在一定的测量力作用下,三针与螺纹槽侧面可靠接触,测量出三针外尺寸间的跨距 M 值,再通过公式(4.20.1)计算,即可求得被测螺纹的中径 d_2。测量 M 值时,可采用接触式量仪(如千分尺或测长仪等)进行绝对测量,也可采用光学计或其他测微仪通过与量块比较进行相对测量。

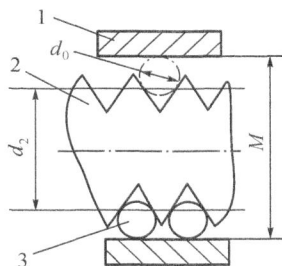

图 4.20.1　测量中径原理图
1.接触式量仪　2.被测螺纹　3.三针

$$d_2 = M - d_D(1 + \frac{1}{\sin\frac{\alpha}{2}}) + \frac{p}{2}\text{ctan}\frac{\alpha}{2} \qquad (4.20.1)$$

式中:d_D——三根量针直径的平均值

即 $$d_D = \frac{d_{D1} + \dfrac{d_{D2} + d_{D3}}{2}}{2}$$

d_{D1} 为螺纹一边的单根量针的直径;d_{D2}、d_{D3} 为螺纹另一边成对使用的两根量针的直径。

p——螺距;$\alpha/2$——螺纹牙形半角。

(2)最佳三针的确定

为了避免由于牙形角误差影响测量结果,从图 4.20.2 中可以看出量针与螺纹牙形角侧面相切正好在螺纹的单一中径处,因而牙形角的变化不影响量针位置,即测量结果不受牙形

半角误差 $\Delta\alpha/2$ 的影响,此时三针直径为最佳量针直径,其量针直径 d'_{D0} 由式(4.20.2)求出

$$d'_{D0} = \frac{p}{2\cos\dfrac{\alpha}{2}} \tag{4.20.2}$$

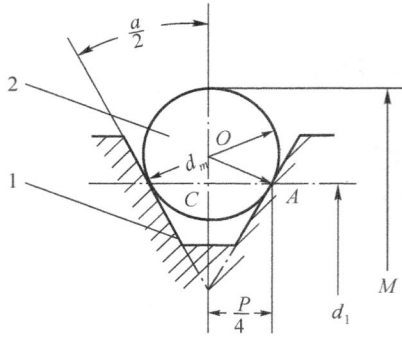

图 4.20.2　最佳三针直径位置图
1.被测螺纹　2.量针直径

在实际工作中,如果成套的三针没有最佳三针,可选用与最佳值相接近的三针直径来代替,一般选用的三针直径应能保证其与牙侧的接触点在中径牙面交点上下 1/8 牙面长度(L)范围内,如图 4.20.3 所示。

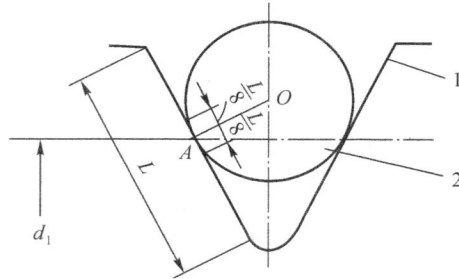

图 4.20.3　代用三针直径位置图
1.被测螺纹　2.量针直径

4.实验内容及步骤

(1)选择最佳三针

按公式(4.20.2)计算最佳三针直径,以此为依据挑选三针。若无合适的三针,则可选用与最佳三针接近的三针。

(2)测量 M 值

按图 4.20.1 所示将三针装好,用千分尺分别在三个等距截面内进行测量,记下各个位置上的读数值,此值也就是各个位置上测得的 M 值。

(3)按公式(4.20.1)计算中径 d_2 值。

5.实验报告内容及要求

(1)实验目的和要求

(2)数据处理及实验结果

（3）讨论

6. 参考文献

[1]李岩,花国梁.精密测量技术(修订版)[M].北京:机械工业出版社,2001

[2]《几何量实用测试手册》编委会编.几何量实用测试手册(第 1 版)[M].北京:机械工业出版社,1987

[3]林玉池,毕玉玲,马凤鸣.测控技术与仪器实践能力训练教程(第 2 版)[M].北京:机械工业出版社,2009

[4]武晋燮.几何量精密测量技术(第 1 版)[M].哈尔滨:哈尔滨工业大学出版社,1989

[5]童竞主编.几何量测量(第 1 版)[M].北京:机械工业出版社,1988

[6]于春泾,齐宝玲.几何量测量实验指导书(第 1 版)[M].北京:北京理工大学出版社,1992

[7]徐孝恩.螺纹测量(第 1 版)[M].北京:中国计量出版社,1986

实验 4.21　基于"齿轮双面啮合综合检查仪"测量平台的齿轮三参数测量

1. 实验目的和要求

（1）了解 3101B 型齿轮双面啮合综合检查仪的工作原理及使用方法；

（2）了解圆柱齿轮径向综合误差 $\Delta F_i''$、一齿径向综合误差 $\Delta f_i''$ 以及双啮齿轮中心距 A' 的定义及其测量的意义。

2. 实验用具

3101B 型齿轮双面啮合综合检查仪,标准齿轮,测量齿轮,百分表,游标卡尺。

3. 实验原理

（1）3101B 型齿轮双面啮合综合检查仪的工作原理

3101B 型齿轮双面啮合综合检查仪结构如图 4.21.1 所示。被测齿轮放在可沿仪座 6 导轨滑动的主滑架 15 心轴 11 上。标准齿轮安装在可沿 V 形导轨浮动的测量滑架 5 心轴 7 上。按两齿轮理论中心距固定主滑架。测量滑架借助弹簧力靠向主滑架,使两个齿轮进行紧密的无侧隙的啮合。转动被测齿轮时,检查由于齿轮加工误差引起其中心距变化来综合地反映被测齿轮的误差。其中心距的变动量由百分表 1 读出来。

（2）圆柱齿轮径向综合误差:被测齿轮与理想精确的测量齿轮双面啮合时,在被测齿轮一转内,双啮中心距的最大变动量。

（3）一齿径向综合误差:被测齿轮与理想精确的测量齿轮双面啮合时,在被测齿轮一齿距角内,双啮中心距的最大变动量。

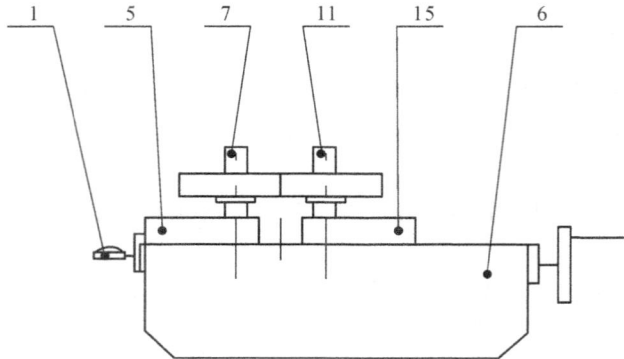

图 4.21.1　3101B 型齿轮双面啮合综合检查仪结构图 1

4. 实验内容

（1）仪器介绍

3101B 型齿轮双面啮合综合检查仪测量滑板在滚动导轨上运动灵活，导轨采用高级合金钢制成经过特殊和精心加工，故长时间连续使用仍可保持原来的精度。本仪器结构简单、合理，操作、维修方便，因对环境温度要求不高，特别适合生产现场使用。

（2）工作条件：工作室内保持清洁、无尘、无震动、室温 20±5℃，温度变化不大于 1℃/h。

（3）测量范围

1）检查带孔圆柱齿轮

两心轴中心距离：50～320mm

被测齿轮的模数：1～10mm

2）检查带轴圆柱齿轮

带轴齿轮最大外径：200mm

齿轮轴的长度：110～350mm

（4）3101B 型齿轮双面啮合综合检查仪的结构特征

图 4.21.2 是 3101B 型齿轮双面啮合综合检查仪结构图 2，这是仪器的主要部分，是由仪座 6 和借助手轮 17 在导轨上滑动的主滑架 15 及靠 V 形导轨浮动的测量滑架 5 所组成。主滑架移动的距离是按刻度尺 16 及游标尺 13 根据两齿轮的理论中心距确定。定位后用手把 14 锁紧。被测齿轮安放在进入主滑架锥孔中的心杆 11 上。

测量滑架 5 在弹簧力的作用下，沿 V 形导轨靠近主滑架，但在拧转与凸轮相关的手把 4 时，就迫使测量滑架后退。标准齿轮安装在进入测量滑架锥孔中的心杆 7 的心杆套 8 上，然后用垫圈 10 及螺帽 9 压紧。

用以显示测量结果的读数值为 0.01mm 的百分表 1 装在测量滑架的支架上，而百分表的测头与固定在仪座的挡丝 3 相接触。因此在测量滑架微动时，百分表也随之而动，但其测头不动，示值就被反映出来了。

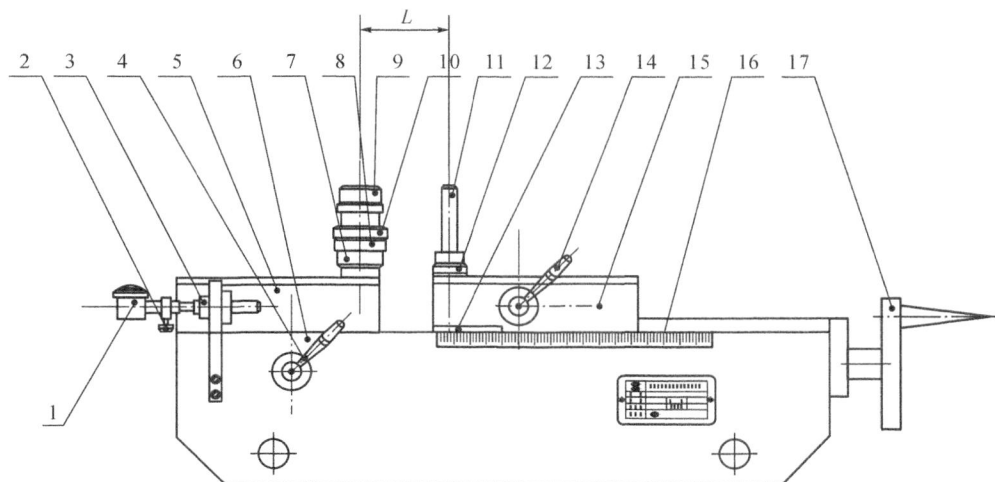

图 4.21.2　3101B 型齿轮双面啮合综合检查仪结构图 2

5. 实验步骤

(1)仪器使用前应将工作表面、被测齿轮以及与被测齿轮模数相同的标准齿轮清洗干净。

(2)把控制测量滑架的手柄 4 搬到正上方,装上百分表,使指针转过一圈后用螺丝 2 紧固。并调整百分表指针与其零线重合,然后将手柄搬向左边。

(3)转动手轮 17 把主滑架 15 按刻度尺 16 与游标尺 13 的示值根据两齿轮的理论中心距调整,并用手柄 14 紧固。

(4)把标准齿轮安装在心杆套 8 上加垫圈 10 后,用螺帽压紧。

(5)在主滑架的锥孔中插入检查带孔齿轮的专用心杆 11,在心杆上安放被测齿轮,然后将测量滑架的手柄 4 搬向右边(未装齿轮时手柄不能搬到右边),使测量滑架靠向主滑架,保证标准齿轮和被测齿轮紧密啮合。

(6)在两齿轮啮合的前提下,用手轻微而均匀地转动被测齿。在转动一周或一齿的过程中观察百分表的示值变化,该变化量就是一转或一齿内度量中心距变动量 Δf_a。在转动一周中百分表示值相对于百分表原始零点的最大、最小值就是度量中心距的上、下极限偏差,二者之差即为 $\Delta F_i''$ 或 $\Delta f_i''$。

(7)当第一个齿轮测量完毕后,将测量滑架上控制手柄 4 搬至左边,使标准齿轮和被测齿轮脱开,然后更换被测齿轮,继续进行测量。

(8)精密测量时,为了准确地固定理论中心距,应用块规按尺寸 M_1 组合后,放在测量滑架上心杆套 8 与主滑架上心杆 11 之间并将块规上下、左右轻微摆动,观察百分表的最小值,依此最小值调整百分表到零位。

$$M_1 = A - \frac{d_1 + d_2}{2} \tag{4.21.1}$$

式中:A——齿轮的理论中心距;

　　　d_1——杆套的直径 $\phi40$;

　　　d_2——滑架上心杆的直径。

（9）为了检查齿轮工作面的接触情况，在标准齿轮的齿面上，均匀而薄薄地涂一层普鲁士蓝，然后与被测齿轮啮合，相对转动后确定其接触精度。

（10）当工作齿轮需要配合检查时，可用一个齿轮装在测量滑架的专用心杆上，另一个装在主滑架的心杆上，进行啮合，检查其中心距的变化情况。

（11）仪器使用之后，应将各工作面擦净，并涂以防锈油，用塑料罩盖好，专用心杆用后擦净涂油，放入附件盒中。

6. 验报告内容及要求

（1）实验目的和要求

（2）数据处理及实验结果

双啮齿轮中心距 A'、圆柱齿轮径向综合误差 $\Delta F_i''$、一齿径向综合误差 $\Delta f_i''$。

（3）思考题

1）分析测量误差的来源？

2）有哪些测量圆柱齿轮各参数的新技术及新设备？

（4）讨论

7. 参考文献

［1］武良臣，吕宝占，胡爱军.互换性与技术测量（第1版）［M］.北京：北京邮电大学出版社，2009

实验 4.22　齿轮公法线误差测量

1. 实验目的和要求

（1）掌握公法线千分尺的工作原理及使用方法。

（2）熟悉齿轮公差标准。

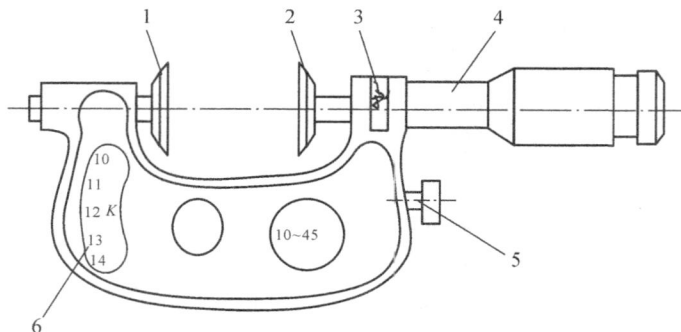

图 4.22.1　公法线千分尺外形图

1.尺砧　2.活动测砧　3.紧固装置　4.微分筒　5.按钮　6.微读数窗

2. 实验仪器及材料

公法线千分尺，齿轮。

3. 实验原理

通常齿轮公法线长度可用游标卡尺测量,但对精度较高的齿轮应采用公法线千分尺或万能测齿仪测量。本实验采用公法线千分尺(图 4.22.1 所示)测量,用公法线千分尺测量时可采用绝对测量法和相对测量法。绝对测量法应先校对仪器零位;相对测量法应先组合量块组,量块组的尺寸等于被测齿轮公法线长度,然后按图 4.22.2(a)调整仪器零位。

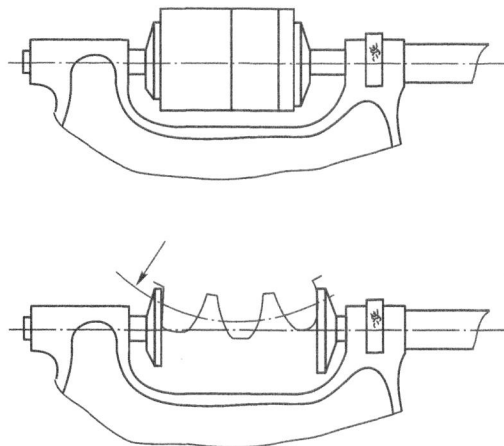

图 4.22.2 仪器零位调整示意图

4. 实验内容及步骤

(1)计算跨齿数 n 和公法线公称长度 W。

当分度圆压力角 $\alpha = 20°$,移距系数 $X = 0$ 时

$$n = Z/9 + 0.5(\text{取整数 } Z \text{ 为被测轮齿数})$$

$$W = m[2.9521(n-0.5) + 0.014Z]$$

式中:m——模数。

(2)按计算所得的公法线长度选择量程和相应的公法线千分尺,测量时使两测量面在齿轮分度圆附近和齿面接触,与外径千分尺一样使用和读数。

(3)采用绝对法测量。

测量公法线长度变动 ΔF_w 时,按选定的跨齿数 n,使两量爪的测量面分别与第 1 和第 n 齿的异名齿廓相切。沿齿圈进行测量。在全部测得数值中的最大与最小值之差即为 ΔF_w 值。则

$$\Delta F_w,\text{即 } \Delta F = W_{\max} - W_{\min}$$

公法线平均长度偏差 $\Delta E_w = W - W_0$

其中, $W = \dfrac{W_1 + W_2 + \cdots + W_Z}{Z}$

W_0——公称长度。

(4)判断公法线变动及公法线平均长度偏差的合格性。合格条件为

$$\Delta F_w \leqslant F_w$$

$$E_{wi} \leqslant \Delta E_w \leqslant E_{ws}$$

5. 实验报告内容及要求

(1)实验目的和要求

(2)数据处理及实验结果

(3)讨论

6. 参考文献

[1]李岩,花国梁.精密测量技术(修订版)[M].北京:机械工业出版社,2001

[2]《几何量实用测试手册》编委会编.几何量实用测试手册(第 1 版)[M].北京:机械工业出版社,1987

[3]林玉池,毕玉玲,马凤鸣.测控技术与仪器实践能力训练教程(第 2 版)[M].北京:机械工业出版社,2009

[4]武晋燮.几何量精密测量技术(第 1 版)[M].哈尔滨:哈尔滨工业大学出版社,1989

[5]童竞主编.几何量测量(第 1 版)[M].北京:机械工业出版社,1988

[6]于春泾,齐宝玲.几何量测量实验指导书(第 1 版)[M].北京:北京理工大学出版社,1992

[7]徐孝恩.螺纹测量(第 1 版)[M].北京:中国计量出版社,1986

实验 4.23　齿轮齿形误差测量

1. 实验目的和要求

(1)掌握坐标法测齿形误差的原理及方法。

(2)熟悉齿轮公差标准。

2. 实验仪器及材料

万工显,光学分度台,齿轮。

3. 实验原理

万工显结构参见实验 4.4(万工显上测样板)。光学分度台系万工显附件,用于极坐标和角度的测量。

光学分度台由底面上的两螺钉与万工显滑台方孔前内壁上的两斜面凸台接触来作定位,用旋手固紧。供安放工件的转盘和内部的度盘可一起作 360° 的转动,转动的角度由投影屏显示,度盘分划值为 1°,投影屏上的分划和读数鼓轮细分至 10″ 的分度值。

转盘上的玻璃板的背面刻有一十字双线,其中心与分度台的转动中心重合。因此,利用测角目镜米字分划板的十字线来对准十字双线,便可将分度台的转动中心定在瞄准显微镜物镜光轴的位置上。

4. 实验内容及步骤

(1)测量前计算

1)计算测量展开角 ψ

起测圆按与标准齿条啮合计算,终至圆为被测齿轮齿顶圆。

$$起始展开长度 \quad b_1 = r_b \tan\alpha - \frac{m(1-x)}{\sin\alpha}$$

终止展开长度　　$b_2 = \sqrt{r_a^2 - r_b^2}$

式中: r_b——基圆半径, α——啮合角, m——模数, x——变位系数, r_a——齿顶圆半径。

将展开长度转换为角度值

起始展开角　　$\psi_1 = \dfrac{b_1}{r_b} \times 57.29°$

终止展开角　　$\psi_2 = \dfrac{b_2}{r_b} \times 57.29°$

测量展开角　　$\psi = \psi_2 - \psi_1$

2）确定测量点数 n

一般 n 取 8～10 点。

3）计算各测量点上的展开角 ψ_i

4）根据 ψ_i 计算各理想展开长度: $L_i = r_b \psi_i$

（2）测量

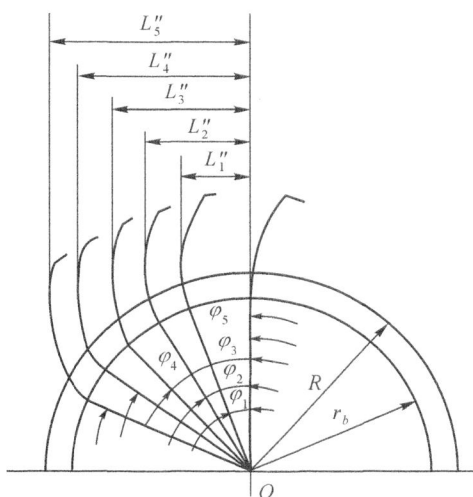

图 4.23.1　被测齿轮测量示意图

　　1）将被测齿轮放在光学分度台的圆玻璃工作台上，调整齿轮中心重合，然后把米字线中心调至齿轮的基圆上，并使米字线垂直中心线通过齿轮中心，记下纵向读数值 L_0。

　　2）纵向移动一段起始展开长度，依次转动分度台，使齿廓与米字线垂直中心线相切，此点即为起始测量点，记下纵向读数 L_1''。

　　3）转动光学分度台带动被测齿轮转过 ψ_i 角（如图 4.23.1），移动纵向拖板，使米字线垂直中心线再次与被测齿廓相切，记下纵向读数 L_i''，如此直至终止测量点。

　　4）各点齿形误差计算

$$L_i' = L_i'' - L_0$$

$$\Delta f_{fi} = \Delta L_i = L_i' - L_i$$

5. 实验报告内容及要求

（1）实验目的和要求

（2）数据处理及实验结果

（3）讨论（或扩展实验设计）

6.参考文献

[1]李岩,花国梁.精密测量技术(修订版)[M].北京:机械工业出版社,2001

[2]《几何量实用测试手册》编委会编.几何量实用测试手册(第1版)[M].北京:机械工业出版社,1987

[3]林玉池,毕玉玲,马凤鸣.测控技术与仪器实践能力训练教程(第2版)[M].北京:机械工业出版社,2009

[4]武晋燮.几何量精密测量技术(第1版)[M].哈尔滨:哈尔滨工业大学出版社,1989

[5]童竞主编.几何量测量(第1版)[M].北京:机械工业出版社,1988

[6]于春泾,齐宝玲.几何量测量实验指导书(第1版)[M].北京:北京理工大学出版社,1992

[7]徐孝恩.螺纹测量[M].北京:中国计量出版社,1986

实验 4.24　　光学计检定

1.实验目的和要求

（1）了解立式光学计的工作原理与使用方法。

（2）了解立式光学计的检定要求,学会检定方法。

2.实验仪器及材料

立式光学计,三针,量块。

3.实验内容及步骤

（1）固定式工作台面与测量轴线的垂直度

用直径为 1mm 左右的 1 级三针检定。检定时,先在仪器测量杆上安装 8mm 的窄平面测帽,在工作台上放置一块尺寸为 10mm 的 4 等量块,并使量块的长边与测帽长边平行。然后将三针放在测帽与量块之间,三针的轴线应垂直于测帽的长边。调整仪器,使其示值于零位或其邻近位置。移动三针,使三针与测帽的一端离边缘 0.5mm 处接触时,按仪器读数 a_1（μm）。再移动三针,使三针与测帽的另一端离边缘 0.5mm 处接触时,再接仪器读数 a_2（μm）,将测帽转动 180° 后重复上述检定,得读数 b_1 和 b_2。工作台面与测量轴线的垂直度 Δa。按（4.24.1）式计算

$$\Delta a = \tan^{-1} \frac{(a_1 - a_2) + (b_1 - b_2)}{14000} \tag{4.24.1}$$

另外,如（$a_1 - a_2$）与（$b_1 - b_2$）之和的一半不超过 10μm 时,则符合要求。再将测帽转 90°,按上述方法检定,求得在这一工作台面与测量轴线的垂直度。

以上两个方位上测得的工作台面与测量轴线的垂直度,均应符合要求。

（2）立柱与光管的直线度

在仪器的测量杆上安装直径为 8mm 的平面测帽,在工作台上放置一块尺寸为 10mm 的 4 等量块,调整仪器,使测帽与量块接触,同时使仪器的示值于零位或其邻近的某一值,移动量块,使量块同一部位依次地与平面测帽前后左右四个方位接触,每一方位的接触位置为

测帽直径的四分之一,并记下仪器的示值 a_1、b_1、c_1 和 d_1(μm)。然后不改变臂架位置,只将光管提升至所需位置,取下 10mm 量块,换上尺寸为 70mm 的 4 等量块,同样用上述方法记下仪器的示值 a_2、b_2、c_2 和 d_2(μm)。再取下 70mm 量块、将光管下降至原位,重新将 10mm 量块放置在工作台上,按上述方法,同样记下仪器的示值 a_3、b_3、c_3 和 d_3(μm)。只将臂架沿立柱升高至所需位置,用尺寸为 100mm 的 4 等量块替换 10mm 量块,再以上述方法并记下仪器的示值 a_4、b_4、c_4 和 d_4(μm)。

由光管沿臂架升降引起平面测帽测量面与工作台面之间平行度的变化量按(4.24.2)、(4.24.3)式计算。

$$\Delta_{ab} = (a_2 - b_2) - (a_1 - b_1) \quad (\mu m) \tag{4.24.2}$$

$$\Delta_{cd} = (c_2 - d_2) - (c_1 - d_1) \quad (\mu m) \tag{4.24.3}$$

由臂架沿立柱升降引起平面测帽测量面与工作台面之间平行度的变化量按(4.24.4)、(4.24.5)式计算:

$$\Delta_{ab} = (a_4 - b_4) - (a_3 - b_3) \quad (\mu m) \tag{4.24.4}$$

$$\Delta_{ab} = (a_4 - b_4) - (a_3 - b_3) \quad (\mu m) \tag{4.24.5}$$

按(4.24.2)、(4.24.3)、(4.24.4)、(4.24.5)式求得数值的绝对值均应符合要求。

对于带投影装置的立式光学计,应分别在安装和不安装投影装置时检定。

(3)示值误差

用 2 等量块检定,或者用 3 等量块以"配对法"检定。

受检点应至少分布在 ±30,±60 和 ±90 μm 六个位置。

检定前,在测量杆上安装球面测帽。卧式光学计的光管和尾管测量杆上的球面测帽应调整至正确状态。在立式光学计的工作台上安置三球工作台,其中心应处在测量轴线上。

当示值误差采用 2 等量块以直接法检定时,可选用尺寸间隔为 0.03μm 的四块量块,如1、1.03、1.06 和 1.09mm 四块。先以最小尺寸的量块对准零位,其他各尺寸的量块依次按正向检定刻度的示值误差;再以最大尺寸的量块对准零位,其他各尺寸的量块依次按负向检定刻度的示值误差。也可以选用尺寸间隔为 0.03mm 的七块量块,如 1、1.03、1.06、1.09、1.12、1.15 和 1.18mm 七块,以中值量块对准零位,其他各尺寸的量块分别按正向和反向依次检定刻度的示值误差。各受检点的示值误差 δ_i 按下式计算:

$$\delta_i = r_i - (l_i - l_0)1000 \; \mu m \tag{4.24.6}$$

式中:r_i——受检点上的读数值(μm);

l_i——受检点上所用量块的实际尺寸(mm);

l_0——对准零位用量块的实际尺寸(mm)。

当示值误差采用 3 等量块以"配对法"检定时,每一受检点应选用尺寸相互有联系的三块量块配两对检定。以第一块量块对准零位,第二块量块检定受检定点的示值误差;再以第二块量块对准零位,第三块量块检定受检点的示值误差。检定正向刻度时,量块尺寸按递增方式进行,检定负向刻度时,量块尺寸按递减方式进行。以"配对法"检定时所用量块的尺寸见表 4.24.2 所列。

表 4.24.2　"配对法"检定时所用量块的尺寸表

受检点(μm)	+30	+60	+90	−30	−60	−90
量块尺寸 （mm）	1 1.03 1.06	1 1.06 1.12	1 1.09 1.18	1.06 1.03 1	1.12 1.06 1	1.18 1.09 1

每一受检点的示值误差 δ 按(4.24.7)式计算

$$\delta = \frac{(r_1 + r_2) - (l_1 - l_2)1000}{2} \ (\mu\mathrm{m}) \tag{4.24.7}$$

式中：r_1, r_2——第一对和第二对量块检定时受检点上的读数值(μm)；

$\quad\quad l_1, l_2$——分别为第一对中对准零位用量块的实际尺寸(mm)和第二对中检定示值误差用量块的实际尺寸(mm)。

例如：以"配对法"检定$\pm 60(\mu\mathrm{m})$点时，所用量块尺寸，按仪器读得的数值以及数据处理表 4.24.3 和表 4.24.4。

表 4.24.3　"配对法"检定时的数据处理表 1

0～+60μm			0～−60μm		
对准零位用 量块（mm）	检定+60μm 用量块（mm）	按仪器读数 （μm）	对准零位用 量块（mm）	检定−60μm 用量块（mm）	按仪器读数 （μm）
1	1.06	+60.05	1.12	1.06	−60.10
1.06	1.12	+60.10	1.06	1	−60.05
$r_1 + r_2$	+120.15		$r_1 + r_2$		−120.15

表 4.24.4　"配对法"检定时的数据处理表 2

1mm 量块的实际尺寸 0.99996	1.12mm 量块的实际尺寸 1.1991
受检点 60 的示值误差： $\delta_{+60} = \dfrac{(+120.15) - (1.11991 - 0.99996)1000}{2}$ $= +0.1(\mu\mathrm{m})$	受检点 −60 的示值误差： $\delta_{-60} = \dfrac{(-120.15) - (0.99996 - 1.11991)1000}{2}$ $= -0.1(\mu\mathrm{m})$

4. 实验报告内容及要求

(1)实验目的和要求

(2)数据处理及实验结果

(3)判断设备是否合格

(4)讨论

5. 参考文献

[1]李岩,花国梁. 精密测量技术(修订版)[M].北京:机械工业出版社,2001

[2]何频,郭连湘. 计量仪器与检测(上册)(第 1 版)[M].北京:化学工业出版社,2006

[3]林玉池,毕玉玲,马凤鸣.测控技术与仪器实践能力训练教程(第 2 版)[M].北京:机械工业出版社,2009

[4]武晋燮.几何量精密测量技术(第 1 版)[M].哈尔滨:哈尔滨工业大学出版社,1989

[5]童竞主编.几何量测量(第 1 版)[M].北京:机械工业出版社,1988

[6]于春泾,齐宝玲.几何量测量实验指导书(第 1 版)[M].北京:北京理工大学出版社,1992

实验 4.25　万工显检定

1. 实验目的和要求

(1)了解万工显的工作原理与使用方法。

(2)了解万工显的检定要求,学会检定方法。

2. 实验仪器及材料

万工显,自准直仪,量块。

3. 实验内容及步骤

(1)纵横向滑板移动的直线度

1)要求:不超过表 4.25.1 的规定。

2)检定方法:用分度值为 1″的自准直仪检定,再用分度值为 0.001mm 的扭簧测微表和专用平尺(平面度不大于 0.3μm)检定。

表 4.25.1　纵横向滑板移动的直线度

型　式			万工显	大工显	小工显
直线度	(″)		5	10	20
	垂直方向	(μm)	5	10	10
	水平方向		2	4	4

用自准直仪检定时:将平面反射镜安置在仪器的滑板或工作台面上,自准直仪安装在仪器的基座上。检定在小型工具显微镜时,应将仪器和自准直仪安装在同一基体(如平板)上,调整自准直仪和反射镜,使其平行于滑板行程方向。将滑板以正反向移动全行程,按自准直仪读数。最大与最小读数的差值即为滑板移动的直线度。用自准直仪检定时:将平面反射镜安置在仪器的滑板或工作台面上,纵向和横向滑板移动的直线度,在水平和垂直两个方向上均要检定。

用测微表和平尺检定时:将测微表用夹具固定在仪器的主显微镜上,平尺安装在仪器的工作台上,并调整至与滑板移动方向平行。调整测微表,使其测量轴线垂直于平尺测量面。升降主显微镜臂架或移动滑板,使测微表的测量头与平尺测量面接触,同时使表的示值于零位或其邻近的某一值。以正向和反向移动滑板全行程,观看测微表上的示值变化。用测微表和平尺检定纵横向滑板移动的直线度,也应在水平和垂直两个方向上进行。

(2)纵横向滑板移动的垂直度

1)要求:万能工具显微镜不超过 6″或 0.003mm/100mm。

用自准直仪检定时:将平面反射镜安置在仪器的滑板或工作台面上,大型工具显微镜不超过 20″ 或 0.005mm/50mm；小型工具显微镜不超过 30″ 或 0.004mm/25mm。

2）检定方法：用矩形直角尺和分度值为 0.001mm 的扭簧测微表检定。

检定时，将直角尺安装在仪器的工作台上。测微表借助夹具安装在主显微镜上，并调整表的测量轴线处于水平状态，且与横向滑板移动方向平行。移动横向滑板，使测微表的测量头与直角尺工作面接触。调整直角尺使其长工作面平行于纵向滑板移动方向。然后改变测微表的测量方向，使表的测量轴线垂直于直角尺的短工作面。移动纵向滑板，使测微表的测量头与直角尺的短工作面接触，并使表的示值于零位或邻近的某一值。移动横向滑板，观看测微表上的示值变化。对所用直角尺的直角偏差加以修正后，即为纵横向滑板移动的垂直度的测得值。

对于小型工具显微镜纵横向滑板移动垂直的检定，亦可用四方体按上述方法进行。

使用中和修理后的大小型工具显微镜纵横向滑板移动的垂直度，可以用尺寸为 100×63mm 的刀口直角尺检定。检定时，将刀口直角尺固定在工作台上。升降主显微镜臂架，直至看到清晰的直角尺的刀口影像。借助工作台，使直角尺的长边平行于纵向滑板移动方向。移动纵向滑板，使直角尺的短边离端部 5mm 处刀口影像与测角目镜中的十字线交点对准，同样记下纵向读数装置的示值 a_1。移动横向滑板全行程后，移动纵向滑板，使直角尺刀口影像再次与测角目镜中的十字线交点对准，同样记下纵向读数装置的示值 a_2。将刀口直角尺翻转 180° 方位，按上述方法再次检定，得纵向读数装置的示值 b_1 和 b_2。纵横向滑板移动的垂直度 Δ 按（4.25.1）式求得

$$\Delta = \frac{1}{2}((a_2 - a_1) + (b_2 - b_1)) \,(\text{mm}) \tag{4.25.1}$$

（3）立柱位于零位时，主显微镜的镜筒移动方向与工作台面的垂直度

1）要求：万能工具显微镜不超过 2′ 或 0.01mm/16mm；大小型工具显微镜不超过 3′ 或 0.01mm/16mm；镜筒在移动中的转动不超过 1′。

2）检定方法：用尺寸为 40mm 的平行平晶和十字线分划板检定。

检定时，将十字线分划板固定于仪器的工作台面上。转动显微镜的镜筒至最低位置，升降主显微镜的臂架，直至在测角目镜中见到清晰的分划板十字线的影像为止。紧固显微镜的臂架后，转动测角度盘，使其处于零位。调整十字线分划板，使其水平线或垂直线的影像与测角目镜中的十字线的水平线或垂直线相平行。移动纵向和横向滑板，使两十字线对准，并记下纵横向读数装置的示值 a_1、b_1（mm）。这时，将平行平晶放在十字线分划板上，转动显微镜筒移动的手轮，直至在测角目镜中见到清晰的分划板十字线的影像为止，再移动纵横向滑板，使两十字线的交点对准，再次记下纵横向读数装置的示值 a_2、b_2（mm）。主显微镜的镜筒移动方向与工作台面的垂直度 Δ 按（4.25.2）式计算求得

$$\Delta = \frac{3438n}{L(n-1)} \sqrt{(a_2 - a_1)^2 + (b_2 - b_1)^2} \,(\text{分}) \tag{4.25.2}$$

式中：L——平行平晶的尺寸（mm）；

　　　n——平行平晶的玻璃折射率。

在检定主显微镜镜筒移动方向与工作台面的垂直度的同时，转动测角目镜的十字线，使其与分划板的十字线方向一致，并从测角显微镜中读数。前后两次读数差即为镜筒的转动量。

(4)测角目镜处于零位时,测角目镜的十字线与滑板移动方向的平行度

1)要求:不大于 $1'$。

2)检定方法:用尺寸为 100×63(mm)的刀口直角尺检定。

检定时,将直角尺放置于仪器的工作台上,升降主显微镜架,在主显微镜中见到清晰的直角尺的刀口影像。调整工作台,使直角尺的长边刀口影像平行于纵向滑板的移动方向。转动测角目镜的十字线分划板,其水平线与直角尺的长边刀口影像平行。观察测角显微镜的示值是否为零,若不是零,则读出其偏差。

移动纵向滑板,使直角尺的短边刀口影像位于测角目镜中十字线的交点处,转动十字线分划板,使其垂直线与直角尺短边刀口影像平行,再观察测角显微镜的示值是否为零,若不为零,则读出其偏差。

上述所测得的偏差,均应符合要求。

4. 实验报告内容及要求

(1)实验目的和要求

(2)数据处理及实验结果

(3)判断设备是否合格

(4)讨论

5. 参考文献

[1]李岩,花国梁. 精密测量技术(修订版)[M].北京:机械工业出版社,2001

[2]何频,郭连湘. 计量仪器与检测(上册)(第 1 版)[M].北京:化学工业出版社,2006

[3]林玉池,毕玉玲,马凤鸣. 测控技术与仪器实践能力训练教程(第 2 版)[M].北京:机械工业出版社,2009

[4]武晋燮. 几何量精密测量技术(第 1 版)[M].哈尔滨:哈尔滨工业大学出版社,1989

[5]童竞主编. 几何量测量(第 1 版)[M].北京:机械工业出版社,1988

[6]于春泾,齐宝玲. 几何量测量实验指导书(第 1 版)[M].北京:北京理工大学出版社,1992

实验 4.26　用投影一米测长机检定量块

1. 实验目的和要求

(1)了解投影一米测长机的工作原理和使用方法。

(2)熟悉和掌握量块检定中的直接测量法。

2. 实验仪器及材料

投影一米测长机,量块。

3. 实验原理

图 4.26.1 为 1m 测长机的示意图。图 4.26.1 中,6 是机身,在它的床面上装有刻线尺 7 和分划板 14。刻线尺 7 上从 0 到 100mm 内共有刻线 1000 条,故每格为 0.1mm;分划板 14 共有 10 块,每块相距 100mm,在每一块上面刻有一对刻线和自 0～9 之间的一个数字,分别代表每一分划板距刻线尺 7 零刻线的距离的分米值。光线自光源 15,经聚光镜、滤光片、

反射镜后照亮分划板 14。由于分划板位于物镜组 11 的焦平面上，故光线通过 14 后，经直角棱镜 12 和物镜组 11 后便形成平行光束，经同样焦距的物镜组 9 和棱镜 8 后，使分划板 14 成像于刻线尺 7 上（因刻线尺 7 亦放置在物镜组 9 的焦平面上）。通过读数显微镜 3 进行读数，小于 0.1mm 的读数由光学计管 2 完成。如图 4.26.2 所示。

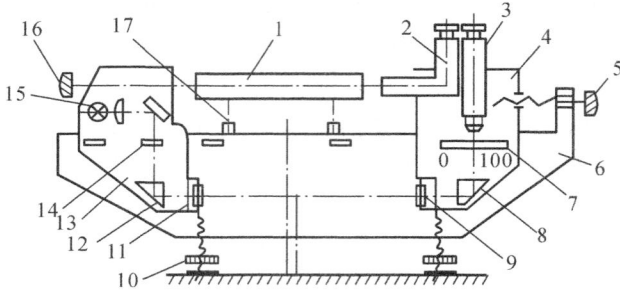

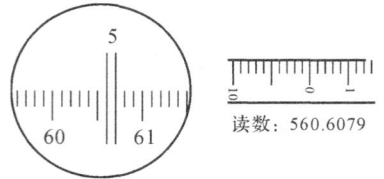

图 4.26.1　投影测长机外形示意图　　　　图 4.26.2　投影测长机读数

由图 4.26.1 可见，被测工件 1 与线纹尺 7、分划板 14 是平行放置的，因而违背了阿贝测长原则，理应产生很大的测量误差。但是，由于在设计上采用了对称的棱镜和物镜系统，使误差基本上得到了综合的补偿，从而保证了本仪器仍然具有较高的测量精度。如图 4.26.3 所示，由于床身导轨直线度误差等原因使尾架移动时绕 S 点偏转了一个 φ 角，在测量线上使被测量线段减小了 Δl（尾架 13 上的测量头从 A 点移到了 A₁ 点），由图 4.26.3 中几何关系可得

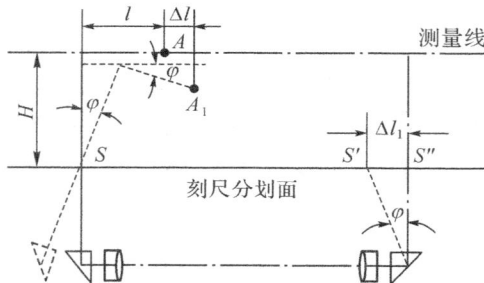

图 4.26.3　爱帕斯坦（Epenstien）原则

$$\Delta l = H\sin\varphi + l\cos\varphi - l$$

但由于尾架偏转了 φ 角，和尾架装在一体的棱镜 12、物镜 11 也同时偏转了 φ 角。这样，由物镜 11 射出的平行光束也随着向下与水平光轴倾斜 φ 角。于是经右方物镜 9 和棱镜 8 后，分划板上 S 的象由 S′ 移至 S″，其移动方向与尾架测头的移动方向相反，如 $\overline{S'S''} = \Delta l_1$，则

$$\Delta l_1 = F\tan\varphi$$

式中：H ——测量线与刻线尺表面间的距离；

　　　F ——准直物镜 9 和 11 的焦距；

　　　φ ——尾架偏转角；

　　　l ——尾架测头顶端距 S 点的垂线的距离。

S 点的像由 S′ 移到 S″，在刻线尺 7 上意味着读数的减小，因此 Δl_1 和 Δl 起了补偿作

用,因此测量误差 ΔL 为

$$\Delta L = \Delta l - \Delta l_1$$

$$= H\sin\varphi + l\cos\varphi - l - F\tan\varphi$$

将上式展开,略去三次方并化简后得

$$\Delta L = (H-F)\varphi - l\frac{\varphi^2}{2}$$

如取 $H=F$,则 $\Delta L = -l\frac{\varphi^2}{2}$　　　　　　　　　　　　　　　　　　(4.26.1)

此为二阶微量误差,故影响不大,此即爱帕斯坦原则。

4. 实验内容及步骤

(1)量块的准备

将被检量块用航空汽油清洗干净,并用清洁量块布擦净。

(2)量块的夹持

根据量块的不同名义尺寸选用不同规格的量块支承架夹持量块,且正确选择量块的安装状态(即量块的测量轴线处于水平状态)。

(3)测帽的选择和安装

测帽选择的原则是被测件与测帽的接触面为最小,即近于点或线。

测量量块时,测座与尾座的测杆上均应选用球面测帽。要求两测帽的球面顶点均在测量轴线上。方法是将测座与尾座移近使两测帽互相接触,调整微调机构,使光学计管的示值对准某数(如零)。然后用螺丝刀拧动尾管上两个互相垂直螺钉,可以看到光学计管的示值变化的最大转折点时,这项要求即已达到。

(4)测量

1)量块中心长度直接测量要点

①起始零位

ⅰ)粗定位:将头架组移至 100mm 金属分划尺的零刻线处,将尾架移至 900mm 金属分划尺的零刻线处,应使"分米尺"的标记落在 mm 投影窗居中位置。

ⅱ)套线:转动锁紧手轮,将头架组锁紧在测微杆上,再转动微动手轮,进行套线瞄准,如图 4.26.3 所示。

ⅲ)微米对零:松开十字胶木旋钮,粗动尾管,让其与测头良好接触,再用十字胶木旋钮将尾管固定,旋转微动螺丝,让微米分划板的零刻线瞄准指标线(直线),调整测帽,使两个测帽在水平和垂直方向彼此平行。再旋转螺丝让微米分划板的零刻线瞄准指标线(虚线)。

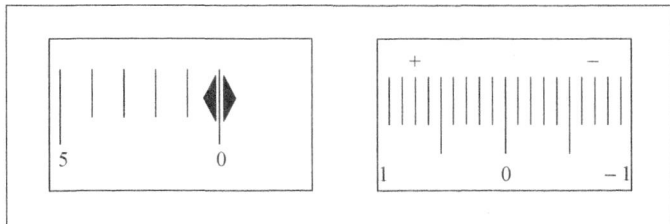

图 4.26.4　仪器对零时投影窗的图

ⅳ）读数：微动测座数次，可相应地由光学计管得到的读数为 o_1、o_2、o_3、o_4。再读出仪器上标尺的温度 t_{s1}，作为起始零位的起始温度，并一起记录下来。

②量块的测量

本仪器分米读数从 900mm 金属分划尺读出，毫米、微米由投影窗读出。

若测量工作时投影情况如图 4.26.5 所示，这时

分米读数（900mm 金属分划尺指示）假设 500

毫米读数	20.1
微米读数	-0.0080
被测件读数	520.0920mm

测量时应注意的是：应反复调整工作台的微调机构倾转量块，从投影窗中看到示值为最小的转折点，测帽测球面顶点应对准量块测量面的中心。

读出量块温度 t 记录下来。微动测座数次，重复图 4.26.4(a)的对准。设在投影窗的读数为 q_1、q_2、q_3、q_4。再读出量块温度 t_2，并记录下来。

③终了零位

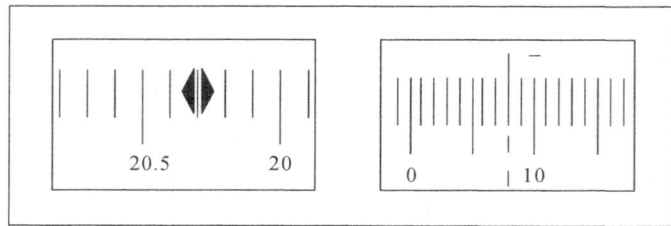

图 4.26.5　读数窗图

取下量块支承架上的量块和温度计，重复(a)的程序操作，读出终了零位。设投影窗内的读数为 o'_1、o'_2、o'_3、o'_4，再读出仪器标尺的温度 t_3，并记录下来。

2）量块平面平行性直接测量要点

假如仪器和量块是在中心长度测定以后的状态，平面平行性的测量可按下述步骤进行：

①移开测座和尾座，使两侧帽顶点之间的距离足以放下被检量块。

②把工作台置于两测帽之间。

③把量块连同支承架一起安装在仪器工作台上。

④移动尾座，使测帽顶点与量块测量面的中心相接触，使工作台游动台面处于工作台中间。

⑤移动测座，使测帽顶点与量块另一测量面中心相接触，当投影窗的示值指到零位附近时，固紧测座于导轨上。

⑥由工作台的倾转机构倾转量块，在投影窗内看到读数的最小转折点时停止。调整工作台平移机构使球面测帽的顶点对准量块测量面中心 Q。

⑦调整测座或尾座微调机构，把投影窗内的示值调整到零。拨动拨叉数次，配合工作台的倾转，若光学计管稳定的读数为 q'_1。然后按图 4.26.5 顺序 q、a、b、c、d 和 d、c、b、a、q，测出各点的读数。设读数为 q_1、a_1、b_1、c_1、d_1 和 d_2、c_2、b_2、a_2、q_2，把它们都记录下来。量块平面平行性即测量完毕了。

值得注意的是测量各点长度时都要找到最小值。

（5）结果计算

中心长度实测尺寸（L）为

$$L = q_{cp} - \frac{1}{2}(o_{cp} + o'_{cp}) + L_{s2} + L_{s3}$$

式中：L_{s2}——毫米读数

　　L_{s3}——分米读数。

平面平行性偏差（h）为

$$h_a = \frac{1}{2}[(a_1 + a_2) - (q'_1 + q'_2)]$$

$$h_b = \frac{1}{2}[(b_1 + b_2) - (q'_1 + q'_2)]$$

$$h_c = \frac{1}{2}[(c_1 + c_2) - (q'_1 + q'_2)]$$

$$h_d = \frac{1}{2}[(d_1 + d_2) - (q'_1 + q'_2)]$$

在 h_a、h_b、h_c、h_d 中取绝对值最大的作为 h，即为被检量块实测的平面平行性偏差。

5. 实验报告内容及要求

（1）实验目的和要求

（2）数据处理及实验结果

（3）思考题

1）在测量各点长度时，为什么都要寻找最小值？

2）为什么说投影一米测长机的布局不符合阿贝原则，如何解决？

3）精密测量误差的主要来源是什么？

（4）讨论（或扩展实验设计）

6. 参考文献

[1]李岩,花国梁.精密测量技术(修订版)[M].北京:机械工业出版社,2001

[2]何频,郭连湘.计量仪器与检测(上册)(第 1 版)[M].北京:化学工业出版社,2006

[3]林玉池,毕玉玲,马凤鸣.测控技术与仪器实践能力训练教程(第 2 版)[M].北京:机械工业出版社,2009

[4]武晋燮.几何量精密测量技术(第 1 版)[M].哈尔滨:哈尔滨工业大学出版社,1989

[5]童竞主编.几何量测量(第 1 版)[M].北京:机械工业出版社,1988

[6]于春泾,齐宝玲.几何量测量实验指导书(第 1 版)[M].北京:北京理工大学出版社,1992

实验 4.27　排列互比法测量多面棱体

1. 实验目的和要求

(1)掌握排列互比法测量多面棱体方法。

(2)了解测角仪的基本结构与工作原理。

(3)掌握排列互比法数据处理方法。

2. 实验仪器及材料

测角仪,多面棱体。

3. 实验原理

(1)仪器概述

本实验使用的测角仪为上海光学仪器厂32J0.5秒测角仪,度盘最小分度值10分;秒尺量程5分,分度值为0.5秒,测角仪结构如图4.27.1所示,它由底座6、平行光管1、自准直望远镜2、读数显微镜7、主体、工作台3等组成。

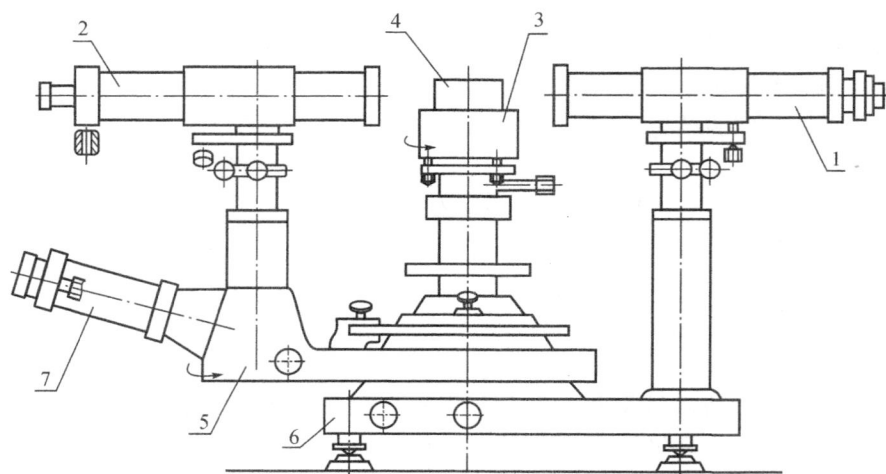

图 4.27.1　测角仪结构简图

1.平行光管　2.自准直望远镜　3.工作台　4.四面体　5.照准器　6.底座　7.读数显微镜

底座上装有主轴和平行光管,主轴采用长圆柱密珠轴系结构,因而运转灵活,稳定可靠,底座下有三个调整螺钉,可调整仪器至水平。

平行光管中带有十字分划板,在其一旁装有狭缝,并可改变狭缝宽度。光管还可作微倾的调节。

望远镜中带有双线瞄准分划板、自准十字分划板、自准测微目镜。当用自准直测量时,自准测微目镜鼓轮可作测微器使用。

主体上有轴套、望远镜、读数显微镜、度盘。有专用手轮,可使度盘单独转动;度盘、工作台一起转动以及使用回转臂5实现望远镜、读数显微镜相对度盘的转动。

工作台下面有三个调整螺钉,可使被测件表面调整至与望远镜光轴或主轴轴线垂直。

工作台可单独转动。

(2)工作原理

仪器的光学系统由瞄准和读数两部分组成。瞄准系统为平行光管和望远镜采用内调焦的结构,对被测面进行瞄准定位。读数系统由度盘对径刻线通过双臂符合光路系统合象,可消除偏心引起的系统误差。

测角仪采用比较或直接法测量角度,即棱体角度(作标准)与测角仪的度盘进行比较,或反之。

图 4.27.2 中,当望远镜瞄准棱体(图中是角度块)两工作面 A、B 时,在读数显微镜中读得 α_A、α_B,工作台的转角为的 β,这时 α 角的实际值为

$$\alpha = 180° - (\alpha_B - \alpha_A) = 180° - \beta \tag{4.27.1}$$

显然 β 角为 α 角的补角(或外角)。

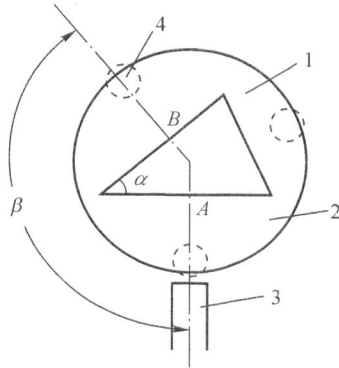

图 4.27.2　测量原理图
1.角度块　2.工作转台　3.望远镜　4.读数显微镜

4. 实验内容及步骤

(1)测量

将测角仪调整至工作状态。把六面棱体(本实验以十二面体代作六面体)放在测角仪回转工作台上,调整棱体中心与工作台回转轴线重合,其偏离不应大于 0.02mm。调整自准直光轴垂直于工作台回转轴线,瞄准棱体各工作面中心时反射回来的水平线向应位于视场中间。测量可分六个测回进行。

第一测回时,将度盘配置于 0°的位置,并使自准直光管瞄准棱体 0°工作面中心,即使光管光轴垂直于该面,从测角仪测微器中读取读数。取 3 次瞄准、读数的平均值为 a_1。按度盘读数增加方向旋转度盘与棱体,瞄准棱体 60°工作面,以上述相同方法取得测量值 a_1。

依次瞄准棱体 120°、180°、240°和 300°工作面,分别得到测量值 a_3、a_4、a_5 和 a_6。

第二测回时,将度盘起始位置配置于 60°,自准直光管仍瞄准棱体 0°工作面。重复上述整周测量,依得到瞄准棱体 0°、60°、…、300°工作面时的测量值 b_1、b_2、…、b_6。

以度盘 120°、180°、240°和 300°为起始位置,重复上述整周测量,可分别得到第三、四、五和六测回的各测量值 c_1、c_2、…、c_6；d_1、d_2、…、d_6；e_1、e_2、…、e_6 和 f_1、f_2、…、f_6。

每个测回测完以后,均应使仪器回零位。即自准直光管重新瞄准棱体 0°工作面时,测

角仪测微器应取得与 a_1 和 b_1、…、f_1 相同的测量值。如用高精度测角仪度盘以排列互比法测量一级多面棱体时，回零误差不应超过 $0.3''$。否则此测回要重测。

（2）数据处理

将各测回有效的测量值填入表 4.27.1，并在表中进行运算即可求得被测棱体各工作角分度误差。

如若想利用这些数据求得与六面棱体互比的测角仪度盘相应刻度的零起刻线误差，在表 4.27.1 右侧求出相应测量值的斜行和后，也可以通过简单计算求得。值得注意的是各斜行和为

$$t_1 = a_1 + b_6 + c_5 + d_4 + e_3 + f_2$$
$$t_2 = a_2 + b_1 + c_6 + d_5 + e_4 + f_3$$
$$t_3 = a_3 + b_2 + c_1 + d_6 + e_5 + f_4$$
$$\cdots\cdots\cdots\cdots\cdots\cdots\cdots\cdots\cdots\cdots\cdots\cdots\cdots\cdots\cdots$$
$$t_6 = a_6 + b_5 + c_4 + d_3 + e_2 + f_1$$

表 4.27.1　实验数据记录表

测回序号	度盘起始位置	棱体位置及测量值						斜行和 t_i	度盘零起刻线误差 $\delta_{\varphi i} = \frac{1}{6}(t_1 - t_i)$
		$0°$	$60°$	$120°$	$180°$	$240°$	$300°$		
1	$0°$	a_1	a_2	a_3	a_4	a_5	a_6	t_1	$\delta_0 = 0$
2	$60°$	b_1	b_2	b_3	b_4	b_5	b_6	t_2	δ_{60}
3	$120°$	c_1	c_2	c_3	c_4	c_5	c_6	t_3	δ_{120}
4	$180°$	d_1	d_2	d_3	d_4	d_5	d_6	t_4	δ_{180}
5	$240°$	e_1	e_2	e_3	e_4	e_5	e_6	t_5	δ_{240}
6	$300°$	f_1	f_2	f_3	f_4	f_5	f_6	t_6	δ_{300}
竖行和 s_i		s_1	s_2	s_3	s_4	s_5	s_6		
棱体工作角偏差 $\Delta\alpha_i = \frac{1}{6}(s_i - s_1)$		$\Delta\alpha_1$	$\Delta\alpha_2$	$\Delta\alpha_3$	$\Delta\alpha_4$	$\Delta\alpha_5$	$\Delta\alpha_6$		

由于测角仪测微器的读数增加方向与度盘刻度增加方向相反，故求度盘零起刻线误差的公式与求棱体工作角偏差的公式是不一样的。

采用排列互比法测量分度间隔为 n 的圆分度器件时，需要测量的测回数与每个测回需包含的测量值个数均为 n，其计算表格形式与表 4.27.1 类似。假设测量每个测量值的标准误差是相同的，用 σ_θ 表示。按照测量误差的传递规律，由上述方法求得的各分度误差（包括参加互比的两个圆分度器件）的测量标准误差也是相同的，即为

$$\sigma_{\Delta\alpha} = \sqrt{\frac{2}{n}}\sigma_\theta \qquad\qquad (4.27.1)$$

因此测量的极限误差为

$$\delta_{\lim}\Delta\alpha = \pm 2\sigma_{\Delta\varphi} = \pm 2.8\frac{\sigma_\theta}{\sqrt{n}} \qquad\qquad (4.27.2)$$

由此式可知,用排列互比法测量的误差与单个测量误差成正比,并随圆分度器件间隔数 n 的增多而减少。但 $n>12$ 以后,测量工作仍以平均的速度在增加,而测量误差却减小得很慢,故一般取 $n\leqslant12$。为提高排列互比法的测量精度,采用高精度的角度测微器是必要的。如两个棱体或两个多齿盘互比时,采用分度值为 $0.1''$ 的光电自准直仪,以减小单个测量值的误差。

5. 实验报告内容及要求

(1)实验目的和要求

(2)数据处理及实验结果

(3)思考题

1)用排列互比法测量多面棱体与用全组合常角法测量多面棱体两种方法各有什么优缺点?

2)为什么排列互比法能进行度盘与棱体的互检,主要根据什么原理?

(4)讨论

6. 参考资料

[1]李岩,花国梁. 精密测量技术(修订版)[M].北京:机械工业出版社,2001

[2]何频,郭连湘. 计量仪器与检测(上册)(第1版)[M].北京:化学工业出版社,2006

[3]林玉池,毕玉玲,马凤鸣.测控技术与仪器实践能力训练教程(第2版)[M].北京:机械工业出版社,2009

[4]武晋燮.几何量精密测量技术(第1版)[M].哈尔滨:哈尔滨工业大学出版社,1989

[5]童竞主编.几何量测量(第1版)[M].北京:机械工业出版社,1988

[6]于春泾,齐宝玲.几何量测量实验指导书(第1版)[M].北京:北京理工大学出版社,1992

实验 4.28　用分度头测量圆度误差

1. 实验目的和要求

(1)了解分度头的工作原理;

(2)掌握在分度头上测量圆度误差的方法及圆度误差判断方法。

2. 实验仪器及材料

分度头,工件。

3. 实验原理

(1)仪器概述

光学分度头是一种通用光学量仪,应用很广泛。光学分度头的类型很多,但其共同特点是都具有一个分度装置,而且分度装置与传动机构无关,所以可以达到较高的分度精度。此外,光学分度头还带有阿贝头、指示表、定位器等多种附件,所以除测量角度外,还可测量齿轮升程、齿轮齿距等。分度头的分度值多以秒计,本实验测量圆度误差,对回转角度的精度要求不高,故采用了分度值为 $1'$ 的分度头。

（2）工作原理

图 4.28.1 是分度值为 $1'$ 的光学分度头的结构图。分度头的玻璃刻度盘安装在主轴上，可以随主轴一起回转。在度盘的圆周上刻有 360 条度值刻线。由光源发出的光线射到玻璃刻度盘上之后，经物镜及一系列棱镜成像于分划板，在分划板上刻有 61 条分值刻线，由于分划板也位于目镜焦平面上，故由目镜可以读出主轴回转的角度。图 4.28.2 为目镜视场的图像，其读数为 $24°33'$。

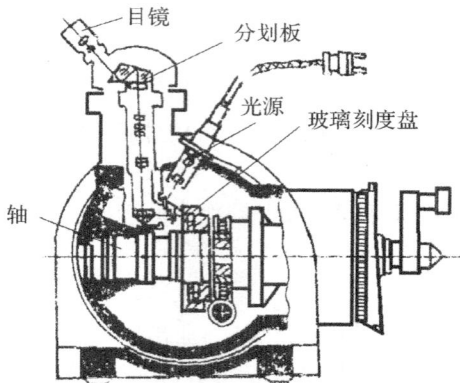

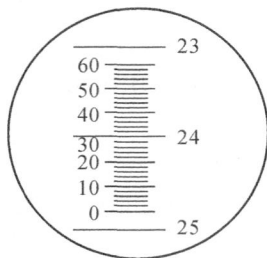

图 4.28.1　分度值为 $1'$ 的光学分度头的结构图　　　图 4.28.2　目镜视场的图像

4. 实验内容及步骤

（1）将被测零件装在光学分度头的两顶尖之间，并将指示表的测头靠在零件上。前后移动指示表，使其测头与零件最高点相接触（即指针的转折点位置），见图 4.28.3。

（2）将分度头外面的活动度盘转至 $0°0'$，记下指示表上的读数。

（3）转动手轮，注视活动度盘使分度头每转过 $30°$（即 $30°$、$60°$、…、$90°$），就由指示表上读取一个数值。

（4）将上述读数标在圆坐标纸上并连成一误差曲线。用一放大比与圆坐标纸相同的同心圆模板（图 4.28.4），按四点相间准则使模板上的两个圆同时包容该误差曲线，则这两个同心圆的半径差除以放大倍数，就是该零件的圆度误差。

亦可将指示表改换为电感测头并连接到计算机上，圆度误差值可直接由计算机显示或打印出来。

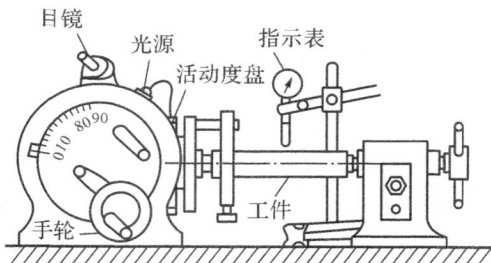

图 4.28.3　圆度测量示意图　　　　　图 4.28.4　同心圆模板

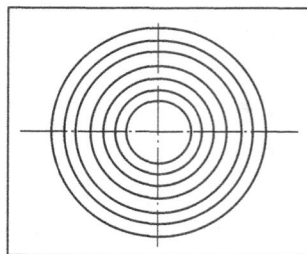

5.实验报告内容及要求

(1)实验目的和要求

(2)数据处理及实验结果

(3)思考题

1)圆度误差的评定方法有几种?

2)用分度头测量圆度引起的误差主要有哪几个方面?

(4)讨论

用所学的理论知识对实验结果进行分析。

6.参考资料

[1]李岩,花国梁.精密测量技术(修订版)[M].北京:机械工业出版社,2001

[2]何频,郭连湘.计量仪器与检测(上册)(第 1 版)[M].北京:化学工业出版社,2006

[3]林玉池,毕玉玲,马凤鸣.测控技术与仪器实践能力训练教程(第 2 版)[M].北京:机械工业出版社,2009

[4]武晋燮.几何量精密测量技术(第 1 版)[M].哈尔滨:哈尔滨工业大学出版社,1989

[5]童竞主编.几何量测量(第 1 版)[M].北京:机械工业出版社,1988

[6]于春泾,齐宝玲.几何量测量实验指导书(第 1 版)[M].北京:北京理工大学出版社,1992

第 5 章

力学量计量

实验 5.1　电光分析天平检定砝码

1. 实验目的和要求

(1)了解电光分析天平的测量原理。

(2)掌握单次替代称量法检定砝码。

2. 实验仪器及材料

电光分析天平,标准砝码,被检砝码,温度计、湿度计和气压计等。

3. 实验原理

(1)电光分析天平

电光分析天平也称半自动电光分析天平,是一种利用杠杆原理的机械式天平,在进行质量量值传递和各种衡量工作时经常用到。

1)工作原理

由物理学可知,杠杆是一种在外力作用下能绕固定轴转动的物体。固定轴称为支点,主动力作用点称为力点,被动力作用点称为重点,力与力臂的乘积为力矩。在杠杆平衡时,作用在杠杆上所有力矩之和为零,这就是杠杆的平衡原理。其中力点位于支点和重点之间的杠杆叫"第一类杠杆"。以下讨论的电光分析天平是一般常见的双盘等臂天平,显然其采用的是"第一类杠杆"。

2)仪器结构

电光分析天平外形结构见图 5.1.1。

外框:主要用来保护天平,防止外界气流、热辐射、湿气、尘埃等对天平的影响,包括框架、底板、底脚等。

立柱:是一管状空心圆柱体,是横梁的起落基架,天平制动器的升降拉杆穿过立柱空心孔,带动大小托翼上下运动,从而实现横梁的起落。在其上固定有中刀承、阻尼架、水准器等。

横梁:是天平的主要部件,其结构性能的优劣直接影响天平的计量性能,故有"天平心脏"之称。横梁上有刀子、刀承、平衡砣、重心砣、指针等。横梁上的三把刀是横梁的关键部件,刀子一般选用玛瑙、合成宝石、淬火钢等材料制成。工艺上对刀子的夹角及刃部的圆弧半径、粗糙度等均有严格的要求。

吊挂系统:主要起承重作用。包括秤盘、吊耳、阻尼器等。

光学读数系统:将微分标尺通过光学放大,以提高读数精度。

制动系统:主要开启和关闭天平,制止横梁及秤盘摆动。含开关器、升降杆、托翼、托盘等。

机械加码装置:用来自动加卸砝码,由加码字盘、操纵杆、组合凸轮、齿轮、加码杆等组成。

（2）单次替代称重法

1）具体步骤

①将标准砝码 m_B 放入右盘,左盘放入替代物 T 与之平衡,开启天平,记录平衡位置 L_B,关闭天平。

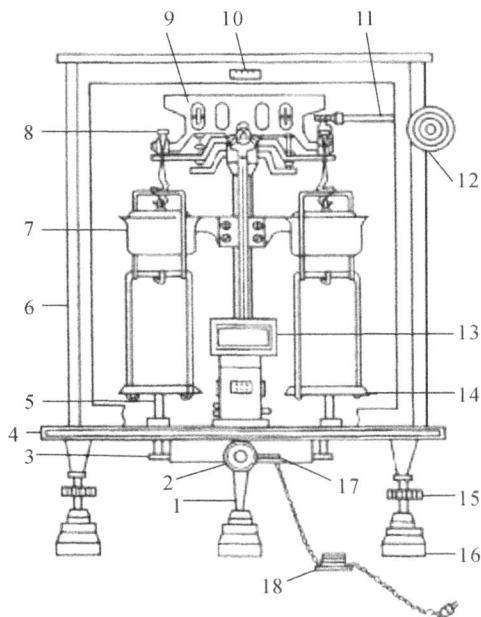

图 5.1.1　电光分析天平

1.固定脚　2.开关旋钮　3.盘托翼翅板　4.底板　5.盘托　6.框罩　7.阻尼器　8.吊耳　9.横梁　10.铭牌
11.机械加码装置　12.机械加码字盘　13.读数光屏　14.秤盘　15.水平调整脚　16.防震脚垫　17.零位微调杆
18.变压器

②左盘 T 不动,把右盘标准砝码 m_B 取下,由相同标称质量的被检砝码 m_A 替代,开启天平,若此时天平不平衡,则可以再较轻盘上添个标准小砝码 m_W 使天平平衡,记录平衡位置 L_A,关闭天平。

③若天平分度值 S 不知,则可以在右盘上加个标准小砝码 m_W,开启天平,读记平衡位置 L_{Ar},关闭天平,取下所有砝码,操作完毕。测得天平分度值 S:

$$S = \frac{m_W}{|L_{Ar} - L_A|} \qquad (5.1.1)$$

④被检砝码 m_A 的折算质量为

$$m_A^* = m_B^* + (V_A - V_B)\Delta\rho_K \pm (L_A - L_B)\frac{m_r^*}{|L_{Ar} - L_A|} \pm m_W^* \qquad (5.1.2)$$

⑤若不计空气浮力,且分度值 S 已知,则被检砝码 m_A 按下式计算:

$$m_A = m_B \pm (L_A - L_B)S \pm m_W \tag{5.1.3}$$

2)计算符号的确定

①平衡位置计算项前的正负号

若在放置被检砝码的一侧秤盘上添加小砝码后,如能使天平的平衡位置读数 $L_{A'}$ 相对于添加前的读数 L_A 的代数值增大时,则平衡位置计算项前取"+",否则取"－"。

②小砝码 m_W 前正负号确定

当标准小砝码 m_W 加在被检砝码的同一秤盘内,或为是标准砝码与替代物相平衡而在放置替代物的秤盘内添加小砝码 m_W 时,则相应的 m_W 项前取负号,否则取正号。

4.实验内容及步骤

(1)检定条件要求

1)检定实验室不允许有容易察觉的震动和气流,应尽量远离震源和磁源。实验室内的天平和砝码应避免阳光直接照射。

2)砝码的温度接近室温。

(2)称量前的检查与准备

实验前检查被检砝码是否已经清洁,清洁时不能去除任一块砝码材料,且不得改变砝码的表面特性。检查天平是否正常,天平是否水平,称盘是否洁净,圈码指数盘是否在"000"位,圈码有无脱位,吊耳有无脱落、移位等。检查和调整天平的空盘零点。用平衡螺丝(粗调)和投影屏调节杠(细调)调节天平零点,这是分析天平称重练习的基本内容之一。

(3)实验步骤

1)将被检砝码 m_B 置于天平左盘的中央,关上天平左门。按照"由大到小,中间截取,逐级试重"的原则在右盘加减砝码。试重时应半开天平,观察指针偏移方向或标尺投影移动方向,以判断左右两盘的轻重和所加砝码是否合适及如何调整。

注意:指针总是偏向质量轻的盘,标尺投影总是向质量重的盘方向移动。先确定克以上砝码(应用镊子取放),关上天平右门。再依次调整百毫克组和十毫克组圈码,每次都从中间量(500mg 和 50mg)开始调节。确定十毫克组圈码后,再完全开启天平,待标尺停稳后,记录平衡位置 L_B(读数读两次,最后取平均值),关闭天平。

2)右盘砝码和圈码(T)不动,把左盘标准砝码 m_B 取下,由相同标称质量的被检砝码 m_A 替代,开启天平,若此时天平不平衡,则可以再较轻盘上添个标准小砝码 m_W 使天平平衡,记录读数光屏上的平衡位置 L_A,关闭天平。

3)复原。称量数据记录完毕,即应关闭天平,取出被检砝码,用镊子将砝码放回砝码盒内,圈码指数盘退回到"000"位,关闭两侧门,盖上防尘罩。

4)根据记录的数据和天平分度值 S,按式(5.1.3)计算被检砝码质量,数据和计算结果填于表 5.1.1。

5.实验注意事项及预习要求

(1)标尺读数在 9~10mg 时,可再加 10mg 圈码,从屏上读取标尺负值。

表 5.1.1　实验数据记录表

检定环境温度：　　　　　　相对湿度：　　　　　　大气压力：

观察顺序	左盘	右盘	读数		平衡位置	添加小砝码	
			1	2		左盘	右盘
1							
2							

（2）计算被检砝码时，需注意平衡位置项和小砝码 m_w 计算项前的正负号。

6. 实验报告要求

（1）数据处理

（2）实验报告内容

1）实验目的和要求

2）数据处理及实验结果

3）思考题

①什么情况下被检砝码可以不计空气浮力对检定带来的影响？

②检定对标准砝码的质量扩展不确定度有何要求？

4）讨论

用所学的理论知识对实验结果进行分析。

7. 参考文献

[1]赵朝前.力学计量(第 1 版)[M].北京:中国计量出版社,2004

[2]中国计量科学研究院.JJG 99.2006 砝码检定规程[S].北京:国家质量监督检验检疫总局(发布),2006

实验 5.2　电子天平检定砝码

1. 实验目的和要求

（1）了解电子天平的工作原理。

（2）熟悉利用电子天平检定砝码。

2. 实验仪器及材料

梅特勒-托利多 EL 系列电子天平,标准砝码,被检砝码及温湿度计和气压计等设备。

3. 实验原理

（1）电子天平的工作原理

以目前准确性高、实用性强的采用电磁力补偿原理零位法检测的电子天平为例,其工作原理如图 5.2.1 所示。当电流 I 流过放置于永久磁场两极间的导体时,会产生电磁力 F,F 与电流强度的大小成正比,测量电流强度就能得知导体受力的情况,为此加上一些辅助装置：能加放被称物的秤盘,控制磁场中导体位置的位置指示器,在线路上加一个电流调节器及测量电流的仪器,这样就成了一个简单的天平。当秤盘上没有加放载荷时,电路中流过的电流正好使得处于同一水平位置的位置指示器的两个指针保持不动,即所谓零位,此时测量

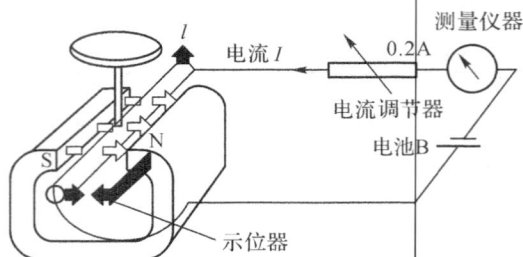

图 5.2.1　电子天平工作原理图

仪器指示器的电流值与零位对应,即天平的零点。当秤盘上加放被称物后,称量系统位置变化由位置指示器给出。为了使位置指示器指针恢复到零位,可通过调节电流调节器,使电路中的电流增加,直到位置指示器的两个指针又处于同一水平位置,此时测量仪器测得被称物与空载天平间的电流差,而该电流差与秤盘上被称物的质量成正比,将此电流差转换成电压进行测量,则可以用极高的分辨率进行精密称量。

（2）电子天平的基本构造及特点

以电磁力补偿原理零位法检测的电子天平的基本构造如图 5.2.2 所示。

秤盘上加载或卸载时,秤盘的位置都将发生变化,位移传感器将此位置的变化转换成电信号,经调节器及放大器,以电流形式反馈到线圈中,通电线圈在磁场中将产生电磁力与被称物的重力平衡,调节器及放大器不断改变流过线圈的电流,直到秤盘回复到原来的位置。因此反馈电流与被称物的质量之间存在确定的函数关系,只要测出反馈电流,就可知被称物的质量大小。

电子天平是最新一代的天平,是根据电磁力平衡原理,直接称量,全量程不需砝码。放上称量物后,在几秒钟内即达到平衡,显示读数,称量速度快,精度高。电子天平的支承点用弹性簧片取代机械天平的玛瑙刀口,用差动变压器取代升降枢装置,用数字显示代替指针刻度式。因而,电子天平具有使用寿命长、性能稳定、操作简便和灵敏度高的特点。

4. 实验内容及步骤

实验采用目前计量部门及科研院所广泛应用的梅特勒-托利多电子天平进行砝码检定。

（1）调节水平

在使用前须查看水平泡是否在黑圈内,如不在黑圈内请使用水平调节脚调整使水平泡至中央位置,每次将天平放置到新位置或不慎使天平位置发生改变是,都应该调整水平。

（2）预热

1）电子天平使用前必须检查供电电源电压是否与电子天平所需电源电压相符;

2）让秤盘空载并点击"on"键,天平进行显示自检（显示屏上的所有字段短时点亮）,当天平回零时,天平开机完成。为了获得准确的称量结果,在使用前应通电预热以达到工作温度（$d=0.0001g$ 60 分钟,$d=0.001g$ 30 分钟）。

（3）调整（校准）

为了获得准确的称量结果,必须进行校准以适应当地的重力加速度,对称量工作的电子天平应定期进行校准,若天平的位置发生改变也需进行校准。

校准一般采用外部校准,步骤如下:

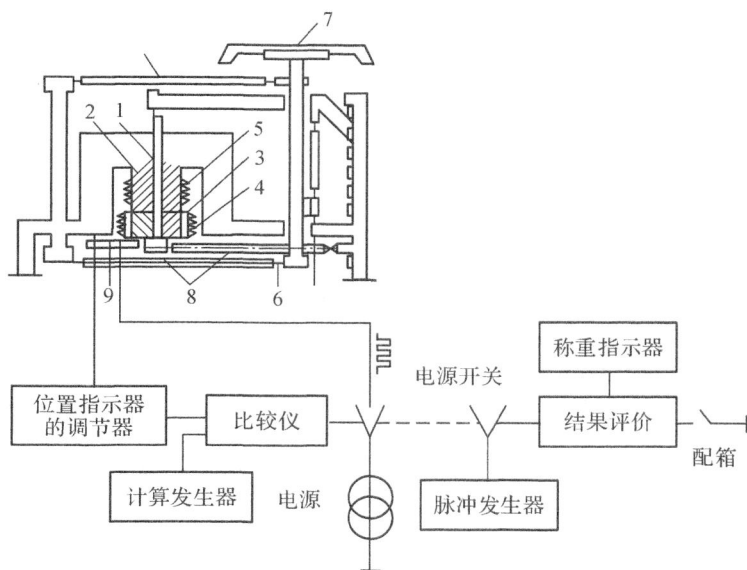

图 5.2.2 电子天平基本构造图

1.磁轭 2.永久磁铁 3.极靴 4.补偿线圈 5.温补线圈 6.柔性支承 7.秤盘 8.导向架 9.位置指示器

1)准备好校准用的校准砝码。

2)让秤盘空载。

3)按住"CAL"键不放,直到显示屏上出现"CAL"字样后松开该键,所需的校准砝码值会在显示屏上闪烁。

4)在秤盘的中心位置放上校准砝码,天平自动地进行校准。

5)当"0.00g"在显示屏上闪烁时,移去校准砝码。

6)当在显示屏上短时间出现闪烁信息"CAL done",紧接着又出现"0.00g"时,天平校准过程结束。天平又回到称量工作方式,等待测量。

(4)称量

1)将被检砝码轻放在秤盘中央,取砝码必须用镊子夹取,或戴手套操作,以免砝码被玷污影响称量结果。

2)关严风罩玻璃门。

3)等显示屏上数字稳定并且显示屏左边的"〇"消失,即可读取称量结果。记录称量结果,并将结果填入表5.2.1。

表 5.2.1　实验数据记录表

检定环境温度：　　　　　　相对湿度：　　　　　　　　大气压力：

测量次序	被检砝码质量(g)	平均值
1		
2		
3		

4)称量结束后,打开风罩玻璃门,取出被检砝码(用镊子或戴手套操作)。

5)重复 1 至 5 步骤,称量完毕取出被检砝码,关严风罩玻璃门,求出被检砝码质量。

5. 实验注意事项及预习要求

(1)天平应放置于稳定的工作台上避免震动、气流及阳光的照射;

(2)天平使用时动作要轻缓,称量时勿将手压在工作台上;

(3)勿向秤盘上加载超过其量程范围的物体以免损坏天平,不能用手压秤盘或冲击秤盘。

6. 实验报告要求

(1)数据处理

(2)实验报告内容

1)实验目的和要求

2)数据处理及实验结果

3)思考题

①什么是电子天平的内校准?

②使用电子天平时,如何消除重力加速度对称量结果的影响?

4)讨论

用所学的理论知识对实验结果进行分析。

7. 参考文献

[1]赵朝前. 力学计量[M]. 北京:中国计量出版社,2004

[2]中国计量科学研究院. JJG 99.2006 砝码检定规程[S]. 北京:国家质量监督检验检疫总局(发布),2006

[3]陈兴等. 力学计量[M]. 北京:中国计量出版社,2006

[4]李孝武等. 力学计量[M]. 北京:中国计量出版社,1999

实验 5.3　静重式标准测力机检定标准测力仪

1. 实验目的和要求

(1)掌握静重式标准测力机的基本原理和使用方法;

(2)学会应用标准测力机检定百分表式标准测力仪。

2. 实验仪器及材料

6kN 静重式标准测力机,ES-006 百分表式标准测力仪,温湿度计。

3. 实验原理

（1）静重式标准测力机的原理及结构

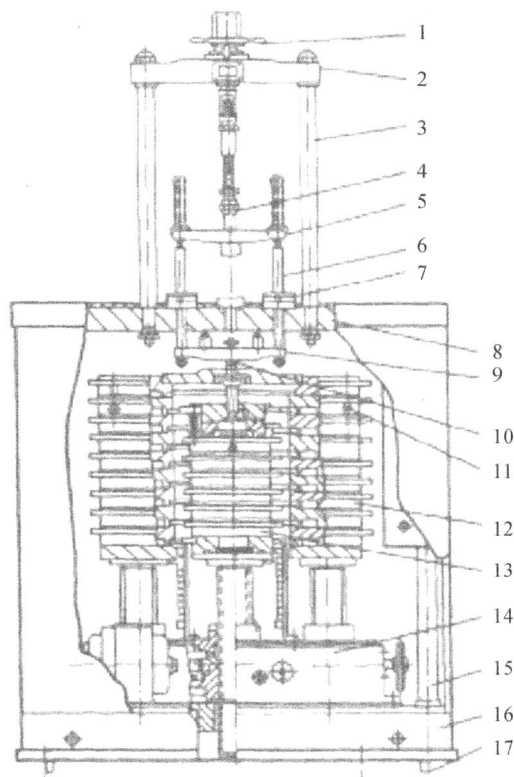

图 5.3.1　静重式力标准机的构造

1.升降手轮　2.横梁　3.上立柱　4.螺纹压块　5.上梁　6.拉杆　7.锁紧器　8.平台　9.下梁　10.吊杆　11.吊耳　12.大砝码组　13.小砝码组　14.砝码装卸装置　15.下立柱　16.底座　17.底脚螺钉

　　静重式标准测力机采用直接加荷的原理，即直接利用已知砝码的重力来复现力值。它主要由机架、反向器吊挂系统、砝码组、砝码加卸装置及电控系统等组成。

　　机架由底座、四个下立柱、平台、两个上立柱、上横梁及升降手轮等组成。升降手轮用于调节拉向空间的高度，平台上的两副锁紧器用于夹反向器的拉杆。反向器吊挂系统由上梁、螺纹压块、拉杆、下梁及中心吊杆等组成。中心吊杆上有上下两个吊盘，伸入大小砝码组的中间，它们的重量构成了第一级负荷（初始负荷）。利用拉杆上部的花键，上下移动上梁即可对拉压空间的高度进行粗调，转动螺纹压块，则可进行细调。

　　小砝码组套装在环形大砝码组里面，这两组砝码分别落在砝码加卸装置的两个托盘上。当大小砝码托盘随着丝杆下降时，大小砝码组也一起下降，它们上面的第一块砝码先落到中心吊杆的上吊盘或下吊盘上。接着借助砝码间的吊耳，一个一个地相继吊挂在上一块砝码上，再通过反向器作用到被检测力计。反之，当托盘上升时，砝码就自下而上依次托起而脱离中心吊杆，进行卸载，大、小砝码可分别加卸。当电动机通过链轮带动变速箱内的蜗轮副，使两根丝杆同步升降时，即可加卸大砝码，其上下行程由接点支座上的两个限位开关限位。当另一电机通过链轮带动变速箱内的蜗杆、涡轮使中间丝杆升降时，即可加小砝码，其上下行程由接点座上的两个限位开关限位。

（2）百分表式标准测力仪

百分表式标准测力仪是较典型的用于标准力值和一般工作机之间传递力值的标准测力仪。以拉压两用椭圆状标准测力仪为例介绍其原理。拉压两用测力仪是一种用百分表计量经杠杆放大后变形的椭圆状标准测力仪。当外力通过上座的钢球或球面作用在椭圆环的上部时，借放大机构的杠杆将变形放大，再通过百分表即可指示出放大后的变形，即给出拉压力的示值。当用于拉力计量时，底座应换成拉力接头。

4. 实验内容及步骤

（1）测量检定环境温度（要求在 18～22℃）及相对湿度（要求≤70%），记录环境参数。

（2）接通标准测力机电源，预热 20 分钟以上。

（3）在拉压间上安装标准测力仪，测力仪的安装保证其主轴线和标准测力机的加荷轴线相重合。当做压力试验时，先调节上梁的位置（松开两边的制动螺母，提升上梁到适当位置并使两拉杆上的轴线高度一致后再固紧），将测力仪放在平台上的压板的中央（测力仪表面均应平滑，不得有锈蚀、擦伤及杂物）；再转动螺纹压块，使之与测力仪稍微接触，并使测力仪器上座对正螺纹压块的中心。

（4）调整百分表指针至零点（或作为零点的起始位置）。

（5）点击界面上的控制软件，进入操作界面。

（6）然后同时松开两副锁紧器，则初始负荷加上。当做拉力试验时，类似地调好空间高度，事先将标准测力仪的拉力接头换上，类似地加上初始负荷。

（7）预压示值检定前，应对测力仪施加 3 次额定预负荷。

（8）以表 5.3.1 中的力值为检定点。在控制软件的流程设置区中填入点数、次数、是否回程、相应的等待时间、表 5.3.1 中的每步加载载荷值。按下"测试"键，则按负荷递增顺序逐点进行检定，（按"停止"、"复位"按钮可实现相应的控制过程）。读数应在达到预定负荷后，即控制软件的"示值"达到预定负荷，标准测力仪百分表的指针静止时立即进行。

（9）记录标准测力仪的相应检定点的读数，填于表 5.3.1。

（10）测试结束后，退出控制软件，取下被检标准测力仪，关闭标准测力机电源。

回零差、示值重复性、滞后、长期稳定度的计算这里不做要求，其计算公式请参考相关计量标准和资料。

5. 实验注意事项及预习要求

（1）加卸荷过程应缓慢平稳，不得有冲击和超载。

（2）加荷前必须装夹好被检测力仪，使其与螺纹压块稍微接触，不得有明显的间隙，以免加卸荷时产生冲击现象。

（3）不得随意触摸标准测力机的砝码，以免锈蚀和玷污而影响计量结果。

6. 实验报告要求

(1)数据处理

表 5.3.1　标准测力仪检定记录表

检定环境温度：　　　　　　　　　　　　　　相对湿度：

负荷(kN)	进程示值(mm)	回程示值(mm)
0		
0.1		
0.2		
0.3		
0.4		
0.5		
0.6		

(2)实验报告内容

1)实验目的和要求

2)数据处理及实验结果

3)思考题

①何为力标准机的优缺点？

②如何通过检定结果计算得到标准测力仪的回零差、示值重复性及长期稳定性？

4)讨论

用所学的理论知识对实验结果进行分析。

7. 参考文献

[1]赵朝前. 力学计量(第 1 版)[M]. 北京：中国计量出版社，2004

实验 5.4　金属试件的洛式硬度试验

1. 实验目的和要求

(1)熟悉洛氏硬度计的用途和使用方法；

(2)掌握应用洛式硬度计测量金属试样的洛式硬度。

2. 实验仪器及材料

HR-150B 洛式硬度计，金属试样。

3. 实验原理

(1)洛式硬度试验原理

洛式硬度试验方法是用金刚石圆锥压头或球压头，在 98.1N(10kgf)初试验力和 588.4N(60kgf)、980.7N(100kgf)、1471N(150kgf)总试验力(即初试验力加主试验力)先后作用压入试样，经规定的保持时间后，卸除主试验力而保留初试验力时的压入深度与试验力作用下的压入深度之差来计算硬度值，深度差越大，则硬度值越低；深度差越小，硬度值越高。

(2)洛式硬度试验过程

图 5.4.1 所示为洛式硬度试验过程。

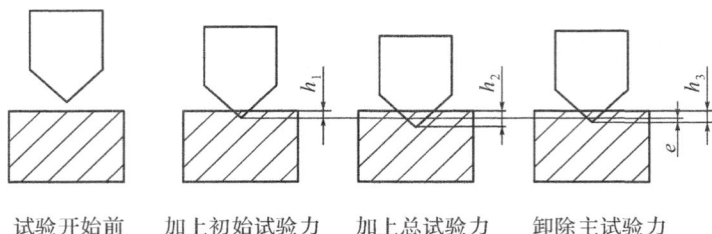

试验开始前　　　加上初始试验力　　　加上总试验力　　　卸除主试验力

图 5.4.1　洛式硬度试验过程

图 5.4.1 中,h_1 表示在初试验力作用下,压头压入试样的深度(mm);h_2 表示在总试验力作用下,压头压入试样的深度(mm);h_3 表示卸除主试验力而保留初试验力时压头压入试样的深度(mm);e 为压头压入试样的深度差(mm):$e = h_3 - h_1$。

(3)洛式硬度的计算

$$HR = K - \frac{h_3 - h_1}{c} = K - \frac{e}{c} \qquad (5.4)$$

式中:K 为常数,当采用金刚石圆锥压头时,K 值为 100;当采用球压头时,K 值为 130;c 为常数值 0.002mm。

(4)硬度计结构性能简述

硬度计由机架、加荷机构、测量指示机构及试台升降机构等部分组成,如图 5.4.2 所示。机架为一封闭的壳体,除试台升降丝杆及主轴座的一部分外,其他机构均装在封闭的壳体内,可以防尘埃。加荷机构由压头主轴系统、加荷杠杆、砝码、缓冲器以及操纵连杆和操作手柄等组成。硬度计的初试验力 98.1N 由主轴、加荷杠杆、吊杆等零件重量以及指示器的测量力和指示杠杆对主轴的作用力等共同组成。初试验力可由游码 12 来调整,以达到产品标准要求。当旋转手轮,升起试台,试件与压头接触,并继续上升至指示器 17 小指针指示红点处,大指针指示标记 B 与 C 时(这时加荷杠杆应处于水平位置)即表示初试验力已加好。总试验力由初试验力和通过加荷杠杆放大后的砝码作用力(主试验力)所组成。在缓冲器的托盘上放着一组砝码 6。当活塞下降时砝码也随同下降,砝码的重量便作用到加荷杠杆上,于是压头上就受到试验力的作用,当选用不同配置的砝码时,可以得到三种不同的总试验力。缓冲器的作用主要为施加主试验力时,能保持一定的速度并避免冲击。调节缓冲器上的调节阀 9,即可控制施加主试验力时间在 4~6 秒之间。操作手柄 8 专用于主试验力的施加及卸除。手柄上的偏心轴通过连杆等零件与缓冲器的托盘相连接。当手柄向后推倒时托盘与砝码同时下沉,砝码在下沉过程中被吊盘吊住。主试验力便通过杠杆、吊环及加荷杠杆均匀地作用到压头上。当手把向前扳回时,由于砝码缓冲器的托盘托起,于是作用在压头上的主试验力被卸除,此时 98.1N 的初试验力仍作用在压头上。测量指示机构由调整螺钉、小杠杆、接头、指示百分表等零件组成。它既是反映初试验力是否加上的装置,又是测量硬度值读数的装置。当施加初试验力时,试件顶起压头主轴,通过杠杆、小杠杆等使指示器指针顺时针方向转至小指针指于红点处,大指针指于标记 B 与 C 处时,表示初始试验力已加好。

施加总试验力,主轴在总试验力作用下,使压头均匀地压入试件,此时由于主轴的下降,通过小杠杆反映到指示器上,大指针做逆时针旋转至某一位置。待指针基本不动后,保持总试验力约 2～6 秒钟,卸除主试验力,试件压坑部位材料弹性恢复,使主轴向上移动,经小杠杆带动指示器上的大指针,作顺时针方向转动至停止,此时大指针所指刻度盘上的读数,就是试件的硬度值。试台升降机构由丝杆、手轮及工作台等零件组成。

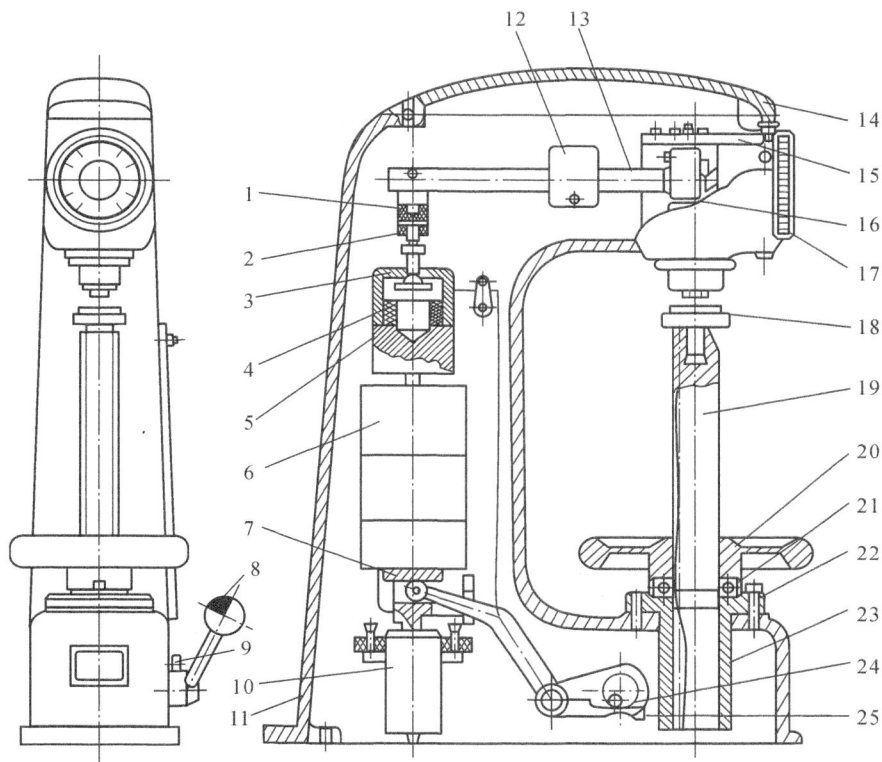

图 5.4.2　洛式硬度计的构造

1.吊环　2.连接杆　3.螺母　4.吊杆　5.吊套　6.砝码　7.托盘　8.加卸荷手柄　9.缓冲器调节阀　10.缓冲器　11.机体　12.游码　13.负荷杠杆　14.上盖　15.计量杠杆　16.主轴　17.指示百分表　18.工作台　19.升降丝杆　20.手轮　21.止推轴承　22.螺钉　23.丝杆导向座　24.定位套　25.加、卸荷杠杆

4. 实验内容及步骤

(1)硬度试验前试件的准备

试件的厚度应不小于 10～15 倍压痕的深度,试件表面必须精细制作,应平整、光洁,表面不得有氧化皮、裂纹凹坑、油脂及明显的加工痕迹。将试件的编号和材料填入表 5.4.1。

(2)总试验力的选择与变换

总试验力时根据所选用标尺确定的,如选用 HRA 标尺应使用 A 砝码,总试验力为588.4N(60kgf);如选用 HRB 标尺,总试验力为 A、B 砝码质量之和,即 980.7N(100kgf);如选用 HRC 标尺,总试验力为 A、B、C 砝码质量之和,即 1471N(150kgf)。将试验选择的标尺和硬度值类型填入表 5.4.1。

(3)压头的安装

压头安装前应擦拭干净,不得有油垢和其他污物,擦干净后把压头装入主轴下端面的孔内,旋紧主轴上的螺钉将其固定即可。

(4)硬度计的操作

1)将被测零件擦干净放在试台上,应使试件与试台表面紧贴,然后旋转手轮使试件上升与压头接触,并继续旋转手轮三圈施加初始试验力至指示器 17 的小指针指于红点处,大指针应垂直向上指于标记 B 与 C 处,其偏移不得超过 ±5 个硬度值,否则应换试件的另一位置进行试验。转动指示器 17 刻度盘,使指针对准 B 与 C 处。

2)将操作手柄 8 向后推倒,施加总试验力,直至指针转动变慢到停止,保持时间约 2~6 秒,再将操作手柄扳回,卸除主试验力。施加总试验力时,应均匀平稳,不得有冲击和震动。

3)读取指示器 17 的指针所指刻度的硬度值,填入表 5.4.1。当采用金刚石压头时,按刻度盘外圈标记为 C 的黑色刻度读数;当采用球压头时,按刻度盘内圈标记为 B 的红字刻度读数。

4)继续试验,移动试件,选择同一试件新的位置,重复 1 至 3 的步骤,直到满足同一试件的测量次数要求。

5)试验完毕,转动手轮,降下试验台,取下金属试件。

表 5.4.1　洛式硬度试验记录表

金属试件编号	金属试件材料	符　号		测量序号	洛式硬度值(HR_i)
				1	
				2	
				3	
洛式硬度平均值					

5. 实验注意事项及预习要求

(1)每次更换压头及试台的最初二次试验,结果往往有失真现象,故不宜采用。

(2)试件上各压痕中心的距离及压痕中心至试件边缘距离均不得小于 3mm。

(3)施加初试验力时,试件只允许向上移动,直至初试验力加好为止,不得中途退回,又继续向上移动。

6. 实验报告要求

(1)数据处理

(2)实验报告内容

1)实验目的和要求

2)数据处理及实验结果

3)思考题

①除了洛式硬度试验,其他常见的硬度试验有哪些? 各有何特点?

②测试凸圆柱面或凸球面的洛式硬度时,测出的硬度值该如何修正?

4)讨论

用所学的理论知识对实验结果进行分析。

7. 参考文献

[1]赵朝前. 力学计量(第 1 版)[M]. 北京:中国计量出版社,2004

[2]李孝武,刘景利,刘焕桥,沙克兰,戚瑛. 力学计量(第 1 版)[M]. 北京:中国计量出版社,1999

[3]国防科工委科技与质量司组织编写. 力学计量(上册)(第 1 版)[M]. 北京:原子能出版社,2002

第 6 章

热工测量

实验 6.1　XMZ-102 数字温度显示仪表检定

1. 实验目的和要求

(1)通过实验进一步了解仪表的结构及工作原理;

(2)熟悉数字温度显示仪表的检定。

2. 实验仪器及材料

(1)XMZ-102 数字温度显示仪表 1 台;

(2)ZX25a 电阻箱 1 台;

(3)500V 兆欧表 1 台;

(4)连接导线若干。

3. 实验内容

(1)基本误差的计算

$$\Delta R = R_示 - R_标$$

$$\Delta t = \Delta R / \frac{\mathrm{d}R}{\mathrm{d}t}\bigg|_{t_i} \tag{6.1.1}$$

式中:ΔR——用电阻值表示的基本误差(Ω);

$\quad\Delta t$——换算成温度值表示的基本误差($\degree$C);

$\quad R_示$——被检点温度对应的标称电阻值(Ω);

$\quad R_标$——电阻箱示值(Ω);

$\quad\dfrac{\mathrm{d}R}{\mathrm{d}t}\bigg|_{t_i}$——被检点温度 t_i 的热电阻—温度变化率($\Omega/\degree$C)。

(2)分辨力的计算

$$\delta R = |R_1 - R_2| \tag{6.1.2}$$

$$\delta R' = |R'_1 - R'_2| \tag{6.1.3}$$

$$\delta t = \delta R / \frac{\mathrm{d}R}{\mathrm{d}t}\bigg|_{t_i} \tag{6.1.4}$$

$$\delta t' = \delta R' / \frac{\mathrm{d}R}{\mathrm{d}t}\bigg|_{t_i} \tag{6.1.5}$$

式中:δR、$\delta R'$——上、下行程时,用电阻值表示的分辨力(Ω);

δt、$\delta t'$——上、下行程时,换算成温度的分辨力(℃);

R_1、R_2——上行程中转换点为 A_1、A_2 时的电阻箱示值(Ω);

R'_1、R'_2——下行程中转换点为 A'_1、A'_2 时的电阻箱示值(Ω)。

4. 实验步骤

(1)基本误差检定

1)标准仪器、设备和仪表按图 6.1.1 接线。

图 6.1.1　XMZ-102 数字温度显示仪表检定接线图

2)仪表接通电源后,应按制造厂规定的时间预热,若没有规定,一般应预热 15min。

3)按图 6.1.2 所示,增大(或减小)电阻箱的阻值,当仪表显示值接近被检点时应缓慢改变电阻值,直至找到 A_1、A_2、A'_1、A'_2 四个转换点为止。

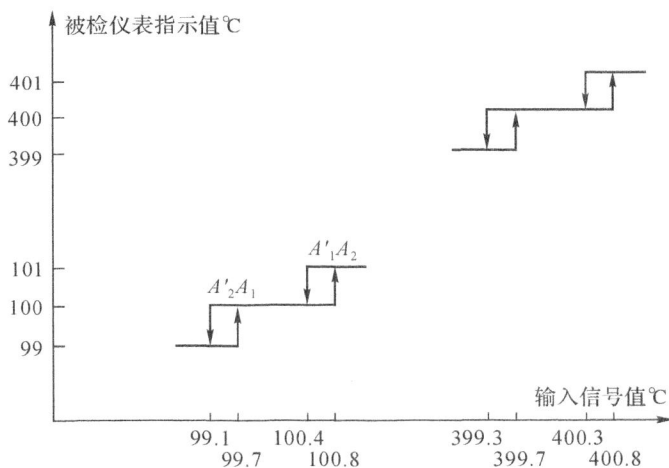

图 6.1.2　电阻值变化图

A_1 ——上行程中仪表值刚能稳定在被检点时的输入电阻值(换算成温度值);

A'_1 ——下行程中仪表值刚能稳定在被检点时的输入电阻值(换算成温度值);

A_2 ——上行程中仪表示值离开被验点转换到下一值(包括两值之间的波动)时的输入电阻值(换算成温度值);

A'_2 ——下行程中仪表示值离开被检点转换到下一值(包括两值之间的波动)时的输入电阻值(换算成温度值)。

检定时,下限值只进行 A_2、A'_1 的寻找,上限值只进行 A_1、A'_2 寻找。

(2)分辨力测试

仪表分辨力较低(5b≥a% FS)时,分辨力测试与基本误差检定同时进行。求出上行程时转换点 A_1 与 A_2 所对应的电阻值之差或下行程时转换点 A'_1 与 A'_2 所对应的电阻值之差,将差值换算成温度值,即为该仪表的分辨力。

（3）绝缘电阻测量

在仪表环境温度为 15～35℃，相对湿度 45%～75%的条件下，断开电源，仪表电源开关处于接通位置，将各电路本身端钮短路，采用额定直流电压为 500V 的兆欧表对下列部位进行测量，测量时应稳定 5s 读取绝缘电阻值。

输入端子——接地端子或机壳；

输入端子——电源端子；

电源端子——接地端子。

5. 实验注意事项及预习要求

（1）注意事项

1）接线时注意 220V 电压不要和信号线接错，直流电压注意极性正负不要接错。

2）严格按接线图接线，各开关的位置要正确，不得有误。

（2）预习要求

1）实验前弄清各种仪器的使用方法。

2）仔细阅读实验指导书并熟悉该系统的原理图和电路接线图。

表 6.1.1　数字仪表检定表 1

仪表型号：　　　　　精度等级：　　　　　检定日期：

检定点 (℃)	名义电量 (Ω)	仪表示值（℃）		基本误差 ℃	回程误差 ℃	示值重复性	
		$E_上$	$E_下$			$e_上$	$e_下$

表 6.1.2　数字仪表检定表 2

检定点 (℃)	名义电量 (Ω)	A_1（Ω）	A_2（Ω）	A'_1（Ω）	A'_2（Ω）

6. 实验报告内容和要求

(1)实验目的和要求

(2)数据处理及实验结果

按表 6.1.1 和 6.1.2 如实整理实验原始数据和记录曲线。

(3)思考题

XMZ-102 校验时为什么要采用三线制? 采用两线制可以吗? 请说明原因。

(4)讨论

用所学的理论知识对实验结果进行分析。

7. 参考文献

[1]朱家良等.数字温度指标调节仪检定规程[S].JJG617-1996

实验 6.2　红外耳温计标定

1. 实验目的和要求

(1)了解红外耳温计的工作原理及测量人体温度的方法;

(2)了解黑体空腔的概念及实用黑体的结构;

(3)掌握红外耳温计的校准方法。

2. 实验仪器及材料

(1)空腔发射率≥0.998 的黑体空腔 1 只;

(2)控温稳定度≤0.02(℃/10min)的控温设备 1 套;

(3)被校红外耳温计 2 支;

(4)精密水银温度计 2 支,分度值 0.01℃;

(5)读数望远镜 1 套。

3. 实验校准方法

(1)将黑体分别设定在 37℃ 和 41℃,至少稳定 30 分钟;

(2)测试之前,红外耳温计至少要在测试条件下稳定 30 分钟;

(3)在每个设定校准点,用精密水银温度计读取实际温度 2 次;

(4)在每个设定校准点,用被校红外耳温计读取温度至少 4 次。

4. 实验内容

(1)计算被校红外耳温计示值修正值 Δt_i

$$\Delta t_i = t_{s,i} - 1/4 \sum t_{i,j} \tag{6.2.1}$$

式中:$j = 1, 2, 3, 4$。

t_s, i 是精密水银温度计在第 i 个设定校准点的测量平均值;$t_{i,j}$ 是被校红外耳温计在测量第 i 个设定校准点的第 j 个温度读数。

(2)计算多次测量的重复性 R_i

$$R_i = \text{Max}(t_{i,j}) - \text{Min}(t_{i,j}) \tag{6.2.2}$$

式中 $\text{Max}(t_{i,j})$,$\text{Min}(t_{i,j})$ 分别为 $j = 1, 2, 3, 4$ 时 $t_{i,j}$ 的最大值和最小值。

5.实验注意事项及预习要求

（1）注意事项

用精密水银温度计读取实际温度，在使用此温度计时，1）要使温度计处于垂直状态。2）应根据精密水银温度计规定的插入深度，按此要求保证其插入炉内的位置。否则应对读取的温度进行修正。3）对温度计的指示值要按其证书进行示值修正。4）标定红外耳温度计时，应保证温度计瞄准黑体空腔的底部位置，腔底与精密水银温度计温泡所处的位置一致。

（2）预习要求

1）实验前弄清各种器材的使用方法；

2）仔细阅读实验指导书。

6.实验报告内容和要求

（1）实验目的和要求

（2）数据处理及实验结果

如实记录并整理实验原始数据和记录曲线。

（3）思考题

1）环境温度如何影响分度结果？

2）黑体空腔的发射率对分度结果如何影响？

（4）讨论

用所学的理论知识对实验结果进行分析。

7.参考文献

[1]原遵东等.测量人体温度的红外温度计校准规范[S].JJF1107-2003

实验 6.3　热电偶热电特性分析

1.实验目的和要求

通过实验使学生了解热电偶的非线性特性，熟悉实验系统的基本操作。

2.实验仪器及材料

（1）TDS-JS 系统 1 套（TDS-JS 控制器，热电偶，温度计，固态继电器，烤箱）；

（2）电源线若干。

3.实验原理

在做此项实验以前，应先了解一下 TDS-JS 整个系统的构成，从而加深对热电偶的认识。系统的框图如图 6.3.1 所示。

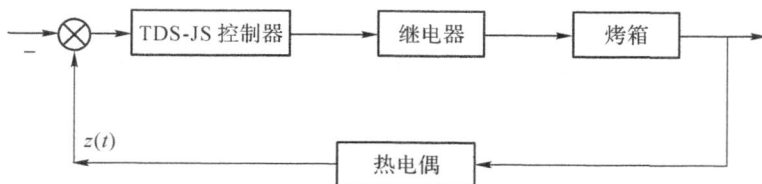

图 6.3.1　TDS-JS 系统

从图 6.3.1 中,可以看到热电偶是整个系统实现自动控制的首要环节。它是一种将温度变化转换为电量变化的元件。即当所测温度发生变化时,热电偶的电势发生变化,可通过对这些电量变化的测量来了解温度变化的情况。可想而知,如果没有传感器(热电偶)对原始参数进行精确可靠的测量,那么最佳数据的显示与控制将成为一句空话。

可见热电偶在整个系统中的作用不容忽视。下面就热电偶的情况作一个简单介绍:

两种不同的导体(或半导体)A、B 组成闭合回路,如图 6.3.2 所示。当 A、B 相接的两个接点温度不同时,则在回路中产生一个热电动势,这两种不同的导体或半导体的组合就称为热电偶,每根单独的导体或半导体就称为热电极,两个接点中,一端称为工作端(测量端或热端),如 t 端,另一端称为自由端(参比端或冷端),如 t_0 端。在本系统中,工作端插入烤箱中;自由端通过导线接到控制器上,(注意:旋开热电偶的接线盒后,可看见自由端的两个端子,一个标"+",一个标"−",接控制器时,应注意"−"接控制器的地线,"+"接控制器的输入端)。至于热电偶的详细测温原理,请参照有关控制与转换技术方面的书,此处不再阐述。我们采用的热电偶为镍铬-镍硅,分度号为 K,测温范围为 $-40 \sim 1000℃$,实验温度范围 $0 \sim 300℃$,误差值在 $\pm 2.5℃$。

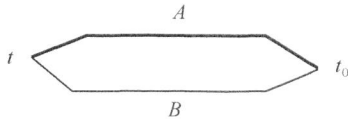

图 6.3.2 两种不同的导体(或半导体)A、B 组成闭合回路

4. 实验内容

(1)参照实验设备说明书连接各仪器。

(2)系统参数设置:由于本系统的强大功能之一就是具有本地组态设置的功能,即通过简单的面板操作,来实现不同的组态设置,从而达到不同的控制效果,以满足不同的实验需求。

在做热电偶特性分析实验时,在出厂参数的基础上(出厂参数是通过上电前压住 M 键,直到上电送入的),按表 6.3.1 对单元的内容进行修改,即可。

表 6.3.1 系统参数设置表

编号	修改后的参数值	注释
004	002	特性分析实验

参数修改完毕,当返回到显示当前反馈量时,热电偶的电压值,数码块将显示 ××.×× mV,温度计对应的为当前温度值。

(3)做此实验时,我们采用手动加温,想加温时用手压住面板上的 ↑ 进行加温(整个的周期加热的时间变大,加的热量>周围散热的热量,从而实现升温);若想降温,则用手压住面板上的 ↓ 进行降温(整个周期加热的热量<周围散热的热量,从而达到降温)。由于 TDS-JS 系统没有设置冷却系统,所以它的降温主要靠室温来冷却,降温相对来说比较缓慢,需要一个过程。

(4)有的准备工作进行完毕,按下 RUN 键,这时系统将处于特性分析实验中,通过手动加温,分别记录各个温度下的热电偶的电压值。记录的参数填入到表 6.3.2(不同温度下的热电偶电压值)之中。

5. 实验注意事项及预习要求

(1)注意事项

1)接线时注意 220V 不要和信号线接错,直流电压注意极性正负不要接错。

2)严格按接线图接线,各开关的位置要正确,不得有误。通电前应请指导老师确认无误后方可通电。

(2)预习要求

1)实验前弄清各种仪器的使用方法。

2)仔细阅读实验指导书并熟悉该系统的原理图和电路接线图。

6. 实验报告内容和要求

(1)实验目的和要求

(2)数据处理及实验结果

如实整理实验原始数据和记录曲线。

表 6.3.2　不同温度下的热电偶电压值

温度计(℃)	热电偶(mV)（数码块显示值）	温度计(℃)	热电偶(mV)（数码块显示值）

请根据所测得的参数表,绘出热电偶热电特性曲线,并分析此实验结果与热电偶规定的热电关系的差值。

(3)思考题

1)热电偶温度计是利用什么原理来测温的?

2)在热电偶的测温过程中,若已经使用了补偿导线,是不是就不需要冷端温度补偿了?请说明理由。

(4)讨论:用所学的理论知识对实验结果进行分析。

7. 参考文献

[1]林锦国,张利,李丽娟.过程控制(第 2 版).[M].南京:东南大学出版社,2009

[2]浙江求是教学仪器公司.综合控制实验指导书[M].杭州:浙江求是教学仪器公司,2003

实验 6.4　二位调节温控系统

1. 实验目的和要求

通过实验使学生了解二位断续温控系统的特点、控制精度以及它的局限性,以便和实验 6.5 连续温控系统做一比较。

2. 实验仪器及材料

(1)TDS-JS 系统 1 套(TDS-JS 控制器,热电偶,温度计,固态继电器,烤箱);

(2)电源线若干。

3. 实验原理

设 W 为系统的设定值,也即用户期望控制对象达到的某一定值。Y_k 为系统当前的反馈信号,也即反映控制对象在本次控制作用后,其环境的实际情况,则系统的当前偏差 $e_K = W - Y_k$,这里,二位调节仅根据系统的 e_k 是否落入某一控制区域(允许偏差 ks 范围 ΔE),来决定系统的一组控制开关的开启与闭合状态,称这样的控制为二位调节,流程参考图 6.4.1。

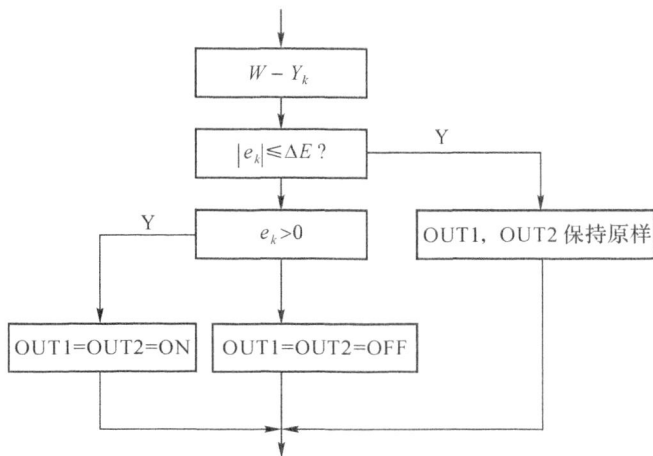

图 6.4.1　二位调节温控系统参考流程图

由于二位调节是一种断续控制,对于快变系统来说(即采样周期小),断续控制也能达到较满意的效果,但对于慢变系统来说,将会产生较大的超调,而且系统的过渡过程时间也很大。显然,对于精度要求较高的温控系统,用二位调节是不太合适的。

4. 实验内容

(1)系统参数设置:在出厂参数的基础上,按表 6.4.1 对相应单元进行修改。

表 6.4.1　系统参数设置表

编号	修改后的参数值	注释
004	000	二位调节
010	由用户自行设定(0~255℃)	系统的设定值(W)
014	由用户自行设定(0~255℃)	允许误差范围(ΔE)决定二位调节的控制精度

(2)操作

1)修改完参数,回到当前状态×××.×℃,然后按下 RUN,此时,系统处于二位调节温度控制。

2)对照二位调节的流程图观察一下 OUT1、OUT2 的输出情况是否一致。

3)选择不同的 ΔE(即修改 014 单元的内容),看一下系统的超调及调节的时间。

5. 实验注意事项及预习要求

(1)注意事项

1)接线时注意 220V 不要和信号线接错,直流电压注意极性正负不要接错。

2)严格按接线图接线,各开关的位置要正确,不得有误。通电前应请指导老师确认无误后方可通电。

(2)预习要求

1)实验前弄清各种仪器的使用方法。

2)仔细阅读实验指导书并熟悉该系统的原理图和电路接线图。

6. 实验报告内容和要求

(1)实验目的和要求

(2)数据处理及实验结果

如实整理实验原始数据和记录曲线。将参数记录在表 6.4.2 中。

表 6.4.2　不同的允许误差范围 Δe 时的超调及调节的时间

ΔE	M_P(超调)	t_s(调节时间)

(3)思考题

1)二位调节的控制精度如何?

2)决定二位调节控制精度的因素是什么?

(4)讨论

用所学的理论知识对实验结果进行分析。

7. 参考文献

[1]林锦国,张利,李丽娟.过程控制(第 2 版).[M].南京:东南大学出版社,2009

[2]浙江求是教学仪器公司.综合控制实验指导书[M].杭州:浙江求是教学仪器公司,2003

实验 6.5　连续温度控制系统

1. 实验目的和要求

通过实验,使学生了解连续温度控制系统的特点、控制精度,和实验 6.4 对比一下,以便了解连续温度控制系统的优越性。

2. 实验仪器及材料

(1)TDS-JS 系统 1 套(TDS-JS 控制器,热电偶,温度计,固态继电器,烤箱);

(2)电源线若干。

3. 实验原理

这里采用增量式 PID 算法作为连续温度系统中的控制算法,连续温度控制系统是这样一个反馈调节过程,比较实际烤箱温度和设定值,得到偏差,通过对偏差的处理获得控制信号,去调节烤箱的加热功率,从而实现对烤箱的温度控制。控制偏差的比例,积分和微分产生控制作用,从而使烤箱的加热功率按照一定的控制规律变化。虽然计算机控制是断续的,但对时间常数比较大的系统来说,其近似于连续变化,因此用数字 PID 完全可以代替模拟调节器,而且能得到比较满意的效果。

4. 实验内容

(1)系统参数设置见表 6.5.1。

表 6.5.1　系统参数设置

编号	改写后的参数内容	注释
004	001	PID 调节
009	用户设定(一般在 3~8s)	采样周期 T
010	用户设定(0~255℃)	系统设定值(W)
011	用户设定(0~128s)	积分分离值(Iband)
012	用户设定	室温值
016	用户设定(0~8192s)	比例系数(P)
018	用户设定(0~8192s)	积分系数(I)
020	用户设定(0~8192s)	微分系数(D)

为了避免调节的范围太大,用户可在出厂参数的基础上,对表 6.5.1 参数加以修改,以便很快达到满意的调节效果。

修改完参数,回到当前状态×××.×℃,然后按下 RUN,此时系统处于 PID 连续温度控制。送入不同 P、I、D 观察一下控制效果,根据要求选择一组最佳的 P、I、D 参数,

5. 实验注意事项及预习要求

(1)注意事项

1)接线时注意 220V 不要和信号线接错,直流电压注意极性正负不要接错。

2)严格按接线图接线,各开关的位置要正确,不得有误。通电前应请指导老师确认无误后方可通电。

(2)预习要求

1)实验前弄清各种仪器的使用方法。

2)仔细阅读实验指导书并熟悉该系统的原理图和电路接线图。

6. 实验报告内容和要求

(1)实验目的和要求

(2)数据处理及实验结果

如实整理实验原始数据和记录曲线。将实验参数记录在表 6.5.2 中。

表 6.5.2　系统参数设置与实验结果记录表

T	P	I	D	M_P	t_s

(3)思考题

连续温控与断续温控有何区别？为什么？

(4)讨论

用所学的理论知识对实验结果进行分析。

7. 参考文献

[1]林锦国,张利,李丽娟.过程控制(第 2 版)[M].南京:东南大学出版社,2009

[2]浙江求是教学仪器公司.综合控制实验指导书[M].杭州:浙江求是教学仪器公司,2003

实验 6.6　PID 参数自整定的连续温控系统

1. 实验目的和要求

通过实验让学生了解本实验中 PID 参数自整定的方法及参数整定在整个系统中的重要性。

2. 实验仪器及材料

(1)TDS-JS 系统 1 套(TDS-JS 控制器,热电偶,温度计,固态继电器,烤箱);

(2)电源线若干。

3. 实验原理

在控制系统中,参数的整定是十分重要的,调节系统参数整定的好坏直接影响调节品质。对于手工整定 P、I、D、T,要想快速、灵活地将参数整定好,首先应透彻理解这些参数对系统性能的影响,这样整定时才不会盲目。我们知道,增大比例系数,一般将加快系统的响应,这在有静差系统中有利于减少静差,但过大会使系统有较大超调,并产生振荡,使稳定性变坏。增大积分时间(积分作用减弱)有利于减少超调,减少振荡,使系统更加稳定,但系统静差消除的过程将随之减慢。增大微分时间(微分作用增强)有利于加快系统响应,使超调减少,稳定性增加,但系统对扰动有较敏感的响应。

本实验中采用给定扰动参数自整定方法整定出一组 P、I、D、T 参数,即在一开始控制量输出最大,使烤箱处于满功率加温,当达到 1/3 设定值(W)或在 3‰(1/3W)误差带以内,控制量输出为零,烤箱关断。在整个过程中寻求在上升过程中最大斜率处,求得对象等效时间常数 θ 以及等效纯滞后时间 τ。根据一组经验公式得出调节周期 T,K_{PP},K_{II},K_{dd},当这组参数整定结束,系统立即处于手工整定 PID 连续温度控制实验中。根据自整定得出的参数去控制被控对象,若对此效果不是很满意,可根据输出 Y_k 的特性,在自整定参数的基础上适当修改一下参数,即可达到满意的效果。自整定后响应输出 Y_k 曲线如图 6.6.1 所示。

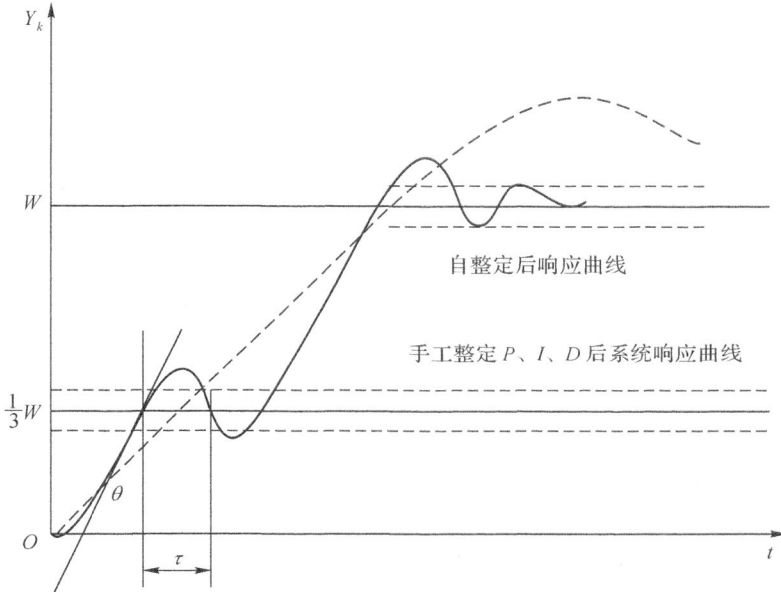

图 6.6.1　整定后响应曲线

一般通过自整定得出的 P、I、D 参数,效果都比较好。超调小,过渡过程时间缩短。但如果一开始,烤箱的温度并不是最低,也就是说寻找的最大斜率处并不一定是真正的,此时的自整定得出的 P、I、D 参数并不一定很理想。

4. 实验内容

(1)系统参数设置:在出厂参数的基础上,按表 6.6.1 修改即可。

表 6.6.1　系统参数设置表

编号	改写后的内容	注释
001	076	系统具有自整定功能
004	001	
009	自整定	采样周期 T
012	室温值	
016	自整定后自动填入	比例系数 P
018	自整定后自动填入	积分系数 I
020	自整定后自动填入	微分系数 D

(2)参数修改完后,按下 RUN 键,使系统具有 PID 参数自整定的连续温控。在系统建立时间到达后,看一下控制的效果如何。如果不太满意,可在自整定的基础下对 P、I、D 进行在线修改,以期达到满意的效果。

(3)将 001 单元内容修改为 072 即为手工整定。这时,T、P、I、D 需要人工送入,再和自整定的输出曲线对比一下,看哪一个效果好。

5.实验注意事项及预习要求

(1)注意事项

1)接线时注意 220V 不要和信号线接错,直流电压注意极性正负不要接错。

2)严格按接线图接线,各开关的位置要正确,不得有误。通电前应请指导老师确认无误后方可通电。

(2)预习要求

1)实验前弄清各种仪器的使用方法。

2)仔细阅读实验指导书并熟悉该系统的原理图和电路接线图。

6.实验报告内容和要求

(1)实验目的和要求

(2)数据处理及实验结果

如实整理实验原始数据和记录曲线。将实验参数记录在表 6.6.2 中。

(3)思考题

1)若将 001 单元内容修改为 072,即为手工整定,这时,T、P、I、D 均需要人为送入,再和第 2 步对比一下,看一下哪一个效果好。

2)为什么要整定 P、I、D 参数?

表 6.6.2　系统参数设置与实验结果记录表

	T	P	I	D	M_p	T_s
1 自整定后						
对 1 栏中的参数稍修改后较满意的一组参数						

(4)讨论

用所学的理论知识对实验结果进行分析。

7.参考文献

[1]林锦国,张利,李丽娟.过程控制(第 2 版)[M].南京:东南大学出版社,2009

实验 6.7　XCZ-101 动圈仪表检定

1.实验目的和要求

(1)通过实验进一步了解动圈指示仪表的结构、工作原理;

(2)掌握动圈仪表的检定方法,熟悉 JJGl87.86 配热电偶用动圈仪表检定规程;

(3)观察 $R_外$ 变化对测量的影响。

2. 实验仪器及材料

(1)毫伏信号发生器 1 台；

(2)UJ-33a 电位差计或同等准确度的直流数字电压表；

(3)电阻箱 1 只；

(4)连接导线若干。

3. 实验内容

(1)基本误差的检定

1)将标准仪器、设备和仪表按图 6.7.1 进行连线，并调整仪表的机械零位。

2)调节毫伏信号发生器输出电压，使仪表指针缓慢上升至上限值刻度线后，再缓慢返回至下限刻度线附近。这样往返三次循环，指针在移动中应平稳，无卡针、摇晃和迟滞等现象。

3)调节毫伏信号发生器输出，使指针从下限值平稳上升，并对准仪表各个被检刻度线中心测量输出信号，其毫伏值即为在上行程中与被检刻度线对应的实际电压值。

4)在读取上限值刻度线后，减小输出电压使指针平稳下降，并对准仪表各个被检刻度线中心线，测量其电压值，其值即为在下行程中与被检刻度线对应的实际电压值。

5)按上述方法，至少进行三次循环的检定，分别得到各个被检刻度线上三次上、下行程的读数值。

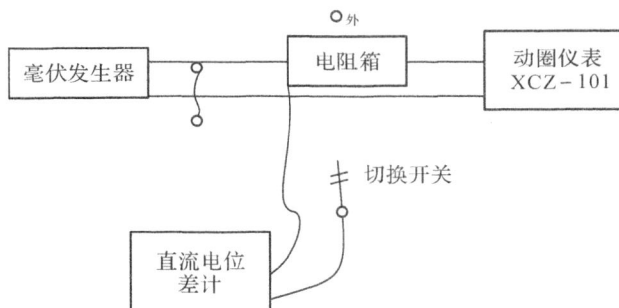

图 6.7.1 XCZ-101 动圈仪表检定连线图

(2)回程误差检定

仪表回程差与基本误差同时进行检定。

(3)倾斜误差检定

1)检定应在上限值、下限值两刻度线上进行。

2)将仪表按规定倾斜角度分别向前、后、左、右四个方向倾斜，按检定规程一般动圈仪表为 5°，带前置放大器的动圈仪表为 10°(方法是置一块有倾斜度的木块放在仪表下面)。

按检定基本误差的方法测量下限值及上限值，并与正常工作位置比较计算出下限值及电量程的变化值(按三次测量的平均值计算)。

(4)内阻测量

用补偿法进行测量，其接线如图 6.7.2 所示。

调节信号输出，使指针停留在刻度尺弧长内的任一位置，测出 V_{12}、V_{34}。

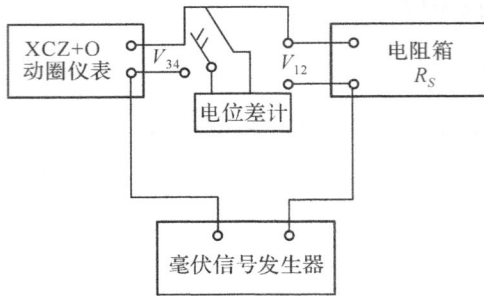

图 6.7.2　测定内阻接线图

4. 实验注意事项及预习要求

（1）注意事项

1）手动电位差计既输出毫伏信号，又测量毫伏信号。正确选择它的量程，调零。

2）动圈表的输入信号一定要在量程范围以内，防止打弯指针。

3）在动圈表的基本误差、回差、示值重复实验中，$R_外 = 15\Omega$。

4）严格按接线图接线，各开关的位置要正确，不得有误。通电前应请指导老师确认无误后方可通电。

（2）预习要求

1）实验前弄清各种仪器的使用方法。

2）仔细阅读实验指导书并熟悉该系统的原理图和电路接线图。

5. 实验报告要求

（1）数据处理

1）基本误差按下式计算

$$\Delta E_上 = E - E_上 \tag{6.7.1}$$

$$\Delta E_下 = E - E_下 \tag{6.7.2}$$

式中：E——被检刻度线的标称电势值（mV）；

$E_上$，$E_下$——分别表示上、下行程中与被检刻度线对应的实际电压值（mV）。

2）回程误差按下式计算

$$\Delta E = |\overline{E}_上 - \overline{E}_下| \tag{6.7.3}$$

式中：ΔE——仪表回程误差（mV）；

$\overline{E}_上$，$\overline{E}_下$——三次上、下行程读数的平均值。

3）倾斜误差按下式计算

$$\Delta E_下 = E_下 - \overline{E}_下 \tag{6.7.4}$$

$$\Delta E_上 = E_上 - \overline{E}_上 \tag{6.7.5}$$

式中：$\Delta E_上$、$\Delta E_下$——上、下限的变化量（mV）；

$E_上$、$E_下$——上、下限正常工作位置时的实际电压值；

$\overline{E}_上$、$\overline{E}_下$——分别表示倾斜时上限、下限与被检刻度线对应的实际电压值（mV）。

4）内阻的测定按下式计算

$$R_内 = \frac{V_{34}}{V_{12}} \cdot R_标 \tag{6.7.6}$$

式中：$R_内$——仪表内阻（Ω）；

　　　$R_标$——标准电阻（Ω）；

　　　V_{12}——测得标准电阻两端电压值（mV）；

　　　V_{34}——测得仪表输入端处电压值（mV）。

（2）实验报告内容

1）实验目的和要求

2）数据处理及实验结果

3）思考题

①检定配热电偶动圈表的电测设备的准确度应该不低于多少？

②动圈表的准确度以哪种误差形式表示？

4）讨论

用所学的理论知识对实验结果进行分析。

6. 参考文献

[1]林锦国,张利,李丽娟.过程控制(第 2 版)[M].南京:东南大学出版社,2009.9

实验 6.8　压力变送器的性能研究

1. 实验目的和要求

（1）了解扩散硅压力变送器的结构主要工作原理和技术性能。

（2）掌握活塞式压力计的使用方法。

（3）掌握压力变送器的检定方法。

2. 实验仪器及材料

活塞式压力计：二等压力标准器，等级精度 0.05 级，测量范围 0.1～6MPa。SY-18 型扩散硅式压力变送器，等级精度 0.25 级，测量范围 0～6MPa。24V 直流电压源。直流电流表，DM8145 万用表，测量 4～20mA 的电流。

3. 实验原理

压力变送器的实验原理如图 6.8.1 所示。

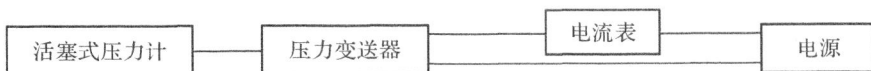

图 6.8.1　压力变送器实验原理图

基于液体静力平衡原理，利用活塞式压力计、活塞及其连接件和加在承重盘上的砝码产生的重力，与工作介质作用在活塞有效面积上的力相平衡。

安装在活塞式压力计上的压力变送器，是与压力计处于同一连通器中，因此就可以把活塞式压力计产生的标准压力值与压力变送器的测量值进行比较检定。

4. 实验内容

（1）基本误差的检定

首先确定检定点。检定点应包括上、下限值（或其附近 10% 输入量程以内）在内不少于

5 个点,检定点应基本均匀地分布在整个测量范围上。

检定时,从下限值开始平稳地输入压力信号到各检定点,读取并记录输出值直至上限;然后反方向平稳地改变压力信号到各检定点,读取并记录输出值直至下限。以这样上下行程的检定作为一次循环,进行 3 次循环的检定。在检定过程中不允许调零点和量程,不允许轻敲或振动变送器。在接近检定点时,输入压力信号应足够慢,须避免过冲现象。

上限值只在上行程时检定,下限值只在下行程时检定。

变送器的基本误差按公式(6.8.1)计算。

$$\Delta_A = A_d - A_s \tag{6.8.1}$$

式中:Δ_A——变送器每个检定点的基本误差值(以绝对误差方式表示,mA 或 kPa);

A_d——变送器上行程或下行程各检定点的实际输出值(mA 或 kPa);

A_s——变送器各检定点的理论输出值(mA 或 kPa)。

(2)回程误差的检定

检定变送器的回程误差与检定变送器的基本误差同时进行。

回程误差可按公式(6.8.2)计算。

$$\Delta_h = |A_{d1} - A_{d2}| \tag{6.8.2}$$

式中:Δ_h——回程误差值(用绝对误差方式表示,mA 或 kPa);

A_{d1},A_{d2}——分别表示各检定点上、下行程的实际输出值,3 次循环时分别取算术平均值。

(3)操作过程

1)接线;

2)检查活塞式压力计是否水平(检查水平仪中的气泡是否在中心);

3)开油阀;

4)进油,旋出活塞的 2/3,关油壶;

5)加砝码(轻拿轻放),推进活塞,旋转砝码,120r/min,记下数据;

6)加砝码,锁定油阀(防止在放砝码过程中出现过冲或者下降),重复 4);

7)下行程,减砝码。

(4)实验结果处理

1)基本误差(三个测量循环时应取最大误差值)均应不超过表 6.8.1 规定值。

表 6.8.1　基本误差规定值

准确度等级		基本误差(%)		回程误差(%)	
电动	气动	电动	气动	电动	气动
0.2(0.25)		±0.2(±0.25)		0.16(0.2)	
0.5	0.5	±0.5	±0.5	0.4	0.25
1.0	1.0	±1.0	±1.0	0.8	0.5
1.5	1.5	±1.5	±1.5	1.2	0.75
2.5	2.5	±2.5	±2.5	2.0	1.25

2)回程误差

新出厂变送器回程误差应不超过表 6.8.1 规定值,使用中和修理后的变送器回程误差应不大于表 6.8.1 中基本误差的绝对值。

（5）数据处理与记录。见表 6.8.2。

表 6.8.2　压力变送器检定记录（格式）

型号测量范围＿＿＿＿＿＿＿＿

制造厂＿＿＿＿＿＿＿＿　准确度等级＿＿＿＿　输出信号范围＿＿＿＿＿＿

出厂编号＿＿＿＿＿　出厂日期＿＿＿＿＿

室温＿＿＿＿＿＿＿＿　相对湿度＿＿＿＿＿＿＿＿＿

标准装置＿＿＿＿＿＿＿＿＿＿＿＿＿＿＿＿＿＿＿＿＿＿＿＿＿＿＿

基本误差及回程误差：

压力鉴定点 （　）	输出理论值 （　）	实际输出值（　）		基本误差（　）		回程误差 （　）
		上行程	下行程	上行程	下行程	

基本误差：允许值＿＿＿＿＿＿＿＿＿＿　实际最大值＿＿＿＿＿＿＿＿＿

回程误差：允许值＿＿＿＿＿＿＿＿＿＿　实际最大值＿＿＿＿＿＿＿＿＿

5. 实验注意事项及预习要求

（1）注意事项

1）在实验开始前，需调整活塞式压力的水平情况。

2）严格按接线图接线，串联时正负极要正确，不得有误。

3)活塞式压力计的砝码注意轻拿轻放,避免磕碰。

(2)预习要求

1)实验前弄清各种仪器的使用方法。

2)仔细阅读实验指导书并熟悉该系统的原理图和电路接线图。

6.实验报告内容和要求

(1)实验目的和要求

(2)数据处理及实验结果

如实整理实验原始数据,得出变送器是否合格的判定。

(3)思考题

1)活塞式压力计在使用过程中,砝码盘为什么需要旋转起来?

2)压力变送器有哪些静态性能指标?

(4)讨论

用所学的理论知识对实验结果进行分析。

7.参考文献

[1]JJG 882-2004.中华人民共和国国家计量检定规程—压力变送器,2004

[2]张华,赵文柱.热工测量仪表(第3版)[M].北京:冶金工业出版社,2006

实验 6.9　单圈弹簧管式精密压力表的检定

1.实验目的和要求

(1)加深对静力平衡原理的理解。

(2)掌握精密弹簧管式压力表的检定方法。

2.实验仪器及材料

LY-0.6型活塞式压力真空计(二等标准);精密压力表(0.4级)。

3.实验原理

安装在活塞式压力计上的精密压力表,是与压力计处于同一连通器中,因此就可以把活塞式压力计产生的标准压力值与精密压力表的测量值进行比较检定。

LY-0.6型活塞式压力真空计的原理示意图如图 6.9.1所示,其由气路系统、油路系统、活塞专用砝码及底座等部分组成。

气路系统:由微调装置 1、储气筒、油封杯 5、控制阀 A、B、C、a、c 和表阀 10 及管路各部分组成。

油路系统:由加压筒 8、油杯 7、阀门 b 及管路组成,活塞由活塞杆 4 和活塞筒 3 组成,活塞筒底部装有机玻璃杯,中间有一旋塞 12,旋开它可以放出活塞筒中的油和气。该仪器采用变压器油和空气做传压介质,当测量压力在 25MPa 时,用仪器的左路气路系统。当测量压力在 0.01~0.6MPa 时,用仪器右半路油路系统。

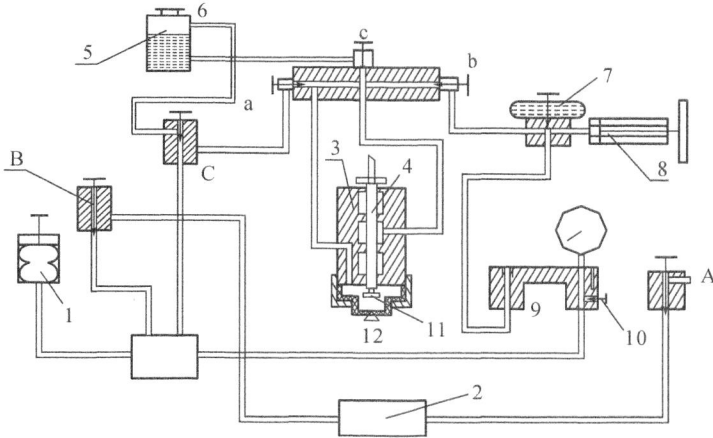

图 6.9.1　LY-0.6 型活塞式真空计原理示意图

4. 实验内容

（1）示值检定

首先选择检定点。精密压力表示值检定点应不少于 8 点（不包括零点），检定点在分度盘上应尽可能均匀分布。

检定时应平稳地升压，进行示值检定。当示值达到测量上限时，耐压 3 分钟，然后按原检定点降压回检。在升压和降压时应避免有冲击和回程现象。每一检定点升压和降压时均应进行两次读数；第二次在轻敲表壳后读数。读数值应估读至最小分度值的 1/10 格。将轻敲表壳后的读数及轻敲表壳后指针示值的变动量分别记入记录表中。

（2）操作步骤

本实验采用油作为工作介质（0.01～0.6MPa），实验步骤如下：

1）关闭阀门 abc，旋开油杯阀 7，将油杯阀上的油杯内注满油，逆时针旋转加压筒 8 的手柄，使加压筒 8 内吸入油，关闭油杯阀 7，将锁紧活塞机构松开，翻转活塞使之处于测量真空时的位置，旋开活塞底部有机玻璃杯旋塞 12，旋开阀门 b，然后加压筒造压，使油打入活塞内，直至活塞内全部注满油，确认筒内没有气体为止，把旋塞 12 关闭，这时可把活塞翻转到测压位置，然后把活塞锁紧机构锁紧，观察是否水平。

2）此后在承重盘上放置相应压力值的砝码，用加压筒造压，使活塞升起到工作位置，转动惯性轮，被检器即可读数。

（3）实验结果处理

1）示值误差

对每一检定点，在升压（或降压）和降压（或升压）检定时，轻敲表壳前后的示值与标准压力值之差为示值误差。在测量范围内，任一检定点的示值误差，应不大于允许误差（见表 6.9.1）。

表 6.9.1 不同准确度等级下的允许误差

准确度等级	允许误差(%)(按测量上限的百分数计算)
0.06	±0.06
0.1	±0.1
0.16	±0.16
0.25	±0.25
0.4	±0.4
0.6	±0.6

2)回程误差(变差)

对同一检定点,在升压(或降压)和降压(或升压)时,轻敲表壳后的示值之差为回程误差。在测量范围内,任一检定点的回程误差,应不大于允许误差。

3)轻敲位移

每一检定点,在升压(或降压)和降压(或升压)检定时,轻敲表壳后引起的指针示值变动量为轻敲位移。轻敲表壳后,指针示值变动量应不大于允许误差绝对值的 1/2 基本误差。

5. 实验注意事项及预习要求

(1)注意事项

1)在实验开始前,需调整活塞式压力的水平情况。

2)活塞式压力计的砝码注意轻拿轻放,避免磕碰。

(2)预习要求

1)实验前弄清各种仪器的使用方法。

2)仔细阅读实验指导书并熟悉该系统的原理图。

6. 实验报告内容和要求

(1)实验目的和要求

(2)数据处理及实验结果

如实整理实验原始数据,得出精密压力表是否合格的判定。

(3)思考题

1)弹簧管压力表主要由几大部分构成? 各有何用处?

2)检定压力表时为何要作耐压试验?

(4)讨论

用所学的理论知识对实验结果进行分析。

7. 参考文献

[1]JJG 882-2004.中华人民共和国国家计量检定规程—压力变送器,2004

[2]张华,赵文柱.热工测量仪表(第 3 版)[M].北京:冶金工业出版社,2006

实验 6.10　压力单闭环控制系统

1. 实验目的和要求

(1)通过实验掌握单回路压力控制系统的构成。

(2)掌握用阶跃响应曲线法来实验辨识控制系统数学模型的特性参数 τ、T_0、K_0,采用临界比例度法、阶跃反应曲线法和整定单回路控制系统的 PID 参数,熟悉 PID 参数对控制系统质量指标的影响,用计算机进行 PID 参数的自整定和自动控制的投运。

2. 实验仪器及材料

浙江求是教学仪器公司生产的 PCT-Ⅰ 或 PCT-Ⅱ 热工过程控制实验系统装置。

3. 实验原理

压力单闭环控制系统的原理如图 6.10.1 所示。

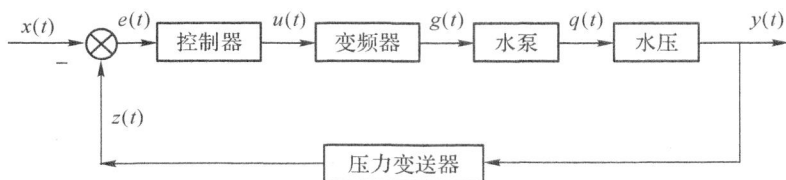

图 6.10.1　压力单闭环控制系统的原理框图

4. 实验内容

(1)压力单闭环控制实验系统流程如图 6.10.2 所示。

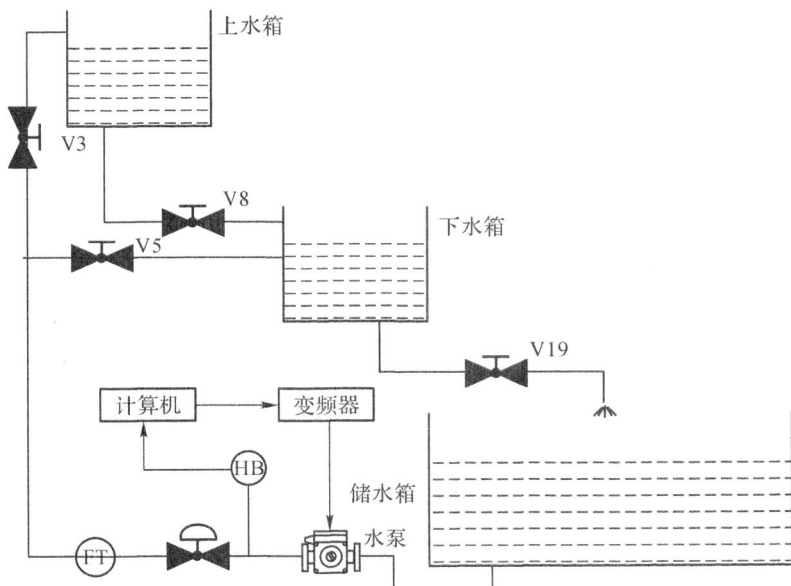

图 6.10.2　压力单闭环控制实验流程图

（2）过程控制对象管路图见图 6.10.3。

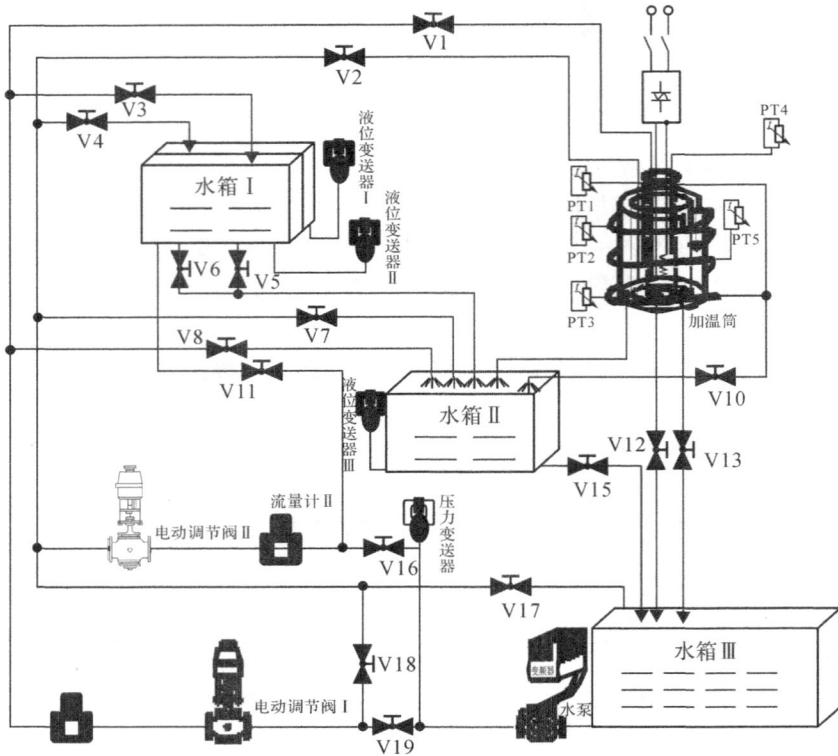

图 6.10.3 过程控制对象管路图

V1～V19 为阀门

（3）实验步骤（采用阶跃响应曲线法）：

1）按图 6.10.3 接好实验导线，将阀门 V19、V3 打开，将 V16、V17、V18 关闭。

2）接通总电源、各仪表电源。将 PCT-2 面板上的钮子开关掷到外控端。

3）整定参数值的计算

设定过渡过程的衰减比为 4∶1，整定参数值可按表 6.10.1"阶跃响应曲线整定参数表"进行计算。

4）将计算所得的 PID 参数值置于计算机中，系统投入闭环运行。加入扰动信号观察各被测量的变化，直至过渡过程曲线符合要求为止。

表 6.10.1 阶跃反应曲线整定参数表

控制规则	控制器参数		
	δ	T_I	T_D
P	δ_S		
PI	$1.2\delta_S$	$0.5T_S$	
PID	$0.8\delta_S$	$0.3T_S$	$0.1T_S$

注：T_S 为采样同期，δ_S 为衰减比 4∶1，T_Z 为积分时间常数，T_D 为微分时间常数。

5)曲线的分析处理,对实验的记录曲线分别进行分析和处理,处理结果记录于表格 6.10.2 中。

按常规内容编写实验报告,并根据 K、T、τ 平均值写出广义的传递函数。

(4)计算机的参数设置

$K_P = 4$ 　　（参考值）（比例增益）

$T_i = 8$ 　　（参考值）（积分时间　秒）

$T_d = 0$ 　　（参考值）（微分时间　秒）

表 6.10.2　阶跃响应曲线数据处理记录表

测量情况 ＼ 参数值	压力 1			压力 2		
	K_1	T_1	τ_1	K_2	T_2	τ_2
阶跃 1						
阶跃 2						
平均值						

Sp 　　　（计算机控制给定值）

$U(k)$ 　　（计算机输出值）

PV 　　　（计算机检测值）

5. 实验注意事项及预习要求

(1)注意事项

(2)预习要求

1)实验前弄清各种仪器的使用方法。

2)仔细阅读实验指导书并熟悉该系统的原理图和电路接线图。

6. 实验报告内容和要求

(1)实验目的和要求

(2)数据处理及实验结果

如实整理实验原始数据和记录曲线。

(3)思考题

1)特性参数 τ、T_0、K_0,对控制过程有什么影响?

2)什么叫单回路控制系统调节器参数整定? 目前主要有哪些整定的方法?

(4)讨论

用所学的理论知识对实验结果进行分析。

7. 参考文献

[1]林锦国,张利,李丽娟.过程控制(第 2 版)[M].南京:东南大学出版社,2009

[2]浙江求是教学仪器公司.综合控制实验指导书[M].杭州:浙江求是教学仪器公司,2003

实验 6.11　一阶液位对象特性测试

1. 实验目的和要求

(1)通过实验掌握对象特性的曲线的测量的方法。

(2)掌握对象模型参数的求取方法。

2. 实验仪器及材料

浙江求是教学仪器公司生产的 PCT-Ⅰ 或 PCT-Ⅱ 热工过程控制实验系统装置。

3. 实验原理

(1)实验原理图:计算机控制一阶液位对象特性测试系统的框图见图 6.11.1。

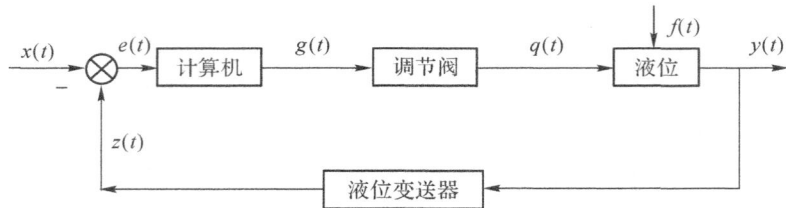

图 6.11.1　计算机控制一阶液位对象测试系统的框图

(2)过程控制对象管路图见图 6.11.2。

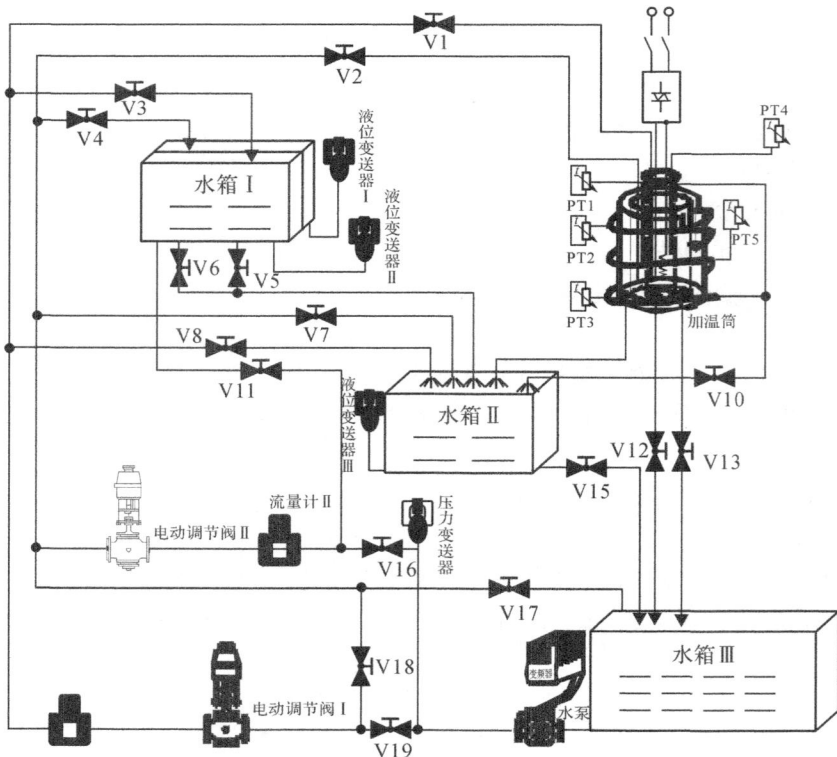

图 6.11.2　过程控制对象管路图

V1-V19 为阀门

4. 实验内容

（1）实验装置的认识：了解实验装置中的对象，水泵、变频器和所用仪表的名称、作用及其所在的位置，以便于在实验中对仪表进行操作和观察。熟悉实验装置面板图，要求做到：由面板上的每只仪表的图形、文字符号能准确地找到该仪表的实际位置。熟悉工艺管道结构、每个手动阀门的位置及其作用。此实验是调节器输出控制调节阀，计算机采集并记录数据。流程图见图 6.11.3。

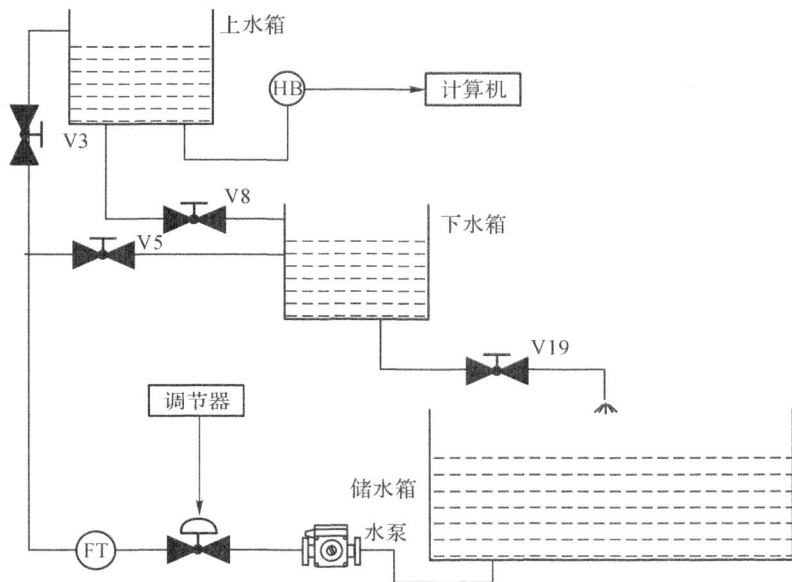

图 6.11.3　上水箱特性测试（调节器控制）流程图

（2）按上水箱特性测试（调节器控制）实验接线图接好实验线路，打开手动阀门 V3、V19，根据调节器外给定电流的大小来适当调节手动阀门 V6 的开度。

（3）接通总电源、各仪表的电源。

（4）设置调节器处于手动位置，按调节器的增/减键改变手动输出值，使系统在液位处于某一平衡位置，记下此时手动输出。

（5）按调节器的增/减键增加调节器手动输出，使系统输入幅值适宜的阶跃信号（阶跃信号不要太大，估计上水箱水不溢流出来），这时系统输出也有一个变化的信号，使系统在较高液位也能达到平衡状态。

（6）观察计算机上的液位 1 的阶跃响应适时和历史曲线，直至达到新的平稳为止。

（7）调节器的手动输出回到原来的输出电流值，记录相应的一条液位下降的曲线。

（8）曲线的分析处理，对实验的记录曲线分别进行分析和处理，选择合适的时间间隔，将数据记录下来，计算相应的 K、T、τ 值，处理结果记录于表格 6.11.1。

表 6.11.1　阶跃响应曲线数据处理记录表

参数值 测量情况	液位 1			液位 2		
	K_1	T_1	τ_1	K_2	T_2	τ_2
正向输入						
反向输入						
平均值						

(9)按常规内容编写实验报告,并根据 K、T、τ 平均值写出广义的传递函数。

5. 实验注意事项及预习要求

(1)注意事项

1)在特性实验开始前,下水箱液位必须处于某一稳定状态。

2)实测时应注意选择的阶跃信号的幅值适宜,选大了会影响正常实验,选小了可能会产生失真。

3)一般以调节阀最大值的 $10\%\sim20\%$ 左右为宜。

4)接线时注意 220V、380V 电压不要和信号线接错,直流电压注意极性正负不要接错。

5)严格按接线图接线,各开关的位置要正确,不得有误。通电前应请指导老师确认无误后方可通电。

(2)预习要求

1)实验前弄清各种仪器的使用方法。

2)仔细阅读实验指导书并熟悉该系统的原理图和电路接线图。

6. 实验报告内容和要求

(1)实验目的和要求

(2)数据处理及实验结果

如实整理实验原始数据和记录曲线。

(3)思考题

1)比较一阶系统和二阶系统有何不同。

2)如果用常规的数字调节器进行测量和控制,该如何接线? 如何进行测试?

(4)讨论

用所学的理论知识对实验结果进行分析。

7. 参考文献

[1]林锦国,张利,李丽娟.过程控制(第 2 版).[M].南京:东南大学出版社,2009

[2]浙江求是教学仪器公司.综合控制实验指导书[M].杭州:浙江求是教学仪器公司,2003

实验 6.12　二阶液位对象特性测试

1. 实验目的和要求

(1)了解过程控制系统的基本结构;

（2）通过实验掌握二阶系统动态特性的测试方法；

（3）掌握二阶对象模型参数的求取方法。

2. 实验仪器及材料

浙江求是教学仪器公司生产的 PCT-I 或 PCT-II 热工过程控制实验系统装置。

3. 实验原理

（1）实验原理图：计算机控制二阶液位对象测试系统的框图见图 6.12.1。

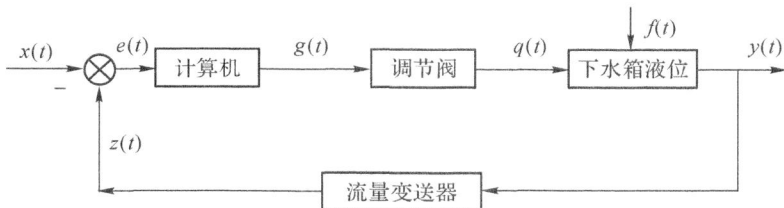

图 6.12.1　计算机控制二阶液位对象特性测试的框图

（2）过程控制对象管路图见图 6.12.2。

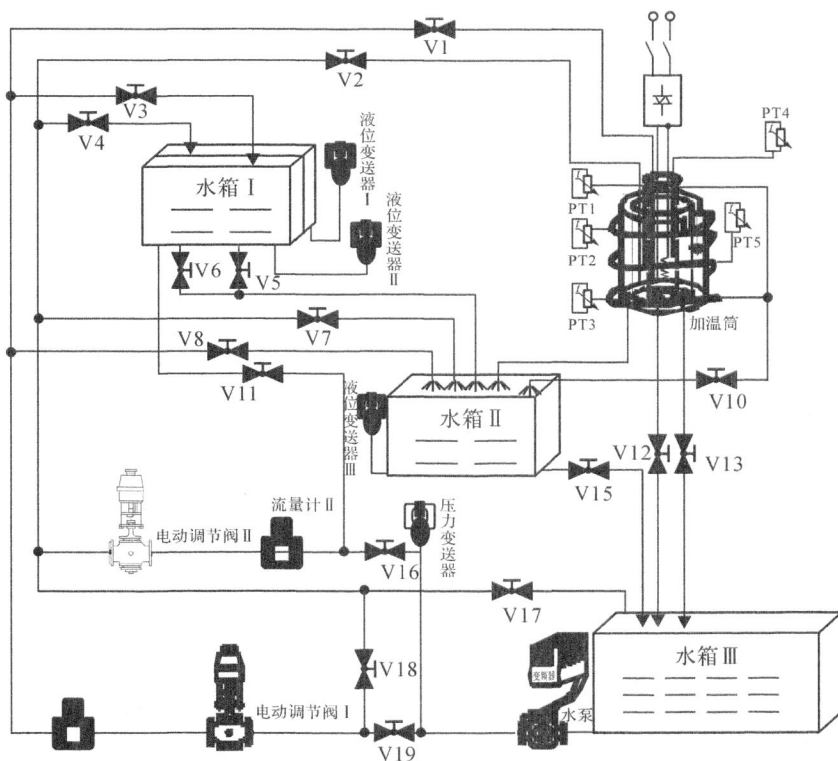

图 6.12.2　过程控制对象管路图

V1-V19 为阀门

4. 实验内容

（1）实验装置的认识：了解实验装置中的对象，水泵、变频器和所用仪表的名称、作用及其所在的位置,以便于在实验中对仪表进行操作和观察。熟悉实验装置面板图,要求做到:由面板上的每只仪表的图形、文字符号能准确地找到该仪表的实际位置。熟悉工艺管道结构、每个手动阀门的位置及其作用。此实验是调节器输出控制调节阀,计算机采集并记录数据。流程图见图 6.12.3。

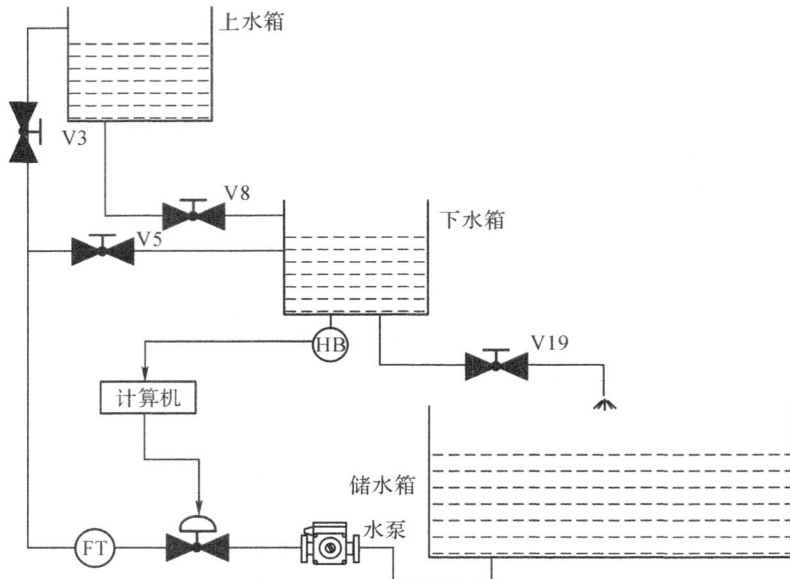

图 6.12.3 计算机控制二阶液位对象特性测试实验流程图

(2)按二阶液位对象特性测试实验接线图接好实验线路,打开手动阀门 V10,适当调节手动阀门 V7、V3 的开度。

(3)接通总电源、各仪表的电源。

(4)运行组态王 6.0 在组态王工程管理器界面中启动求是组合实验 6.0,点击 实验选择 按钮,选择二阶液位对象。

(5)点击 指导书 按钮,可阅读二阶液位对象动态特性测试实验指导。

(6)点击 接线图 按钮,根据接线图例接线。接线完成后,点击 开始实验 按钮,进入二阶液位对象特性测试及控制实验界面。

(7) 手动/自动 切换按钮置"手动"。

(8)点击 PID 设定 按钮,在 PID 设定中的 u(k)输入一个数据(注:u(k)对应电动阀门的开度),使系统运行一段时间,液位处于某一平衡位置。期间点击 实时曲线 按钮,可观察液位的变化状况。

(9)改变 u(k)输出,使系统输入幅值适宜的正向阶跃信号,这时系统的输出(下水箱液位)也有一个变化的信号,系统最终会在较高液位达到平衡状态。

(10)点击 历史曲线 按钮,观察下水箱液位的正向阶跃响应历史曲线,直至达到新的平衡为止。点击 打印曲线 按钮,可打印阶跃响应曲线。

(11)改变电动调节阀输出,使系统输入一个幅值与正向阶跃相等的反向阶跃信号,这时系统输出也有一个变化信号,使系统液位下降至一个平衡状态。

(12)点击 历史曲线 按钮,观察计算机显示的反向阶跃响应液位历史曲线,直至达到新的平衡为止。

5.实验注意事项及预习要求

(1)注意事项

1)在二阶特性实验开始前,下水箱液位必须处于某一稳定状态。

2)实测时应注意选择的阶跃信号的幅值适宜,选大了会影响正常实验,选小了可能会产生失真。

3)一般以调节阀最大值的 10%～20% 左右为宜。

4)接线时注意 220V,380V 电压不要和信号线接错,直流电压注意极性正负不要接错。

5)严格按接线图接线,各开关的位置要正确,不得有误。通电前应请指导老师确认无误后方可通电。

(2)预习要求

1)实验前弄清各种仪器的使用方法。

2)仔细阅读实验指导书并熟悉该系统的原理图和电路接线图。

6.实验报告内容和要求

(1)实验目的和要求

(2)数据处理及实验结果

如实整理实验原始数据和记录曲线。

曲线的分析处理,对实验的记录曲线分别进行分析和处理,选择合适的时间间隔,将数据记录下来,计算相应的 K、T、τ 值,处理结果记录于表格 6.12.1。

按常规内容编写实验报告,并根据 K、T、τ 平均值写出广义的传递函数。

表 6.12.1　阶跃响应曲线数据处理记录表

参数值 测量情况	液位 1			液位 2		
	K_1	T_1	τ_1	K_2	T_2	τ_2
正向输入						
反向输入						
平均值						

(3)思考题

1)比较一阶系统和二阶系统有何不同。

2)如果用常规的数字调节器进行测量和控制,该如何接线? 如何进行测试?

(4)讨论

用所学的理论知识对实验结果进行分析。

7.参考文献

[1]林锦国,张利,李丽娟.过程控制(第2版)[M].南京:东南大学出版社,2009

[2]浙江求是教学仪器公司.综合控制实验指导书[M].杭州:浙江求是教学仪器公司,2003

实验 6.13 执行元件(调节阀)流量特性曲线测试

1. 实验目的和要求

通过实验掌握调节阀的流量特性曲线及其测量方法,测量时应注意调节阀流量特性的求取方法。

2. 实验仪器及材料

实验在 PCT-Ⅰ或 PCT-Ⅱ热工过程控制实验系统装置上进行。

3. 实验原理

实验原理如系统流程图 6.13.1 所示。

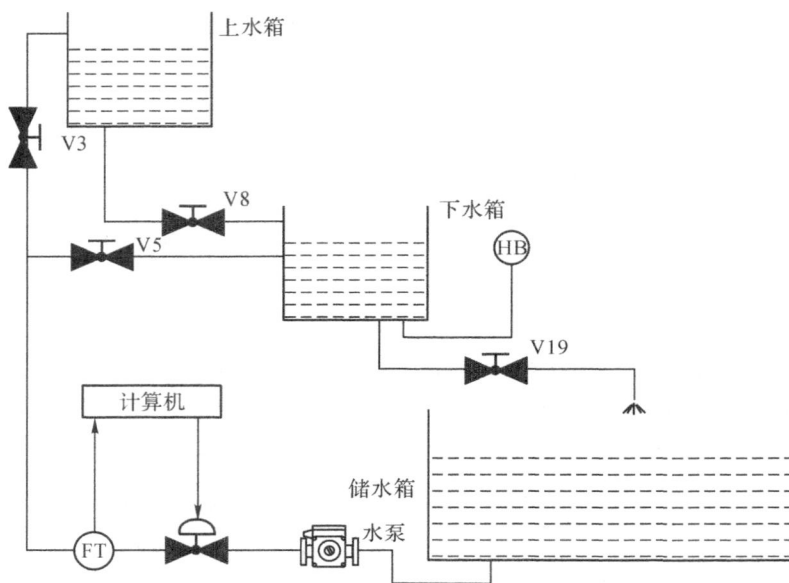

图 6.13.1　调节阀流量特性测试(计算机)实验流程图

4. 实验内容

(1)实验装置的认识:了解调节阀的工作原理、作用及所在的位置。

(2)按附图调节阀特性测试实验接线图将实验导线接好。

(3)接通总电源、各仪表电源。

(4)运行组态王 6.0,在组态王工程管理器界面中启动求是组合实验 6.0,点击 实验选择 按钮,选择调节阀特性测试。

(5)点击 指导书 按钮,阅读调节阀特性测试实验指导。

(6)点击 接线图 按钮,根据接线图例接线,接线完成后,点击 开始实验 按钮,进入调节阀对象特性测试及控制实验界面。

(7)点击 特性测试 和 特性曲线 按钮,开始调节阀特性测试实验。

（8）点击 u(k) 的 △ 增键，开始测试调节阀的正向流量特性，直至 u(k)＝1000，再点击 u(k) △ 增键，停止调节阀正向特性测试。

（9）点击 u(k) ▽ 减键，开始测试调节阀的反向流量特性，直至 u(k)＝0，再点击 u(k) ▽ 减键，停止调节阀反向特性测试。

（10）点击 打印曲线 按钮，打印调节阀特性曲线。

（11）曲线的分析处理，可在不同水压情况下的调节阀特性曲线分别进行分析和处理，按常规内容编写实验报告。

5. 实验注意事项及预习要求

（1）注意事项

1）在特性实验开始前，下水箱液位必须处于某一稳定状态。

2）实测时应注意选择的信号的幅值适宜，选大了会影响正常实验，选小了可能会产生失真。

3）一般以调节阀最大值的 10％～20％左右为宜。

4）接线时注意 220V，380V 电压不要和信号线接错，直流电压注意极性正负不要接错。

5）严格按接线图接线，各开关的位置要正确，不得有误。

（2）预习要求

1）实验前弄清各种仪器的使用方法。

2）仔细阅读实验指导书并熟悉该系统的原理图和电路接线图。

6. 实验报告内容和要求

（1）实验目的和要求

（2）数据处理及实验结果

如实整理实验原始数据和记录曲线。

（3）思考题

1）什么叫理想流量特性？

2）如果用常规的数字调节器进行测量和控制，该如何接线？ 如何进行测试？

（4）讨论

用所学的理论知识对实验结果进行分析。

7. 参考文献

［1］林锦国，张利，李丽娟．过程控制（第 2 版）．［M］．南京：东南大学出版社，2009

［2］浙江求是教学仪器公司．综合控制实验指导书［M］．杭州：浙江求是教学仪器公司，2003

实验 6.14　标准孔板流量计流量系数标定

1. 实验目的和要求

（1）通过本实验，熟悉和掌握孔板流量计流量系数的标定方法。

（2）了解流量标准装置的工作原理、工作方法、工作过程及控制调节方法。

（3）了解标定过程中所有仪表的使用方法。

2. 实验仪器及材料

多相流流量标准装置见图 6.14.1。

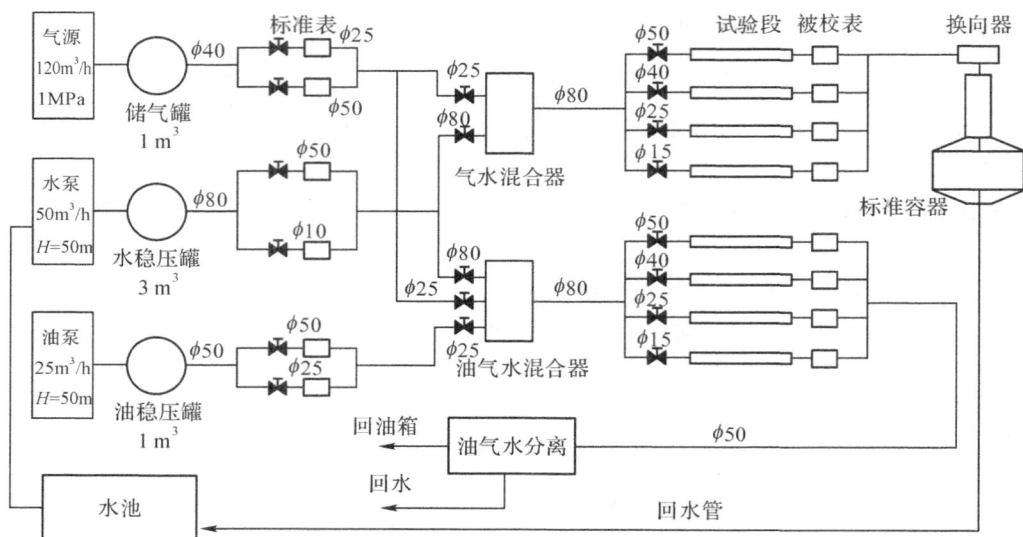

图 6.14.1　多相流流量标准装置

3. 实验原理

孔板流量计测量原理:在管道内装入孔板流量计,流体流过该节流件时会产生流束收缩,于是节流件前后就产生差压。对于一定形状和尺寸的节流件、一定的测压位置和前后直管段情况、一定参数的流体和其他条件下,节流件前后产生的差压值随流量而变,两者之间有确定的关系。因此可以通过测量差压来测量流量。孔板流态如图 6.14.2 所示。

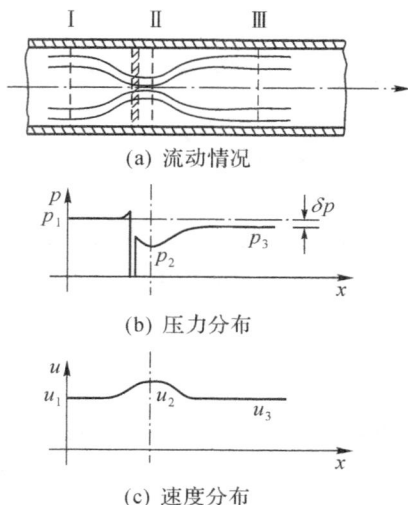

(a) 流动情况

(b) 压力分布

(c) 速度分布

图 6.14.2　孔板流体流动流态

　　标准节适用于测量圆形管道中的单相、均质流体的流量,它要求流体充满管道,在节流件前后一定距离内不发生相变并析出杂质,流速小于音速,流体流动属于非脉动、充分发展的状态,流体在流过节流件前,流束与管道轴线平行,不得有旋转流。

　　节流装置的流量计算公式

$$Q_m = \alpha \cdot \varepsilon \cdot A_d \sqrt{2 \cdot \rho \cdot \Delta p} \qquad (6.14.1)$$

式中:对不可压缩性流体,$\varepsilon = 1$;对可压缩性流体,$\varepsilon < 1$。

$$Q_v = Q_m / \rho = \alpha \cdot \varepsilon \cdot A_d \sqrt{\frac{2 \Delta p}{\rho}} \qquad (6.14.2)$$

节流件开孔面积:$A_d = \frac{\pi}{4} d^2$ \qquad (6.14.3)

　　Q 为通过孔板流量计的流量(m^3/h),d 是孔板开孔直径,D 为管道直径,α 是孔板流量计的流量系数,Δp 是通过孔板的差压,ρ 是水的密度。

$$流量系数:\alpha = \frac{Q_v}{A_d \sqrt{\frac{2 \cdot \Delta p}{\rho}}} \qquad (6.14.4)$$

　　α 是一个纯数,对于几何相似的节流装置,α 仅与 R_e 有关,当流体的流动情况可用相当的 R_e 表征时,则 α 值相等。

4. 实验内容

　　(1)实验在"气水混合器试验段"的台位上进行。

　　(2)实验开始时,根据流量大小选择一标准容器,将其中流体全部放完,然后关上底阀。

　　(3)把计时器(秒表)(或和计数器)都清零,处于工作状态。

　　(4)然后打开总阀,并选择一适当的流量值,把量程开到一所需量程(调节变频器或电磁阀开度)。让液流流动一段时间,待管道中的气体随液流排除干净,并使其温度均匀。

　　(5)计量开始,由控制台发出信号,使换向器动作,将流体切换到所需的标准容器中,与此同时,(计数器和)计时器开始工作(分自动和手动两种,手动时用秒表)。

　　(6)当标准容器的液位管中的液位上升到预定位置时,即刻操作控制台,使转换器动作,将流量切换到原来状态,即直接排向水池。在换向器动作的同时,计时器(秒表)停止计时。

　　(7)此时,从计时器,标准容器中读出实验时间 t,标准容器的液位高度值。

　　(8)在做(4)的时候,就要同时记录差压计中的差压值。

　　(9)在电磁阀的同一个开度上(即同一个流量量程点),重复(1)~(7)点做 3 次以上。

　　(10)选择一个新的流量量程点,重复以上(1)~(8)点,一般流量标定点选择 6~8 个(包括最大和最小流量)。

5. 实验注意事项及预习要求

　　(1)检定点的每次检定,应在稳定的流量下进行,测定流量和差压值的检定过程中,差压管路内不得存有气泡。

　　(2)在实验中,要记录三次水温、压力(在开始、中间、结尾时)。

　　(3)对实验内容要做好预习。

6. 实验报告内容及要求

（1）实验目的和要求

（2）数据处理及实验结果

孔板流量计流量系数标定试验记录见表 6.14.1。

表 6.14.1　孔板流量计流量系数标定试验记录表

单位 序号	h_1 (mm)	h_2 (mm)	Δh (mm)	V (m^3)	t (s)	Q (m^3/s)	Δp (kPa/m^2)	α
1								
2								
3								
4								
5								
6								

注：表中数据要有计算公式的计算过程。

（3）思考题

1）如果是测气体用的孔板，其流量系数可如何测定？

2）分析出厂的标准孔板流量系数与实测的流量系数产生差异的主要原因？

（4）讨论

用所学的理论知识对实验结果进行分析。

7. 参考文献

[1]梁国伟,蔡武昌.流量测量技术与仪表(第 1 版)[M].北京:机械工业出版社,2002

实验 6.15　　钟罩式气体标准装置检定转子流量计

1. 实验目的和要求

(1) 了解钟罩式气体计量标准装置的工作原理。

(2) 掌握钟罩式气体计量标准装置校验气体流量计的基本原理及校验方法。

(3) 按要求测取被校表各检定点的读数值并进行计算。

2. 实验仪器及材料

计时器(或秒表)、气压计、温度计、被标定表(玻璃转子流量计)、钟罩式气体流量标准装置。实验时根据不同的检定对象选用相关设备。

该装置的结构按钟罩的提升方式分为机械和气动式,如图 6.15.1、图 6.15.2 所示。密封液可以用水,也可以用油,一般称用水密封者为湿式,用油密封为干式。

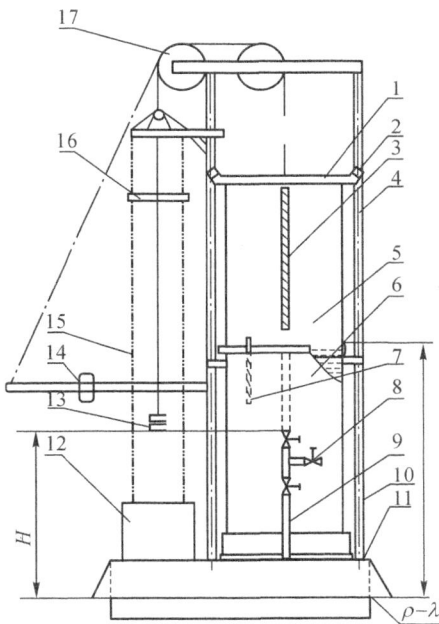

图 6.15.1　机械式

1.钟罩　2.外导轮　3.标尺　4.导柱　5.中心排气管　6.水槽(液槽)寸　7.水(液)位器　8.阀门组　9.实验管道　10.立柱　11.底座　12.电动减速机构　13.配重砝码　14.补偿装置　15.链条　16.压板　17.滑轮

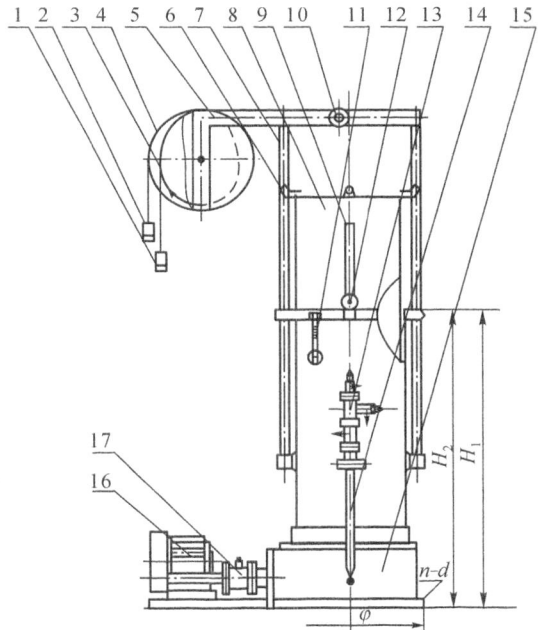

图 6.15.2　气动式

1.补偿砝码　2.配重砝码　3.曲线轮　4.绳轮　5.横梁　6.导轮　7.导柱　8.钟罩　9.标尺　10.发讯器　11.水位器　12.放大镜　13.阀门　14.排气管　15.底座　16.风机　17.电磁阀(止回阀)

装置的读数方式分人工和自动两种,人工读数是通过安装在钟罩上的标尺实现,自动读数是通过智能控制系统实现。

3. 实验原理

小型钟罩式气体流量标准装置是一个具有恒压源(并给出标准容积)的气体流量标准仪

器,它利用钟罩自重与配重砝码的重量差,产生一定的压力,并通过补偿机构的作用使该压力不随钟罩浸入密封液中的深度而改变,通过增减配重砝码的重量,可得到所需要的工作压力。可动的钟罩和固定的液槽形成一个容积可变的密封空腔。钟罩下降过程中通过压力补偿机构,使其内部气体压力保持值不随钟罩浸入密封液体中的深度而变化。以钟罩内有效容积为标准,当钟罩下降时,钟罩内气体经实验管道排出,排往被检仪表,以钟罩内排出的气体容量比较被检仪表的精度。

当气体以一定的速度自下而上流经锥管时,在转子上下游端产生压力差,使转子回升,同时流通的环隙面积增大,直到转子的上升力与转子所受重力、浮力和黏性力三者的合力平衡时,稳定在某刻度上。流体流量与转子上升高度即流量计的流通环隙面积成一定的比例。

$$Q_v = \alpha \cdot \varepsilon \cdot \Delta F \sqrt{\frac{2 \cdot g \cdot V_f \cdot (\rho_f - \rho)}{\rho \cdot F_f}} \tag{6.15.1}$$

式中:Q——体积流量;α——流量计流量系数;ε——介质膨胀系数;

ΔF——流通环隙面积;V_f——转子体积;ρ_f——转子材料密度;

F_f——转子工作处直径的横断面积;ρ——被测流体介质密度;

g——重力加速度。

4. 实验内容

(1)装好被检定的玻璃转子流量计。

(2)打开进气阀门。

(3)按"提升"按钮,钟罩上升,到钟罩到达适当位置,按停止按钮。

(4)关闭进气阀。

(5)按"下降"按钮,使配重砝码和托盘分开至一定的高度,再按"停止"按钮,这时准备工作就绪,可以开始实验。

(6)调节被检流量计入口前的阀门至某一流量点,使转子稳定在某一定值,每点检点3次以上,每个流量计至少检定5个均匀分布点(包括最大最小点)。

5. 实验注意事项及预习要求

(1)流量计的刻度流量 Q,是标准状态(温度为20℃、大气压力 1.01325×10^3 Pa)时的流量值。

(2)实验过程中要记录温度和大气压力。

(3)计算公式中用的是绝对压力和绝对温度。

(4)实验前要求做好预习。

6. 实验报告内容及要求

(1)实验目的和要求

(2)数据处理及实验结果

气体玻璃转子流量可采用容积法、比较法进行检定。

1)容积法:气体从流量标准装置中排出,并经过流量计,测出排出气体的体积,排出时间,及装置内和流量计前面的气体压力、温度,计算出流量计在刻度状态下的实际流量 Q(m^3/h)。

$$Q = 0.0538 \frac{V}{t} \cdot \frac{P_s}{T_s} \sqrt{\frac{T_m}{P_m}} \tag{6.15.2}$$

式中:V ——流量标准装置内排出的气体体积(m^3);

t ——排出气体的时间(h);

P_s、P_m ——流量标准装置内、流量计前面的气体绝对压力(Pa);

T_s、T_m ——流量标准装置内、流量计前面的气体绝对温度(K)。

2)比较法:把流量计装在标准流量计的下游端,分别测出标准流量计和被检流量计进口处的压力、温度,然后计算出被检流量计在刻度状态下的实际流量 Q(m^3/h)。

$$Q = \frac{P_s T_m}{P_m T_s} \cdot Q_{SN} \tag{6.15.3}$$

式中:P_s、P_m ——流量标准装置内、流量计前面的气体绝对压力(P_a);

T_s、T_m ——流量标准装置内、流量计前面的气体绝对温度(K);

Q_{SN} ——标准流量计在标准状态下的刻度流量(m^3/h)。

3)流量计的示值误差计算

$$\Delta = \frac{Q - Q_1}{Q_{max}} \times 100\% \tag{6.15.4}$$

式中:Q ——流量计在刻度状态下的实际流量(m^3/h);

Q_1 ——流量计的刻度流量(m^3/h);

Q_{max} ——流量计的上限刻度流量(m^3/h)。

4)检定结果处理

在满足下列条件时,可以认为流量计合格。

①每个检定点两次检定值的变差不超过允许误差的 1/2。

②流量计的示值误差 Δ 不应超出流量计的允许误差δ。

③检定过程中,介质温度变化较大时,则应对其进行修正。

④若符合条件,则判定其合格。

(3)思考题

1)当用标定好的转子流量计测定不同介质(如氮气)的流量时,其刻度值应作如何修正?

2)玻璃转子流量计的玻璃管子为什么做成锤形的?

(4)讨论

用所学的理论知识对实验结果进行分析。

表 16.15.1　数据记录表

次数 \ 单位	时间(秒) t	标准钟罩(升) V	实验流量 (升/小时) Q_1	钟罩流量 (升/小时) Q	误差 Δ
1					
2					
3					

续表

次数 ＼ 单位	时间（秒） t	标准钟罩（升） V	实验流量 （升/小时） Q_1	钟罩流量 （升/小时） Q	误差 Δ
4					
5					
6					

7. 参考文献

[1]气体标准装置的使用说明书

[2]梁国伟,蔡武昌.流量测量技术与仪表(第1版)[M].北京:机械工业出版社,2005

实验 6.16　水表流量标定实验

1. 实验目的和要求

(1)学习水表的工作原理。

(2)学会水表检定装置的一般使用方法,掌握水表的检定方法。

2. 实验仪器及材料

水表检定装置分类:

(1)按标准器形式

水表检定装置可分为容积式、称量式和标准表式。目前我国绝大多数的冷水水表的检定装置为容积式,少部分用标准表式;而热水水表检定装置考虑到安全性和介质密度变化,采用称量式和标准表式的居多。

(2)按管径覆盖范围

水表检定装置一般划分为 DN(15～25),DN(15～50),DN(80～200)。与管径覆盖范围配套的装置整体尺寸、标准器和瞬时流量计的配置等有相应的不同,其中 DN80 以上的装置还需配置换向器。

(3)按用途

一般分为性能测试型、生产校验型和串联校验型。

(4)按功能

分为附加定值装置(到设定水位时自动关闭进水阀)的检定装置,全电脑自动校验型(这同时要求水表有电信号输出,或用适当的传感器读取水表读数,标准器可以是有电信号输出的衡器或工作量器),双表比对型装置等。

几种常用水表检定装置见表 6.16.1。

表 6.16.1 几种常用水表检定装置

规格准备度等级	装置型式	适用口径	压力表温度计	直管段、取压孔	标准器	换向器	流量范围瞬时流量指示计
容积法 15~25 0.2级	性能测试	15 20 25	有	上下游≥15D 有取压孔	工作量器 量限配置一般为 10,20,50 (40),100L	一般无	4~7000L/h 一般用 LZB 型—15,25,50 三台玻璃转子流量计
	生产校验	15 20 25	有或无	上游≥5D 下游≥2D 无取压孔	工作量器 量限配置一般为 10,20,50 (40),100L	一般无	4~7000L/h 一般用 LZB 型—15,25,50 三台玻璃转子流量计
容积法 15~50 0.2级	性能测试	15 20 25 (32) 40 50	有	上下游≥15D 有取压孔	工作量器 量限配置一般为 10,20,50,300(500)L	一般无	4~30000L/h 一般用 LZB 型—15,25,50,80 四台玻璃转子流量计
	生产校验	15 20 25 (32) 40 50	有或无	上游≥5D 下游≥2D 无取压孔	工作量器 量限配置一般为 10,20,50,300(500)L	一般无	4~30000L/h 一般用 LZB 型—15,25,50,80 四台玻璃转子流量计
容积法 80~200 0.2级	性能测试	80 100 150 200	有	上下游≥15D 有取压孔	工作量器 量限配置一般为 200,500,1000,2000,5000(10000)L	有	4~250m³/h 一般用 LZB 型—80,100,玻璃转子流量计和分流式转子流量计或电磁流量计等
	生产校验	80 100 150 200	有或无	上游≥5D 下游≥2D 无取压孔	工作量器 量限配置一般为 200,500,1000,2000,5000(10000)L	有	4~250m³/h 一般用 LZB 型—80,100,玻璃转子流量计和分流式转子流量计或电磁流量计等
比较法 80~200 80~100 150~200 0.2级、0.5级	生产校验	80 100 150 200	有或无	上游≥5D 下游≥2D 无取压孔	标准表选择流量范围匹配的涡轮流量计等,定流量点准确度可达到0.2%	无	标准表显示
容积法 15~25 0.2级	串联	15 20 25	有或无	未明确要求	同容积法	无	同容积法
称量法 规格分类同上 0.2级	其他分类情况同容积法				电子衡器或其他衡器		其他分类情况同容积法

3. 实验原理

容积法水表检定,全性能测试型。

用于水表全性能测试的检定装置,包括有进水口压力表、温度计、试验段上下游不短于 15D(D 为水表的公称直径)的直管段、直管段上的取压孔。

4. 实验内容水表检定装置的主要结构组成。

(1)标准器

容积法水表检定装置的标准器为二等工作量器,准确度在 0.2%,一般为缩颈式结构。

对工作量器一般可按 JJG259.989《标准金属量器》进行标定或检定。量器采用缩颈式结构是为了提高量器中的水容积的计数分辨率。为增加量器的量限,较多的还采用了葫芦式或隔板式结构,以减少量器数量和占地面积。较早的还有直筒式水表检定装置,准确度较低,为 0.5 级,装置累积误差限为±0.5%。量器为直筒式,按照检定规程的规定只用于维修校验,但目前一些时间较长的水表生产企业仍保留部分这样的设备用于校表。图 6.16.1 为各种标准容器的结构示意图。

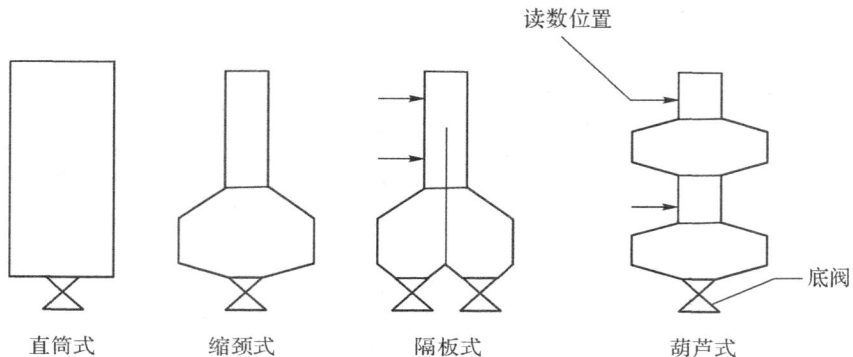

图 6.16.1　各种标准容器的结构示意图

(2)换向器

在水表公称口径大于或等于 80mm 时,水表检定装置应加装换向器。换向装置一般采用气动阀或电磁阀,试验在水表起止读数时,同步切换水流,使通过水表的流量在试验期间始终恒定在选定的流量值上,防止试验过程中,由于开启和关闭阀门造成流量变化所引起的误差。换向器的工作过程如图 6.16.2 所示。对大口径水表检定装置,大部分情况并不安装计时传感器,且在到达水表起始整数位的瞬时就换向。这样 A 和 B 两点就是开始切换水流和同步读数的时刻,试验时间为 AB 所代表的时间长度。说明:对水流量标准装置,计时传感器一般安装在换向器行程的几何中点附近,这样其计时时刻就为 A_1 和 B_1,试验时间为 A_1B_1 长,这是比较合适的。如果 A 至 A_2 的换进流量变化能抵消 B 至 B_2 换出流量变化,或者换向过程 A 至 A_2,B 至 B_2 非常短,则这样换向开启和关闭阀门造成流量变化所引起的误差就小。因此设计和调试时,应使行程差尽量小(一般控制在 20ms 内)、行程时间尽量短。

换向器一般分开式换向器与闭式换向器。开式换向器一般用适当行程的挡板或导流车装置,承接试验管道出口的水流换向,特点是不与试验管道直接连接,避免换向过程中的冲击振动对试验管道中的仪表产生影响,但体积较大。闭式换向器结构紧凑,一般采用活塞结构,直接与试验管道出口端法兰相连,换向工作时的振动对试验管道有一定影响,可以通过

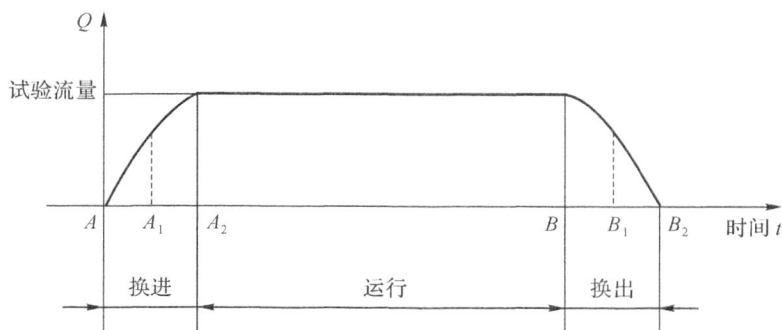

图 6.16.2　换向器工作过程

安装扰性接头等措施来减弱这种影响。

（3）瞬时流量指示计

水表检定装置上配用的瞬时流量指示计按国家检定规程和国家标准的要求,其示值误差应小于实际值的±2.5%。水表的流量范围在流量计中是比较宽的。考虑了瞬时流量计的流量范围、组合数量、安装体积的小巧紧凑、价格、指示值的直观性、是否用电源等因素,国内一般采用玻璃转子流量计作为水表检定装置的瞬时流量指示计。

用透明管道的玻璃转子流量计还可以观察水中是否含有气泡。用其他流量计作瞬时流量指示的还应在装置的试验管道系统某个位置安装一透明管或透视窗。

玻璃转子流量计的主要测量元件为垂直安装的锥形玻璃管及在其内部上下浮动的转子（又称浮子）。转子流量计又称变面积式流量计或恒差压流量计,当水流自下而上流经玻璃转子流量计的锥形玻璃管时,在转子的上下产生差压,当转子上升到与实际流量相对应的高度时,该差压值与转子的重量、浮力相平衡。

当流量增大或减小时,转子就往上或下移动,其与锥形管之间的环形面积（即流通面积）变大或变小,调整差压值,达到新的平衡。因此,流经转子流量计的流量与转子的高度存在对应关系。

转子流量计的准确度由标定装置准确度、读数分辨率、锥形管锥度、介质状态参数等因素决定。对于气体介质的转子流量计,应按流量计进口处的气体温度、压力、介质密度来换算到标准状态下的实际值。

对于介质为水的转子流量计,其准确度与水的密度和黏度有关,而水的温度变化会引起这两个参数的变化。

不过在许多测量要求不高的场合,省去对转子流量计进口处的温度测量和相应的示值修正,简化了测量工作,也未对实际结果产生影响。

转子流量计的形状可能多种多样,其示值读数要注意一个原则,即应读取转子面积最大处所对应的刻度。图 6.16.3 为几种典型的转子形状及读数位置图。

转子流量计的示值误差及准确度一般采用引用误差,即用满量程值误差（%FS）来表示。这类仪表在接近满量程的部分,其实际误差较小、准确度较高,而在量程的较低区域,仪表的实际准确度较低。转子流量计的检定按 JJG257.1994《转子流量计检定规程》进行检定。

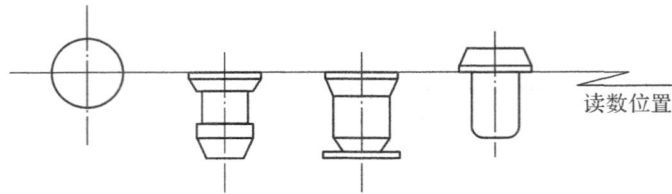

图 6.16.3　转子形状及读数位置

水表检定装置配套使用的玻璃转子流量计是一种专用流量计,其流量点的选取和标定均按各种规格的水表的特性流量点,其误差计算按相对误差进行计算。尽管如此,玻璃转子流量计的准确度等级在低量程部分受分辨力影响增大,加上不对水温因素影响进行修正,因此在全部流量范围和温度范围(水表的介质工作温度范围为 0～30℃)达到相对误差在2.5% 内的要求是不容易达到的。这样,对水表的始动流量的测量有时并不可靠,所以,水表检定规程规定,可用二等玻璃量器和秒表进行准确的始动流量测试。

说明:如果在水表检定装置上对所安装使用的玻璃转子流量计进行检定或校准时,也同样要考虑这些因素和装置稳压系统所带来的测量不确定度。大口径水表检定装置所用的大流量瞬时流量指示计还可用分流孔板式玻璃转子流量计、电磁流量计、旋涡流量计等。

(4)试验段和夹表器

水表检定装置的试验段是按水表的整体长度和连接方式而设计的。有些水表检定装置为了更换不同管径试验管道的方便(尤其是口径 80mm 以上的装置),在设计制造时,将这些管道全部安置在一个转盘上,通过小电机或手工举行更换。

水表检定装置的夹表器装置一般采用单缸活塞机构,行程长度一般在 50～200mm,可采用液动或气动。

(5)始动流量试验装置

一般情况下,水表的始动流量试验可在水表检定装置上利用其玻璃转子流量计进行,由于转子流量计在量程下限的实际相对误差的局限性,也可用二等玻璃量瓶和秒表进行测试。

说明:水表国家标准 GB/T778.1996 已取消了始动流量试验项目,但国内许多水表生产企业和自来水公司对水表的始动流量指标仍比较关心,在产品质量检验时仍保留对始动流量的测试。

(6)压力损失试验装置

压力损失试验装置的组成与省略了标准器的水表检定装置基本相同,所以一般也不做单独的压力损失试验装置。

在配置了稳定的供水系统、合适准确度和量程范围的差压计后,压力损失试验就可在水表检定装置上进行。国内使用双波纹差压计较多,准确度为 1.0 级,量程有 40kPa,100kPa,160kPa 等,可根据被测水表的压力损失大致范围进行选用。

一些单位在水表检定装置的上下游直管段的取压孔上安装两台压力表,分别读取试验时水表的上游压力和下游压力,继而计算出压力损失值,这种方法不可靠,一是由于水源的压力波动和水表运动产生的压力波动使得要同时读取上下游的压力表值比较困难,二是因为压力表的量程和分辨率达不到测量压力损失的准确度要求。

在水表国家标准 GB/T778.3—1996 和国家检定规程上,在测量压力损失时,对取压孔相对于被试水表的位置和取压孔的规格尺寸都有具体的规定要求,见图 6.16.4。

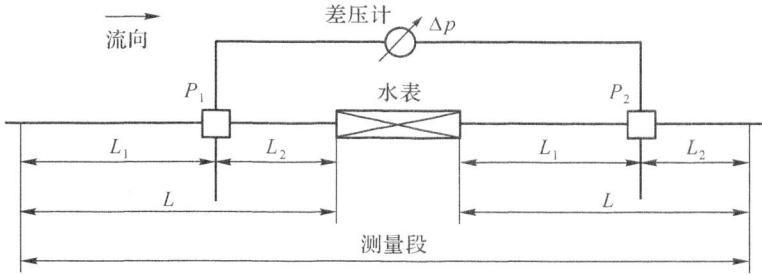

图 6.16.4　压力损失试验测量段示意图

注:P_1 和 P_2 表示取压口平面。$L \geqslant 15DN$, $L_1 \geqslant 10DN$, $L_2 \geqslant 5DN$。DN 为水表公称口径

(7)管路稳压系统

水表的示值误差应该在流量稳定的条件下进行测量。稳压水源是保证这种稳定的重要条件,国内目前主要用水塔(又称高位水箱)稳压法和容器稳压法。

水塔稳压法是一种高位恒水头的方法。一定高度和容积的高位水箱可以保证试验所需的压力和流量。水箱一般采用溢流结构,以保持水箱的水面平稳和液位高度的恒定,从而保证供水压力和流量的稳定。

图 6.16.5 是容器稳压法水表检定装置系统示意图。稳压罐由阻尼结构、罐体、水位管、压力表、进出水管和阀组成。

稳压罐下部为进出水,上部为压缩空气。用由水泵或自来水源的水流,经阻尼网和罐体上部的气体部分的缓冲,消除了水流的脉动,从而达到稳压和稳流的效果。

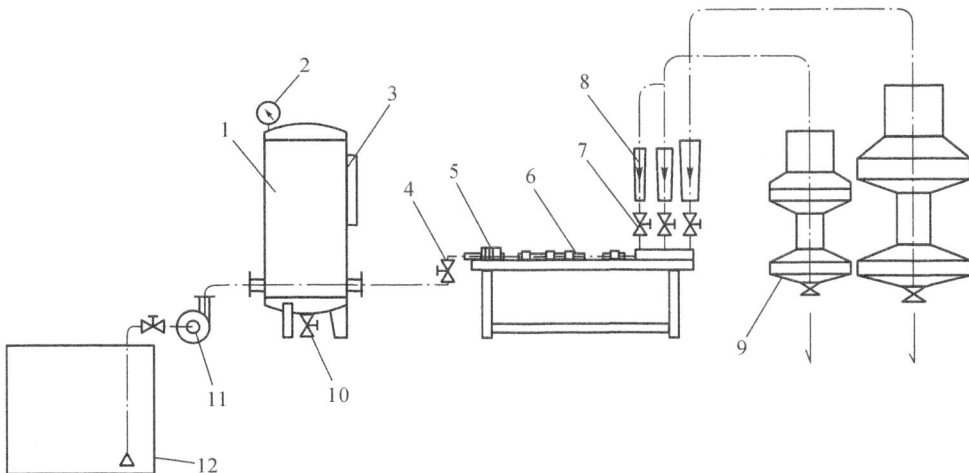

图 6.16.5　容器稳压法水表检定装置系统示意图

1.稳压容器　2.压力表　3.液位管　4.装置进水阀　5.夹紧器　6.串联试验段　7.流量调节阀
8.瞬时流量指示计　9.工作量器　10.容器排污阀　11.水泵　12.水池或水箱

5. 实验注意事项及预习要求

(1)通常工作压力下的气水容积比大体一定,一般为 1∶2～1∶3 左右,罐内水面和出水管的距离应大于 10 倍的出水管直径。

(2)稳压罐进出水管的设置应有足够距离,尽可能地防止进水的动能干扰出水压力的稳定。

(3)若多台水表检定装置合用一只稳压罐,则稳压罐的容积和进水管应足够大,以保证多台装置同时在最大流量下使用时能够达到流量及其稳定性要求,并在各出水口分别设置限流孔板,以消除各装置在操作时所引起的相互间压力干扰,防止和减少由此而造成的误差。在国家质量技术监督局公布的水表生产必备条件中也有这方面的要求。

(4)多层阻尼孔板的孔径和数量,应尽可能防止直通,这样有利于减小水流动能冲击干扰。

(5)罐体的壁厚应保证在工作压力下的安全性,稳压罐总体的设计和安装应考虑便于维修和清洗。

(6)计时器用来指示试验时间,一般可用机械秒表或电子秒表。

(7)实验前要充分预习。

6. 实验报告内容及要求

(1)实验目的和要求

(2)数据处理及实验结果

(3)思考题

影响水表准确度的因素有哪些?

(4)讨论

用所学的理论知识对实验结果进行分析。

7. 参考文献

[1]梁国伟,蔡武昌. 流量测量技术与仪表(第 1 版)[M]. 北京:机械工业出版社,2005

实验 6.17　涡轮流量计特性实验

1. 实验目的和要求

通过对涡轮流量计的特性进行分析,找出产生误差的根本原因,减小各个因素的不良影响,能使涡轮气体流量计在实际应用中发挥它的最大作用。

2. 实验仪器及材料

(1)涡轮气体流量计(如图 6.17.1)的结构分析

涡轮流量计是速度式流量计之一,由涡轮变送器(图 6.17.2)和流量显示仪表组成,可实现检测瞬时流量和累积流量。

图 6.17.1　涡轮流量计

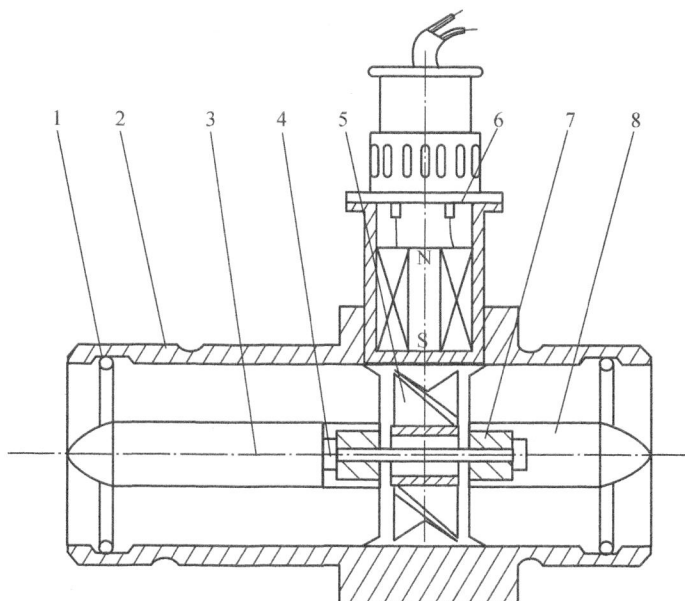

图 6.17.2　涡轮变送器

1.紧固件　2.壳体　3.前导向件　4.止推片　5.叶轮
6.电磁感应式信号检测器　7.轴承　8.后导向件

3. 实验原理

涡轮气体流量计是基于流体动量矩守恒原理工作的。当进入流量计的被测流体经截面收缩的导流器加速后,以平均速度 v 作用在轴向安装的叶轮叶片上,叶轮受流体冲击而旋转,在一定范围内,涡轮的转速与流体的平均流速成正比。叶轮的转动周期地改变磁电转换器的磁阻值,检测线圈中的磁通量随之发生周期性变化,产生周期性的感应电势,即电脉冲信号,经放大器放大后,送至显示仪表,从而显示出工作压力和温度条件下流过流量计的(以立方米为单位)被测流体的瞬时流量和累积流量。

涡轮流量计的始动流量为克服轴承的静摩擦力矩后才能开始转动的流量。当流量大于始动流量值以后,随着流量的增加,旋转角速度也增大。在以后的测量范围内,流体产生的阻力矩 T_{rf} 变为影响流量计特性的主要因素,而轴承间的摩擦阻力矩 T_{rm} 为次要因素。假定 $T_{rm}=0$,下面对层流和湍流两种流动状态进行讨论分析。

(1)层流流动状态

在该状态下,流体阻力矩与流体黏度 η、涡轮旋转角速度 ω 成正比,而角速度又与流量成正比,所以此时流体阻力矩可写成

$$T_{rf}=C_1\eta q \tag{6.17.1}$$

式中,C_1 为常数。经分析推导可得下式

$$K=\frac{Z}{2\pi}(\frac{\tan\beta}{rA}-\frac{C_1}{r^2pq}\eta) \tag{6.17.2}$$

从式(6.17.2)可以看出,在层流流动状态,仪表系数 K 与流体黏度 η 有关。若黏度 η 不变,则仪表系数 K 随流量 q 的增大而增加。

（2）湍流流动状态

在湍流流动状态下，流体的阻力矩与流体的密度和流量的平方成正比，可不计黏度的影响，所以此时阻力矩可写成

$$T_{rf} = C_2 \rho q^2 \tag{6.17.3}$$

式中，C_2 为常数。经分析推导可得下式

$$K = \frac{Z}{2\pi}\left(\frac{\tan\beta}{rA} - \frac{C_2}{r^2}\right) \tag{6.17.4}$$

从式（6.17.4）中可以看出，在湍流流动状态，仪表系数 K 仅与涡轮结构参数有关，而与流量 q、流体黏度 η 无关。此时，真正体现了仪表系数为常数的理想的涡轮流量计特性。仪表系数 K 为常数的这个区间，也是涡轮流量计的线性测量范围。

由于层流时流体阻力矩较湍流时小一些，所以在层流和湍流的交界处，特性曲线上 K 有一个峰值，该峰值的位置受流体黏度的影响较大，黏度越大，该峰值越往大流量移动。

4. 实验内容及步骤

实验是利用流量标准装置涡轮流量计进行标定。实验设计的标定流程如下：

（1）将涡轮流量计按工作位置安装在标定系统管路上，通以正常流量范围的上限流量值，至少运行 30 分钟。

（2）按正常流量范围将全量程分成 4～8 个流量值，作一个单行程标定（下行），每个流量值测定三次。

（3）本次实验按照涡轮气体流量计的理论特性主要取如下 4 个不同流量值进行检定。

（4）计算每一个流量测定值的仪表常数，并求出其算术平均值。若三次测量所得的测定值的仪表常数相差悬殊，应判别测定过程中是否有疏忽误差，应重新标定。

（5）选出全量程标定中，各流量值下仪表常数的最大算术平均值和最小算术平均值。

（6）计算涡轮气体流量计的仪表常数 K、示值误差 E_{ij}、基本误差 δ_1、重复性 E_r、线性度 δ。

（7）作出涡轮气体流量计仪表系数与流量之间的关系曲线。

实验数据记录和计算

涡轮流量仪表系数的计算公式如下

$$K_{ij} = \frac{N}{V}\frac{(P_a + P_m)(273.15 + T_s)Z_s}{(P_a + P_s)(273.15 + T_m)Z_m} \tag{6.17.5}$$

式中：N ——为标定时流量计显示仪表测得的脉冲数；

V ——为标定时标准装置测得的实际体积，m^3 或 L；

P_a、P_m、P_s ——为标定时的大气压力、涡轮流量计处、标准装置处的气体表压力，kPa；

T_m、T_s ——为标定时涡轮流量计处、标准装置处的气体温度，℃；

Z_m、Z_s ——为标定时涡轮流量计处、标准装置处的气体压缩系数。

压缩系数的计算公式：

$$Z = \frac{\rho_i}{\rho} \tag{6.17.6}$$

式中：ρ_i ——理想气体的密度，ρ ——实际气体的密度。

式（6.17.6）表明，气体压缩系数乃为一定质量的气体，实际体积与"理想体积"之比。对理想气体，$Z=1$。实际气体 Z 可能大于 1 或小于 1。

按式(6.17.7)计算每个标定点的平均仪表系数 K_i

$$K_i = \frac{1}{n} \sum_{j=1}^{n} K_{ij} \tag{6.17.7}$$

式中：n —— 每个流量检定点的检定次数。

按式(6.17.8)计算流量计的总的仪表系数 K

$$K = \frac{(K_i)_{\max} + (K_i)_{\min}}{2} \tag{6.17.8}$$

按式(6.17.9)计算流量计的相对示值误差 E_{ij}

$$E_{ij} = \frac{V_{ij} - (V_s)_{ij}}{(V_s)_{ij}} \times 100\% \tag{6.17.9}$$

式中：V_{ij} —— 标定时流量计的累积流量值；

　　$(V_s)_{ij}$ —— 标定时标准装置换算到流量计处状态的累积流量值。

使用公式(6.17.8)计算仪表系数 K 和累积流量的重复性的计算公式(6.17.10)

$$E_{ri} = \frac{1}{K_i} \Big[\frac{1}{n-1} \sum (K_{ij} - K_i)^2 \Big]^{\frac{1}{2}} \tag{6.17.10}$$

重复性是指在流量试验中,短期内由同样的人员操作,按照相同的试验条件重复进行试验后,对这样的试验结果一致性的定量判断。

流量计的重复性公式

$$E_r = [(E_r)_i]_{\max} \tag{6.17.11}$$

线性一般是针对流量的,线性度表示在整个流量范围内流量计特性曲线偏离最佳拟合直线程度的定量判断。

流量计的线性度计算公式

$$\delta = \frac{K_m - K}{K} \times 100\% \tag{6.17.12}$$

式中：K_m —— 试验点的 $K_{i\max}$ 或 $K_{i\min}$ 值,取其计算结果中绝对值的较大者。

基本误差的计算公式

$$\delta_1 = \sqrt{(\pm \delta^2 + \delta_2^2)} \tag{6.17.13}$$

式中：δ_2 —— 装置误差,当 δ_2 不超出基本误差允许值的 1/3 时可忽略不计。

5. 实验注意事项及预习要求

(1)选取合适的检定点及其分布。

(2)每个实验点要有三次。

(3)实验前要充分预习。

6. 实验报告内容及要求

(1)实验目的和要求

(2)数据处理及实验结果

从表 6.17.1 中我们可以得出如下数据：

仪表系数　　$K = \dfrac{(K_i)_{\max} + (K_i)_{\min}}{2} = \dfrac{124597 + 123545}{2} = 124071$

表 6.17.1　音速喷嘴法气体流量标准装置标定数据记录

制造厂:浙江××仪表有限公司　　　　　　出厂编号:3066010

型号规格:TBQ-25B　　　　　　　　　　名称:气体涡轮流量计

室温:15.8℃　　　　　　　　　　　　　湿度:56.4%

流量范围:3.5～25 m³/h　标定依据:JJG1037.2008　大气压力:102.18kPa

检定流量(m³/h)		25.0	10.0	5.0	3.8
时间(s)		60.922	60.921	60.921	60.921
标准装置读数	Q_0(m³/h)	23.931	10.035	5.352	3.301
	Q_n(m³/h)	24.567	10.316	5.504	3.397
	P_s(kPa)	101.978	101.988	102.111	102.154
	T_s(℃)	13.71	13.82	13.87	13.87
	H(%)	58.9	57.4	58.3	58.2
被检表读数	N(个/m)	50028	21212	11256	6747
	P_m(kPa)	101.972	102.133	102.159	102.176
	T_m(℃)	14.24	14.29	14.26	14.19
被检表参数	K_{ij}(1/m³)	123512	124901	124285	120767
	K_i(1/m³)	123545	124597	124202	120793
	E_{ri}(%)	0.023	0.24	0.086	0.023

重复性　　$E_r = [(E)_{ri}]_{\max} = 0.24\%$

线性度　　$\delta = \dfrac{K_m - K}{K} \times 100\% = \pm 0.42\%$

基本误差　$\delta_1 = \sqrt{(\pm \delta^2 + \delta_2^2)} = 0.42\%$

例　钟罩式气体流量标准装置标定结果

由于钟罩式气体流量标准装置无法直接对温度、压力等参数进行修正,所以可以通过以下公式得到标准状况下的流量:

$$Q_n = 0.0538 \frac{V}{t} \frac{P_s}{T_s} \sqrt{\frac{T_m}{P_m}} \qquad\qquad (6.17.14)$$

按上述公式计算其中一组:

已知:标定流量$=25.0\text{m}^3/\text{h}$, $Q_0 = 24.148\text{m}^3/\text{h}$, $P_s = 106.52\text{kPa}$, $P_m = 101.74\text{kPa}$, $T_s = 23.0℃$, $T_m = 23.0℃$, $N = 52076$, $t = 60\text{s}$, $Z_s = 0.978$, $Z_m = 0.999$。

现计算如下:

$$Q_n = 0.0538 \frac{V}{t} \frac{P_s}{T_s} \sqrt{\frac{T_m}{P_m}} = 0.0538 \times 24.148 \times \frac{106520}{273.15 + 23.0} \times \sqrt{\frac{273.15 + 23.0}{101740}}$$

$$= 25.21 \text{ m}^3/\text{h}$$

$$K_{i1} = \frac{N(P_a + P_m)(273.15 + T_s)Z_s}{V(P_a + P_s)(273.15 + T_m)Z_m}$$

$$= \frac{52076 \times (101720 + 101740) \times (273.15 + 23.0) \times 0.977}{(24.148 \div 60) \times (101720 + 106520) \times (273.15 + 23.0) \times 0.999}$$

$$= 123585$$

同理可算得　　$K_{i2} = 123610$　　　　　$K_{i3} = 123581$

$$K_1 = \frac{1}{n} \sum_{j=1}^{n} K_{ij} = \frac{1}{3}(123585 + 123610 + 123581)$$

$$= 123592$$

$$E_{r1} = \frac{1}{K_1}\left[\frac{1}{n-1}\sum(K_{1j} - K_1)^2\right]^{\frac{1}{2}} = 0.011\%$$

通过计算可以得到表 6.17.2 中的其他数据。

表 6.17.2　钟罩式气体流量标准装置标定数据记录

型号规格:TBQ-25B　　　　　　　　　　　　　　出厂编号:3066010

制造厂:浙江××仪表有限公司　　　　　　　　名称:气体涡轮流量计

室温:23.0℃　　大气压力:101.72kPa　　　　湿度:56%

流量范围:3.5~25m³/h　　　时间:60s　　　标定依据:JJG1037.2008

标定流量 (m³/h)	标准装置读数					被检表读数			被检表参数		
	Q_0 (m³/h)	Q_n (m³/h)	P_s (kPa)	T_s (℃)	H (%)	N	P_m (kPa)	T_m (℃)	K_{ij} (1/m³)	K_i (1/m³)	E_{ri} (%)
25.0	24.148	25.21	106.52	23	56	52076	101.74	23	123585	123592	0.011
20.0	19.278	20.12	106.52	23	56	41982	101.74	23	125194	125287	0.133
15.0	14.205	14.83	106.52	23	56	30769	101.74	23	124489	124506	0.018
10.0	9.131	9.53	106.52	23	56	19718	101.74	23	124196	124181	0.024
8.0	7.508	7.84	106.52	23	56	16212	101.74	23	124075	124136	0.081
5.0	4.467	4.66	106.52	23	56	9628	101.74	23	123975	123945	0.180
3.8	3.444	3.60	106.52	23	56	7060	101.74	23	122996	123058	0.041
2.0	2.029	2.11	106.52	23	56	4076	101.74	23	120532	120522	0.853

从表 6.17.2 中我们可以得出以下数据:

仪表系数　　$K = \dfrac{(K_i)_{\max} + (K_i)_{\min}}{2} = \dfrac{125287 + 123592}{2} = 124439$

重复性　　　$E_r = [(E)_{ri}]_{\max} = 0.18\%$

线性度　　　$\delta = \dfrac{K_m - K}{K} \times 100\% = \pm 0.68\%$

基本误差　　$\delta_1 = \sqrt{(\pm\delta^2 + \delta_2^2)} = 0.68\%$

实验结果分析:

从音速喷嘴法气体流量标准装置标定结果和钟罩式气体流量标准装置标定结果来看,当流量值在 5.0m³/h 或以上时,被检表的仪表系数值都很接近。

而当流量值低于 $5.0m^3/h$ 时,每一个流量所对应的被检表的仪表系数值与其他仪表系数值相比有明显的差别。而且流量越小,仪表系数值也越小。

这个实验所得到的结果与图 6.17.3 的仪表系数和流量的理论曲线关系相对应。

从中可以看出:当流量为 $0\sim5m^3/h$ 时,为层流流动状态。在此状态,仪表系数与流体的流量、黏度有关。在黏度不变时,仪表系数 K 随着流量 Q 的增大而增加。

当流量为 $5\sim25m^3/h$ 时,为湍流流动状态。在此状态,从所得实验数据可以看出,仪表系数 K 与流量 Q 的变化不成任何关系,而且基本保持不变。

这与湍流区仪表系数仅与涡轮结构参数有关的理论依据相一致。这真正体现了仪表系数为常数的理想涡轮流量计特性。

同时这个区间也是涡轮流量计的线性测量范围。

根据图 6.17.3 和讨论分析可知,$5m^3/h$ 为层流和湍流分界流量点,而在这个交界处,特性曲线上 K 有一个峰值,该峰值的位置受流体黏度的影响较大,黏度越大,该峰值越往大流量移动。

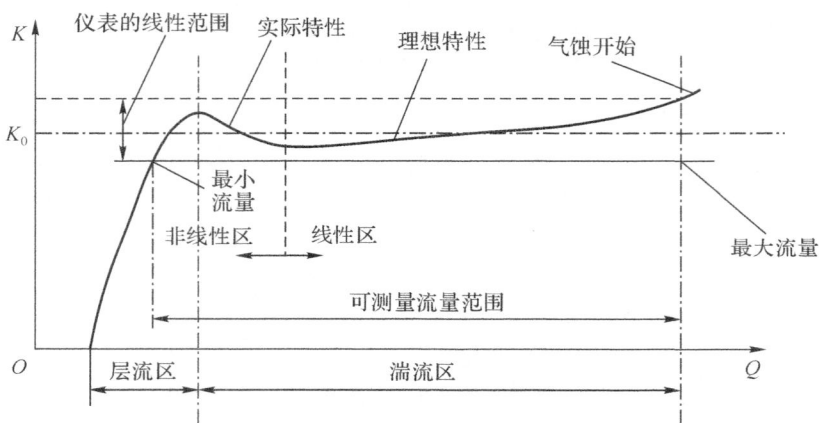

图 6.17.3　仪表系数与流量的关系曲线

因为对于涡轮流量计,一般将计量准确度分两段,即以 $0.2q_{max}$ 为分界流量点,而该实验的分界流量点为 $5m^3/h$,所以它的最大流量理论应该取值为 $25m^3/h$,这与实验结果也相一致。

在非线性段,当流量低于传感器流量下限即 $5m^3/h$ 时,仪表系数随着流量迅速变化。当流量超过流量上限即 $25m^3/h$ 时要注意气蚀现象的发生。

(3)思考题

从实验过程中可以看到影响涡轮气体流量计测量精度的主要参数有哪些?

(4)讨论

用所学的理论知识对实验结果进行分析。

7. 参考文献

[1]气体标准装置的使用说明书

[2]梁国伟,蔡武昌.流量测量技术与仪表(第 1 版)[M].北京:机械工业出版社,2005

实验 6.18 一阶液位控制系统测试

1. 实验目的和要求

(1)通过实验掌握单回路控制系统的构成。

(2)学生可自行设计单容液位控制系统,用临界比例度法、阶跃反应曲线法整定单回路控制系统的 PID 参数。

(3)熟悉 PID 参数对控制系统质量指标的影响,用调节器仪表或计算机进行 PID 参数的自整定和自动控制的投运。

2. 实验仪器及材料

浙江求是教学仪器公司生产的 PCT-Ⅰ或 PCT-Ⅱ热工过程控制实验系统装置。

3. 实验原理

(1)实验原理图:计算机控制一阶液位单闭环控制系统的框图见图 6.18.1。

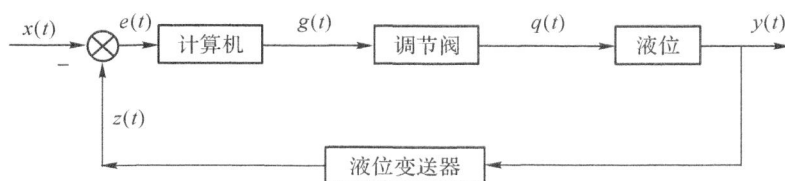

图 6.18.1 计算机控制一阶液位单闭环控制系统的框图

(2)过程控制对象管路图见图 6.18.2。

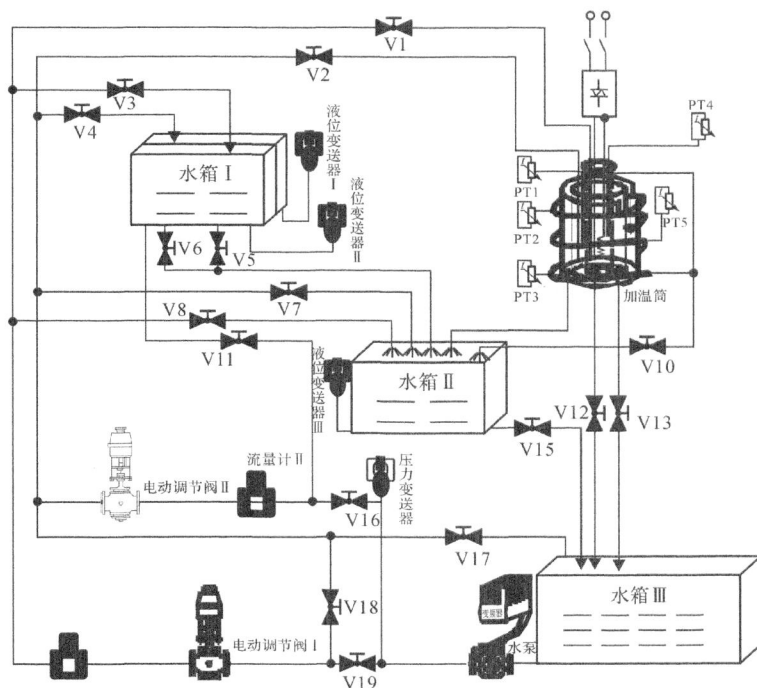

图 6.18.2 过程控制对象管路图

V1-V19 为阀门

4. 实验内容

(1)实验装置的认识：了解实验装置中的对象，水泵、变频器和所用仪表的名称、作用及其所在的位置，以便于在实验中对仪表进行操作和观察。熟悉实验装置面板图，要求做到：由面板上的每只仪表的图形、文字符号能准确地找到该仪表的实际位置。熟悉工艺管道结构、每个手动阀门的位置及其作用。此实验是计算机输出控制调节阀，计算机采集并记录数据。

(2)阶跃响应曲线法

1)按附图液位单闭环实验接线图接好实验导线。

2)接通总电源，各仪表电源。

3)将手动阀门 V19、V4、V6 打开。

4)整定参数值的计算。

设定过渡过程的衰减比为 4：1，整定参数值可参照表 6.18.1 阶跃响应曲线整定参数表。

表 6.18.1　　阶跃响应曲线整定参数表

控制规则	控制器参数		
	δ	T_I	T_D
P	δ_S		
PI	$1.2\delta_S$	$0.5T_S$	
PID	$0.8\delta_S$	$0.3T_S$	$0.1T_S$

5)将计算所得的 PID 参数值置于计算机中。

6)使水泵在恒压供水状态下工作。观察计算机上液位曲线的变化。

7)待系统稳定后，给系统加个阶跃信号，观察其液位变化曲线。

8)再等系统稳定后，给系统加个干扰信号，观察液位变化曲线。

9)曲线的分析处理，对实验记录曲线分别分析和处理，处理结果填于表格 6.18.2 中。按常规内容编写实验报告，并根据 K、T、τ 平均值写出广义的传递函数。

计算机的参数设置，其需要设置的参数如下：

$K_P=20$ 　（参考值）（比例增益）

$T_I=30$ 　（参考值）（积分时间　　秒）

$T_D=0$ 　（参考值）（微分时间　　秒）

S_p 　　　（计算机控制给定值）

$U(k)$ 　　（计算机输出值）

PV 　　　（计算机检测值）

5. 实验注意事项及预习要求

(1)注意事项

1)在实验开始前，上水箱液位必须处于某一稳定状态。

2)实测时应注意选择的阶跃信号的幅值适宜，选大了会影响正常实验，选小了可能会产生失真。

3)一般以调节阀最大值的 10%～20% 左右为宜。

4)接线时注意 220V,380V 电压不要和信号线接错,直流电压注意极性正负不要接错。

5)严格按接线图接线,各开关的位置要正确,不得有误。

（2）预习要求

1)实验前弄清各种仪器的使用方法。

2)仔细阅读实验指导书并熟悉该系统的原理图和电路接线图。

6. 实验报告内容和要求

（1）实验目的和要求

（2）数据处理及实验结果

如实整理实验原始数据和记录曲线。

曲线的分析处理,对实验的记录曲线分别进行分析和处理,选择合适的时间间隔,将数据记录下来,计算相应的 K、T、τ 值,处理结果记录于表格 6.18.2 中。

表 6.18.2　阶跃响应曲线数据处理记录表

测量情况＼参数值	液位 1			液位 2		
	K_1	T_1	τ_1	K_2	T_2	τ_2
正向输入						
反向输入						
平均值						

按常规内容编写实验报告,并根据 K、T、τ 平均值写出广义的传递函数。

（3）思考题

1)理解过程控制中的一些基本概念,如:被控变量、操纵变量、有自恒能力过程、传递函数等等。

2)如果用常规的数字调节器进行测量和控制,该如何接线? 如何进行测试?

（4）讨论

用所学的理论知识对实验结果进行分析。

7. 参考文献

[1]林锦国,张利,李丽娟.过程控制(第 2 版)[M].南京:东南大学出版社,2009

[2]浙江求是教学仪器公司.综合控制实验指导书[M].杭州:浙江求是教学仪器公司,2003

第 3 篇
综合工程
创新能力训练

第 7 章
基于工件样品的再加工的测量与绘图

7.1 实验任务

对复杂几何形状工件的所有几何参量进行测量,判断复杂几何形状工件的用途,进行若干项通用复合参量的测量。

7.2 实验要求

1.根据被测对象特征选择计量器具,起草测量方案(方案必须陈述选择计量器具和测量方法的依据)。

2.根据实验室所能提供的实验设备进行实测。

3.数据处理。

4.根据测量数据,用 AutoCAD 绘制图纸,将全部的测量结果标注在相应的位置(规范画图)。

5.书写测量报告,递交报告和测绘图纸。

7.3 实验提示

1.计量器具选择的原则:根据被测对象特征选择(满足条件按顺序)。

2.选择引入测量误差最小的测量方法。

首先要了解为什么正确选择计量器具是检测方法设计的重要内容?

正确选择计量器具是检测方法的核心。一般情况下,正确选择合适的计量器具在很大程度上决定了该检测方法的完善程度。在多数场合下,检测方法的不确定度取决于所选用计量器具的不确定度。此外,检测方法的效率和经济性等,往往也取决于所选用的计量器具的效率和成本。所以正确合理地选择计量器具是检测方法设计的重要内容。

其次要了解正确选择计量器具的原则是什么?

计量器具的选择应与测量方法的选择同时考虑。正确选择计量器具应遵循以下原则:

（1）保证测量精度

计量器具的精度指标是选用计量器具的主要依据。精度指标中以示值误差、示值变动性和回程误差为主。对工作的尺寸公差较大，但分组精度要求较高时的测量（如轴承检测），应选择示值范围大、示值误差小的比较仪，如光学计；对尺寸公差小的工作测量，选择示值误差及示值变动性和回程误差都比较小的比较仪，如接触式干涉仪、扭簧比较仪、电感比较仪等。

（2）保证测量的经济性

在保证测量精度的前提下，全面考虑计量器具的成本、耐磨性、测量效率、测量者技术水平的经济性。应选择比较经济、测量效率较高的计量器具。

（3）保证被测件的结构特性

所谓被测件结构特性是指被测件结构形状、尺寸大小、精度高低、材料重量、表面质量等。被测件结构形状、尺寸大小是选用计量器具时首先要考虑的问题。对于结构简单、重量轻小的工件，可放到量仪上测量，复杂较重的工件则要用上置式量仪检测，即将量仪放到工件上去测量。工件尺寸的大小确定了所选计量器具测量范围，所选用的计量器具测量范围能容纳工件，测头能伸入被测部位。如测量 $\phi40mm$ 的轴，选用千分尺时，其测量范围应取 $25\sim50mm$；计量器具的示值范围要超过被测量可能出现的变化，如测量有较大升程的凸轮则要选用示值范围较宽的指示量仪，刻度值能保证测出零件的最小偏差。

工件表面质量情况是选择计量器具考虑因素之一。例如表面粗糙、形状误差大的工件，选用工具显微镜影像法测量适宜，表面反射系数较低的工件可选用轮廓仪测量，表面硬度低、刚性差的工件选用非接触式量仪测量为宜。

（4）考虑被测件的批量

工件批量是选择计量器具的重要因素，以利在保证精度的前提下，提高经济效益。显然对于单件和小批量的测量，选用通用量具量仪，成批的工件应选用专用量规、量具和量仪，大批量工件选用自动检验机。

选择计量器具是一个综合性的问题，在工作中应根据具体情况，灵活运用上述四项原则去选择计量器具。并充分发挥人的主观能动性，充分利用现有设备，提高现有设备的测量精度、测量范围和测量效率，做到既保证检测精度又经济适用。

最后要了解怎样合理选择计量器具？

合理选择计量器具是保证被测工件检测质量、提高检测效率和减少费用的重要条件之一。选择计量器具时应考虑：测量误差与加工误差之间的分配问题，被测对象的精度要求，结构尺寸大小、形状、重量和材质，加工工艺条件、批量、计量器具的不确定度和经济性等。

从保证测量精度的角度来考虑，选择计量器具通常有以下三种方法：

（1）根据零件允许的测量误差来选择计量器具，使计量器具在测量时的极限误差不大于零件允许的测量误差。

（2）按零件公差来选择计量器具，使计算器具允许的测量方法极限误差等于零件公差的 $1/3\sim1/10$。对于高精度的零件取 $1/3$；对于低精度的零件取 $1/10$；一般精度的零件取 $1/5$；特别高精度的零件取 $1/2$。

（3）按计量器具不确定度允许值来选择计量器具，使所选用的计量器具不确定度不大于计量器具不确定度允许值。

现待测的零件是无图纸零件,既不知道零件允许的测量误差,也不知道零件公差,但知道公差等级为 12 级,故不能用上述方法(1)(2)来选择,应该用方法(3)来选择。

怎样按计量器具不确定度允许值选择计量器具?

举例说明:

计量器具不确定度允许值是对被测零件所使用的计量器具提出的精度要求。在国家标准《光滑工件尺寸检验》中已明确规定用普通计量器具如游标卡尺、千分尺及车间使用的比较仪、指示计等测量光滑工件尺寸时,应按计量器具不确定度允许值 u_1 选择计量器具,使所选用的计量器具不确定度 μ_1 等于或小于 GB/T3177—1997 规定的 ul 值,即

$$\mu_1' \leqslant u_1 \tag{7.1.1}$$

计量器具不确定度就是用以表征计量器具内在误差在测量时影响测量结果分散程度的一个误差限。

由于计量器具内在误差与测量条件误差的综合作用,引起测量结果的分散,其分散程度可用测量的不确定度来评定,因此,测量的不确定度就是用以表征测量时各项误差综合影响测量结果分散程度的一个误差限。

用普通计量器具检测光滑圆柱尺寸时,必须考虑此测量不确定度,按 GB/T3177—1997 的规定,从最大极限尺寸和最小极限尺寸分别向零件公差带内合理地内缩或不内缩一个安全裕度(A)来确定验收极限。安全裕度实质上就是被测零件对测量方法提出的精度要求,即测量不确定度 u 的允许值。因此对国标规定的光滑工件尺寸测量检验,应使测量不确定度 u 小于或等于安全裕度。安全裕度(A)由零件公差值确定。

从影响测量结果的误差来看,测量的不确定度主要包括以下两部分:

(1)计量器具的不确定度 u_1 ——主要是计量器具的示值误差(约为 0.9A)。

(2)测量条件和方法的不确定度 u_2 ——温度、零件形状及压缩效应等因素引起的不确定度(约为 0.45A)。

计量器具选择的具体步骤是:

(1)根据被测件的公差值,由标准 u_1 数值表 7.1 查得或计算得到计量器具不确定度允许值 u_1。

注意:

①u_1 数值表按 IT 公差等级的尺寸分段给出,且 u_1/T 为一定值。

②u_1 数值分挡给出,Ⅰ、Ⅱ、Ⅲ挡是按测量能力,即:

测量不确定度 u 占工件公差 T 的比值大小,由高至低给出。Ⅰ、Ⅱ、Ⅲ挡 u/t 值分别为 1/10,1/6,1/4。由于公差等级越低达到较高的测量能力越容易,因此对 IT12 至 IT18 仅规定Ⅰ、Ⅱ两挡数值。由于 u_1 约为 u 的 0.9 倍,所以 u_1 的Ⅰ、Ⅱ、Ⅲ挡数值分别为 $0.09T$,$0.15T$,$0.225T$,三挡比值为 $1:1.67:2.5$。分挡给出是为了满足各类尺寸检验时对计量器具的选择,在保证检测精度的前提下,切实可行,并可促进检测水平提高。

③当采用内缩的验收极限时,由于内缩量的安全裕度 A 为定值,选用不同挡时对测量不确定度 u 的内缩量不同,选用Ⅰ挡时 $A=u$(测量不确定度 100% 内缩);选用Ⅱ挡为 $A=3/5u$(测量不确定度 60% 内缩),选用Ⅲ挡为 $A=2/5u$(测量不确定度 40% 内缩)。

④对 u_1 的选定,一般应按Ⅰ、Ⅱ、Ⅲ挡的顺序,优先选用Ⅰ挡,其次为Ⅱ挡,Ⅲ挡。这是因为,检测能力越高,其验收产生的误判率就越小,验收质量就越高。实际工作中可查表

7.1 和表 7.2 确定 u_l 值。

表 7.1　安全裕度(A)与计量器具的测量不确定度允许值(u_1)　　　　μm

公差等级		6					7					8				
基本尺寸 /mm		T	A	u_1			T	A	u_1			T	A	u_1		
大于	至			Ⅰ	Ⅱ	Ⅲ			Ⅰ	Ⅱ	Ⅲ			Ⅰ	Ⅱ	Ⅲ
—	3	6	0.6	0.54	0.9	1.4	10	1.0	0.9	1.5	2.3	14	1.4	1.3	2.1	3.2
3	6	8	0.8	0.72	1.2	1.8	12	1.2	1.1	1.8	2.7	18	1.8	1.6	2.7	4.1
6	10	9	0.9	0.81	1.4	2.0	15	1.5	1.4	2.3	3.4	22	2.2	2.0	3.3	5.0
10	18	11	1.1	1.0	1.7	2.5	18	1.8	1.7	2.7	4.1	27	2.7	2.4	4.1	6.1
18	30	13	1.3	1.2	2.0	2.9	21	2.1	1.9	3.2	4.7	33	3.3	3.0	5.0	7.4
30	50	16	1.6	1.4	2.4	3.6	25	2.5	2.3	3.8	5.6	39	3.9	3.5	5.9	8.8
50	80	19	1.9	1.7	2.9	4.3	30	3.0	2.7	4.5	6.8	46	4.6	4.1	6.9	10
80	120	22	2.2	2.0	3.3	5.0	35	35	3.2	5.3	7.9	54	5.4	4.9	8.1	12
120	180	25	2.5	2.3	3.8	5.6	40	4.0	3.6	6.0	9.0	63	6.3	5.7	9.5	14
180	250	29	2.9	2.6	4.4	6.5	46	4.6	4.1	6.9	10	72	7.2	6.5	11	16
250	315	32	3.2	2.9	4.8	7.2	52	5.2	4.7	7.8	12	81	8.1	7.3	12	18
315	400	36	3.6	3.2	5.4	8.1	57	5.7	5.1	8.4	13	89	8.9	8.0	13	20
400	500	40	4.0	3.6	6.0	9.0	63	6.3	5.7	9.5	14	97	9.7	8.7	15	22

公差等级		9					10					11				
基本尺寸 /mm		T	A	u_1			T	A	u_1			T	A	u_1		
大于	至			Ⅰ	Ⅱ	Ⅲ			Ⅰ	Ⅱ	Ⅲ			Ⅰ	Ⅱ	Ⅲ
—	3	25	2.5	2.3	3.8	5.6	40	4	3.6	6	9	60	6	5.4	9.0	14
3	6	30	3	2.7	4.5	6.8	48	4.8	4.3	7.2	11	75	7.5	6.8	11	17
6	10	36	3.6	3.3	5.4	8.1	58	5.8	5.2	8.7	13	90	9.0	8.1	14	20
10	18	43	4.3	3.9	6.5	9.7	70	7.0	6.3	11	16	110	11	10	17	25
18	30	52	5.2	4.7	7.8	12	84	8.4	7.6	13	19	130	13	12	20	29
30	50	62	6.2	5.6	9.3	14	100	10	9	15	23	160	16	14	24	36
50	80	74	7.4	6.7	11	17	120	12	11	18	27	190	19	17	29	43
80	120	87	8.7	7.8	13	20	140	14	13	21	32	220	22	20	33	50
120	180	100	10	9.0	15	23	160	16	15	24	36	250	25	23	38	56
180	250	115	12	10	17	26	185	18	17	28	42	290	29	26	44	65
250	315	130	13	12	19	29	210	21	19	32	47	320	32	29	48	72
315	400	140	14	13	21	32	230	23	21	35	52	360	36	32	54	81
400	500	155	16	14	23	35	250	25	23	38	56	400	40	36	60	90

续表

公差等级		12				13				14				15	
基本尺寸/mm		T	A	u1		T	A	u1		T	A	u1		T	A
大于	至			I	II			I	II			I	II		
—	3	100	10	9.0	15	140	14	13	21	250	25	23	38	400	40
3	6	120	12	11	18	180	18	16	27	300	30	27	45	480	48
6	10	150	15	14	23	220	22	20	33	360	36	32	54	580	58
10	18	180	18	16	27	270	27	24	41	430	43	39	65	700	70
18	30	210	21	19	32	330	33	30	50	520	52	47	78	840	84
30	50	250	25	23	38	390	39	35	59	620	62	56	93	1000	100
50	80	300	30	27	45	460	46	41	69	740	74	67	110	1200	120
80	120	350	35	32	53	540	54	49	81	870	87	78	130	1400	140
120	180	400	40	36	60	630	63	57	95	1000	100	90	150	1600	160
180	250	460	46	41	69	720	72	65	110	1150	115	100	170	1850	185
250	315	520	52	47	78	810	81	73	120	1300	130	120	190	2100	210
315	400	570	57	51	86	890	89	80	130	1400	140	130	210	2300	230
400	500	630	63	57	95	970	97	87	150	1500	150	140	230	2500	250

公差等级		15		16				17				18			
基本尺寸 /mm		u1		T	A	u1		T	A	u1		T	A	u1	
大于	至	I	II			I	II			I	II			I	II
—	3	36	60	600	60	54	90	1000	100	90	150	1400	140	135	210
3	6	43	72	750	75	68	110	1200	120	110	180	1800	180	160	270
6	10	52	87	900	90	81	140	1500	150	140	230	2200	220	200	330
10	18	63	110	1100	110	100	170	1800	180	160	270	2700	270	240	400
18	30	76	130	1300	130	120	200	2100	210	190	320	3300	330	300	490
30	50	90	150	1600	160	140	240	2500	250	220	380	3900	390	350	580
50	80	110	180	1900	190	170	290	3000	300	270	450	4600	460	410	690
80	120	130	210	2200	220	200	330	3500	350	320	530	5400	540	480	810
120	180	150	240	2500	250	230	380	4000	400	360	600	6300	630	570	940
180	250	170	280	2900	290	260	440	4600	460	410	690	7200	720	650	1080
250	315	190	320	3200	320	290	480	5200	520	470	780	8100	810	730	1210
315	400	210	350	3600	360	320	540	5700	570	510	850	8900	890	800	1330
400	500	230	380	4000	400	360	600	6300	630	570	950	9700	970	870	1450

表 7.2　u_1 数值表

项目	代号	档次	u 值	A 值	u_1 值	
被测件公差	T	Ⅰ	$u=1/10T$	$A=u$	$u_1=0.9u$	$U=0.09T$
测量不确定度	u					
安全裕度	A	Ⅱ	$U=1/6T$	$A=3/5u$		$u_1=0.15T$
计量器具不确定度	u_1	Ⅲ	$u=1/4T$	$A=2/5u$		$u_1=0.025T$

7.4　参考文献

[1]花国梁.精密测量技术(第 1 版)[M].北京:清华大学出版社,1986

[2]武良臣,吕宝占,胡爱军.互换性与技术测量(第 1 版)[M].北京:北京邮电大学出版社,2009

[3]纪海峰,江涛.solidworks2007 应用与实例教程(第 1 版)[M].北京:中国电力出版社.2008

[4]胡祖荫.螺纹单一中径与作用中径的检测及验收(第 1 版)[M].北京:中国标准出版社,1999

[5]张文革.公差配合与技术测量(第 1 版)[M].北京:北京理工大学出版社,2010

第 8 章
基于工件合格性评价的检测

8.1 实验任务

对复杂几何形状的工件的几何参量和通用复合参量的合格性进行评价检测。

8.2 实验要求

1. 对照待测的复杂几何形状的工件,看懂设计图纸。

2. 查找参考文献,起草测量方案(要正确选择计量器具和测量方法,方案必须陈述选择计量器具和测量方法的依据)。

3. 根据实验室所能提供的实验设备进行实测。

4. 数据处理并根据设计图纸的要求判断各几何参量和各通用复合参量的合格性。

5. 规范书写检测报告,给予各参量是否合格的结论。

8.3 实验提示

1. 计量器具选择的原则:准确度原则、经济原则、根据被测对象特征选择(满足条件按顺序)。

2. 选择引入测量误差最小的测量方法。

首先要了解为什么正确选择计量器具是检测方法设计的重要内容?

其次要了解正确选择计量器具的原则是什么?

最后要了解怎样合理性选择计量器具?

(以上三点同第 7 章,不再复述)。

现待测的零件是有图纸零件,知道零件允许的测量误差,也知道零件公差,故可以用上述方法来选择。

(1)怎样根据零件允许的测量误差选择计量器具?

根据零件允许的测量误差选择计量器具时,要知道两个条件:一是被测零件允许的测量

误差 $\Delta_{允许}$；二是计量器具测量方法的极限误差 $\Delta_{极限}$。

选择的方法是使 $\Delta_{极限}$ 小于或等于 $\Delta_{允许}$，即满足以下公式：$\Delta_{极限} \leqslant \Delta_{允许}$

上式中的 $\Delta_{极限}$ 可参考表 8.1 查出；$\Delta_{允许}$ 可参考表 8.2 查出。

下面举例说明怎样按零件允许的测量误差来选择计量器具。

例1 检验 $\phi 135 + 0.17$ 的孔，选用何种计量器具？

已知条件是孔的公差为 0.17mm，从公差配合表查知 $\phi 135$ 在尺寸段 120～180mm 范围内，IT15 的公差为 0.16mm，可以认为被检验孔为 H15，查表 8.2 知零件允许的测量误差：$\Delta_{允许} = \pm 0.16$mm，根据 $\Delta_{极限} \leqslant \Delta_{允许}$ 的要求，查表 8.1 知分度值为 0.05mm 游标卡尺的 $\Delta_{极限} = \pm 0.15$mm，小于 $\Delta_{允许}$，所以选用分度值为 0.05mm 的游标卡尺适宜。

表 8.1 计量器具的测量方法极限误差

计量器具名称	分度值 /mm	用途	和计量器具联合使用的量块		被测工件的尺寸范围/mm							
			等	级	1～10	10～50	50～80	80～120	120～180	180～260	260～360	360～500
					测量方法极限误差 $\Delta_{极限}(\pm\mu m)$							
游标卡尺	0.02	测外尺寸	直接测量		40	40	45	45	45	50	60	70
		测内尺寸			—	50	60	60	65	70	80	90
	0.05	测外尺寸			80	80	90	100	100	100	110	110
		测内尺寸			—	100	130	130	150	150	150	150
	0.1	测外尺寸			150	150	160	170	190	200	210	230
		测内尺寸			—	200	230	260	280	300	300	300
游标深度尺 游标高度尺	0.02	测深度			60	60	60	60	60	60	60	—
	0.05	测高度			100	100	150	150	150	150	150	150
	0.1				200	250	300	300	300	300	300	300
0 级千分尺		测外尺寸			4.5	5.5	6	7	8	10	12	15
1 级千分尺	0.01				7	8	9	10	12	15	20	25
2 级千分尺					12	13	14	15	18	20	25	35
1 级测深千分尺	0.01	测深度			14	16	18	20	—	—	—	—
2 级测深千分尺					22	25	30	35	—	—	—	—
1 级内径千分尺	0.01	测外尺寸			—	—	18	20	22	25	30	35
2 级内径千分尺		测内尺寸			—	—	20	25	30	35	40	45
杠杆千分尺	0.002	测外尺寸			3	4	—	—	—	—	—	—
1 级公法线千分尺	0.01	测外尺寸			—	10	11	12	13	—	—	—
2 级公法线千分尺	0.01				15	16	17	18	—	—	—	—
公法线杠杆千分尺	0.001	测外尺寸			8	8	—	—	—	—	—	—

续表

计量器具名称	分度值/mm	用途	和计量器具联合使用的量块		被测工件的尺寸范围/mm							
			等	级	1～10	10～50	50～80	80～120	120～180	180～260	260～360	360～500
					测量方法极限误差 $\Delta_{极限}$（±μm）							
0 级百分表	0.01	在任意一转内在任意0.1mm内在全部范围内在任意0.1mm内在全部范围内	5	3	10	10	10	11	11	12	12	13
1 级百分表					15	15	15	15	15	16	16	16
2 级百分表					20	20	20	20	22	22	22	22
1 级杠杆百分表	0.01		5	3	8	8	9	9	9	10	10	11
					15	15	15	15	15	16	16	16
2 级杠杆百分表			5	4	10	10	10	11	11	12	12	13
					30	30	30	30	35	35	35	35
1 级齿轮式百分表	0.01	在标准段内在任意0.1mm内	5	3	8	8	9	9	9	10	10	11
					15	15	15	15	15	16	16	16
2、3 级齿轮式百分表		在任意一转内	5	4	20	20	20	20	22	22	22	22
0 级内径百分表		在任意一转内			11	11	12	12	13	14	14	15
1 级内径百分表	0.01	在指针转动范围	5	3	16	16	17	17	18	19	19	20
		在指针转动全部范围内			16	16	22	22	22	22	28	30
2 级内径百分表	0.01	在转动的全部范围内	5	4	22	22	26	26	28	28	32	36
内径比较规	0.01	测内尺寸		3	12	12						
	0.002		5	2	3	3	3.5	3.5	—	—	—	—
				3	3	3.5	4	4.5	—	—	—	—
外径比较规	0.02	测外尺寸	5	2	3	3	3.5	3.5	—	—	—	—
				3	3	3.5	4	4.5	—	—	—	—
	0.005			3	—	—	—	—	6	—	—	—
	0.01				7	7	7.5	7.5	8	—	—	—
0 级千分表 1 级千分表	0.001	标准段内	4	1	1	1.2	1.4	1.5	1.6	2.2	3	3.5
			5	2	1.2	1.5	1.8	2	2.8	3	4	5
				3	1.4	1.8	2.5	3	3.5	5	6.5	8
	0.002			2	2	2.2	2.5	2.5	3	3.5	4	5
				3	2.2	2.5	3	3.5	4	5	6.5	8.5
	0.001	在任意0.1mm内	5	3	3	3	3.5	4	5	6	7	8.5
	0.002				6	6	6.5	6.5	7	8	9	10

续表

计量器具名称	分度值/mm	用途	和计量器具联合使用的量块		被测工件的尺寸范围/mm							
			等	级	1~10	10~50	50~80	80~120	120~180	180~260	260~360	360~500
					测量方法极限误差 $\Delta_{极限}$（$\pm\mu$m）							
测微计测微表	0.001	测外尺寸	3	0	0.5	0.7	0.8	0.9	1	1.2	1.5	1.8
			4	1	0.6	0.8	1	1.2	1.4	2	2.5	3
			5	2	0.7	1	1.4	1.8	2	2.5	3	3.5
			5	3	1	1.5	2	2.5	3	4.5	6	8
	0.002		4	1	1	1.2	1.4	1.5	1.6	2.2	3	3.5
			5	2	1.2	1.5	1.8	2	2.8	3	4	5
				3	1.4	1.8	2.5	3	3.5	5	6.5	8
	0.005			2	2	2.2	2.5	2.5	3	3.5	4	5
				3	2.2	2.5	3	3.5	4	5	6.5	8.5
测长机（带显微镜光学计光管）	0.001	测内、外尺寸	绝对测量		1	1.3	1.6	2	2.5	4	5	6
立式光学计卧式光学计测长机	0.001	测外尺寸	3	0	0.35	0.5	0.6	0.8	0.9	1.2	1.4	1.8
			4	1	0.4	0.6	0.8	1	1.2	1.8	2.5	3
			5	2	0.7	1	1.3	1.6	1.8	2.5	3.5	4.5
卧式光学计·带有显微镜和光学管的测长机	0.001	测内尺寸	3	0	—	0.9	1.1	1.3	1.4	1.6	—	—
			4	1	—	1	1.3	1.6	1.8	2.3	—	—
			5	2	—	1.4	1.8	2	2.2	3	—	—
万能工具显微镜	0.001	各种形状	绝对测量		1.5	2	2.5	2.5	3	3.5	—	—
大型工具显微镜	0.01	各种形状	绝对测量		5	5	—	—	—	—	—	—
			5	2	2.5	3.5	—	—	—	—	—	—

表 8.2　光滑圆柱体允许的测量误差

公差带要求		尺寸范围/mm											
孔	轴	1~3	3~6	6~10	10~18	18~30	30~50	50~80	80~120	120~180	180~260	260~360	360~500
		允许的测量误差 $\Delta_{允许}$（$\pm\mu$m）											
—	h5	2	2	2	3	4	4	4.5	6	6.5	—	—	—
H6	h6（s7、u5、u6、f7、e8、d8、c8 除外）	3	3	4	4	5	6	6	8	10	12	15	18
H7（E8、E9、D8、D9 除外）	h7 和 s7、u5、u6、f7、e8、c8	5	6	6	8	8	10	11	13	16	17	20	25
H8、H9、E8、E9、D8、D9	d8 和 h8、h9（f9、d9、d10 除外）	6	6	7	9	10	12	13	16	19	20	25	30
—	f9、d9、d10	7	8	9	11	12	15	16	19	21	25	30	35

公差带要求		尺寸范围/mm											
		1～3	3～6	6～10	10～18	18～30	30～50	50～80	80～120	120～180	180～260	260～360	360～500
孔	轴	允许的测量误差 $\Delta_{允许}(\pm\mu m)$											
H10	h10	9	10	11	13	15	18	20	23	25	30	35	40
H11	h11	11	12	13	17	20	24	31	38	45	55	65	75
H12、13	h12、13	18	24	30	35	42	50	60	70	80	90	100	100
H14	h14	25	30	35	40	50	60	75	85	100	120	130	150
H15	h15	40	50	60	70	80	100	120	140	160	180	210	250
H16	h16	60	75	90	100	130	150	190	220	250	290	330	380

例 2　检测 $\phi25-0.014$ 的轴,选用何种计量器具?

查公差表[2],知此轴为 h6。

查表 8.2,知 $\Delta_{允许}=\pm0.05mm$

查表 8.1,在 10～50mm 尺寸段内,$\Delta_{极限}\leqslant\Delta_{允许}=\pm0.005mm$ 的计量器具有:

1)分度值为 0.002mm 杠杆千分尺(直接测量),$\Delta_{极限}=\pm0.004mm$。

2)分度值为 0.002mm 外径比较规,与五等或三级量块比较测量;$\Delta_{极限}=\pm0.0035mm$。

3)分度值为 0.001mm 千分表,在任意 0.1mm 内使用,与五等或三级量块做比较测量,$\Delta_{极限}=\pm0.003mm$。

4)测微机,各种分度值均 $\Delta_{极限}<\Delta_{允许}$。

以上四种计量器具,考虑使用方便和经济性,以分度值为 0.002mm 杠杆千分尺比较适用。

(2)怎样按零件的公差选择计量器具? 举例说明。

当零件公差已知时,根据公差和精度系数,先算出计量器具允许的测量方法极限误差 $\Delta_{极限}$,再按表 8.1 选择计量器具。 即先计算

$$\Delta_{极限}=k\cdot\delta \tag{8.1}$$

使　　　　　$\Delta_{极限}\leqslant\Delta'_{极限}$　　　　　　　　　　　　　　　(8.2)

式中:$\Delta'_{极限}$——计量器具允许的测量方法极限误差;

　　　$\Delta_{极限}$——计量器具的测量方法极限误差;

　　　δ——被测零件的公差;

　　　k——精度系数。

精度系数 k 是经验数值,一般取 $1/3\sim1/10$,高精度取 $1/3$,低精度取 $1/10$,一般精度取 $1/5$,特别高精度取 $1/2$。该法简单实用,但比较粗糙。要想选得准必须确定出合适的精度系数。

例 3　检测 $\phi25-0.014$ 的轴,选用何种计量器具?

已知公差,$\delta=0.014mm$,查公差表[2],知此轴为 h6,由于精度较高取 $k=1/3$,则:

$$\Delta'=k\cdot\delta=1/3\times0.014=0.0047(mm) \tag{8.3}$$

查表 8.1 知分度值为 0.002 的杠杆千分尺的 $\Delta_{极限}=0.004mm$,小于 $\Delta'_{极限}$,而且接近于

$\Delta'_{极限}$，所以选用 0.002mm 杠杆千分尺较适宜。

8.4　参考文献

[1]花国梁.精密测量技术(第 1 版)[M].北京:清华大学出版社,1986

[2]武良臣,吕宝占,胡爱军.互换性与技术测量(第 1 版)[M].北京:北京邮电大学出版社,2009

[3]胡祖荫.螺纹单一中径与作用中径的检测及验收(第 1 版)[M].北京:中国标准出版社,1999

[4]张文革.公差配合与技术测量(第 1 版)[M].北京:北京理工大学出版社,2010

第 9 章

综合过程测量和控制

实验 9.1　动圈式显示仪表量程改制

1. 实验任务

将给定型号为 XCZ-101、0～600℃的动圈式显示仪表,在配接热电偶分度号不变和不改变原有结构的前提下,改成 0～900℃的温度显示仪表,并加以实现。

2. 实验要求

(1)根据给出的实验条件,设计实验电路、确定实验方案、写出实验步骤,并加以实现。

(2)通过参数调整、数据的采集与处理,从基本误差和回差两个方面确定改量程后显示仪表的准确度等级。

(3)进实验室之前,提前两天交预习报告,拿出初步实验方案、实验步骤。

3. 实验提示

(1)手动电位差计 UJ33D-1 必须选择正确的量程,并调零。

(2)配接热电偶的动圈表是依据热电偶冷端温度为 0℃而刻度的。由于刻度尺拆卸比较繁琐,可不拆卸,用原刻度尺乘以 1.5 得到新的刻度尺。

(3)原动圈表热电势输入端子为①、③接线端子,①为正、③为负;②、③接线端子接内部的动圈。

(4)改量程之前,要检查原动圈式显示仪表是否正常。

(5)动圈式显示仪表的主要技术指标

基本误差:不得超过动圈表允许误差。

回差:不得超过动圈表允许误差的二分之一。

这两项指标是确定准确度等级的主要依据,基本误差和回差必须同时满足要求。

在计算引用误差时,用相应电量程(毫伏)。

(6)精度等级的系列化:1.0,1.5,2.0,2.5,3.0 等。

4. 参考文献

[1]周以琳. 青岛大学《检测技术及仪表》精品课程网站:[EB/OL]. http://zdh. qust. edu. cnjpkczyl/jpkc-model/pages/resorce/shiyanzhidao/syzd. htm

实验 9.2　前馈反馈控制系统

1. 实验任务

(1)根据生产的实际过程,用过程控制系统的工程设计方法,设计一个前馈反馈控制系统;

(2)学会查阅文献、技术资料和手册,合理设计控制方案;

(3)进行前馈反馈控制系统实验,并记录 3 种不同参数情况下的数据;

(4)撰写规范的实验总结报告。

2. 实验要求

通过实验掌握前馈、前馈反馈控制系统的基本概念、特点,以及反馈控制与前馈控制的区别。

3. 实验提示

(1)前馈反馈控制系统的反馈控制系统部分的参数整定,可按单回路或串级控制系统的整定方法进行。

(2)列表 9.2.1 比较前馈反馈控制系统控制质量。

表 9.2.1　前馈反馈控制系统质量比较表

控制系统的类型	最大偏差	过渡时间(min)	评价并简析原因
简单控制系统			
前馈反馈控制系统			

4. 参考文献

[1]林锦国,张利,李丽娟.过程控制(第 2 版)[M].南京:东南大学出版社,2009

[2]浙江求是教学仪器公司.综合控制实验指导书[M].杭州:浙江求是教学仪器公司,2003

[3]过程控制系统实验、课程设计指导书[EB/OL].http://wenku.baidu.comviewac-cd8d5d3b3567ec102d8a8d.html

实验 9.3　比值控制系统

1. 实验任务

(1)根据生产的实际过程,用过程控制系统的工程设计方法,设计一个单闭环比值控制系统或双闭环比值控制系统;

(2)学会查阅文献、技术资料和手册,合理设计控制方案;

(3)进行单闭环比值控制系统或闭环比值控制系统实验,并记录 3 种不同参数情况下的数据;

（4）撰写规范的实验总结报告。

2.实验要求

掌握比值控制系统的结构组成；通过实验掌握比值控制系统的基本概念、比值系数的计算；掌握比值控制系统的参数整定。

3.实验提示

（1）控制器的参数整定可按单回路或串级控制系统的整定方法进行。

（2）其需要设置的参数如下：

$$K_P = 3 \quad （参考值）（比例增益）$$
$$T_i = 18 \quad （参考值）（积分时间 \quad 秒）$$
$$T_d = 1 \quad （参考值）（微分时间 \quad 秒）$$

4.参考文献

［1］林锦国，张利，李丽娟.过程控制（第 2 版）［M］.南京：东南大学出版社，2009

［2］浙江求是教学仪器公司.综合控制实验指导书［M］.杭州：浙江求是教学仪器公司，2003

［3］过程控制系统实验、课程设计指导书［EB/OL］.http：//wenku. baidu. comviewac-cd8d5d3b3567ec102d8a8d. html

实验 9.4　液位和流量串级回路控制系统

1.实验任务

（1）根据生产的实际过程，用过程控制系统的工程设计方法，设计一个液位和流量串级回路控制系统；

（2）学会查阅文献、技术资料和手册，合理设计控制方案；

（3）进行液位和流量串级回路控制系统实验，并记录 3 种不同参数情况下的数据；

（4）撰写规范的实验总结报告。

2.实验要求

通过实验掌握串级控制系统的基本概念（即主被控参数、副被控参数、主控制器、副控制器、主回路、副回路）；掌握串级控制系统的结构组成；掌握串级控制系统的特点；掌握串级控制主、副控制回路的选择；掌握串级控制系统参数整定；掌握串级控制系统参数投运方法；了解串级控制系统对进入副回路和主回路扰动的克服能力。

3.实验提示

串级控制系统参数整定方法：

（1）两步整定法

第一步整定副回路的副控制器；第二步整定主回路的主控制器。

1）在系统工作状况稳定，主、副回路主控制器在纯比例作用的条件下，将主控制器的比例带 δ 取 100%，再逐渐降低副控制器的比例带，用整定单回路的方法来整定副回路。如用 4 ∶ 1 衰减法来整定副回路，则求出副参数在 4 ∶ 1 衰减时的副控制器比例带 δ_{2s} 和操作周期 T_{2s}。

2)使副控制器比例带置于 δ_{2S} 的数值上,逐渐降低主控制器的比例带 δ_{1S},求出同样衰减比时主回路的过渡过程曲线,记录此时主控制器的比例带 δ_{1S} 和操作周期 T_{1S}。

3)将上述步骤中求出的 δ_{1S}、T_{1S}、δ_{2S}、T_{2S} 按所用的 4:1 衰减曲线的整定方法,求出主、副控制器的整定参数。

4)按照"先副后主、先比例次积分后微分"的原则,将计算得出的控制器参数置于各控制器之上。

5)加干扰实验,观察过程参数值,直至记录曲线符合要求为止。

(2)一步整定法

1)先稳定工作状况,系统在纯比例运行条件下,按表 9.4.1 所列数值,将副控制器调节到适当的经验值上。

表 9.4.1　一步法比例带经验值表

副参数	比例带 δ_2(%)	放大倍数 K_{C2}
温度	20~60	5~1.7
压力	30~70	3~1.4
流量	40~80	2.5~1.25
液位	20~80	5~1.25

2)利用单回路控制系统的任意一种参数整定方法来整定主调节器参数。

3)加干扰试验,观察过渡过程曲线,根据 K_{C1}、K_{C2} 相匹配的原理,适当调整控制器参数,使主参数控制精度最好。

4)如果出现振荡现象,只要加大主、副控制器的任意一个比例带,即可消除振荡。

(3)参数设置

PID 设定 2(主调)　　PID 设定 1(副调)

$$K_{p1}=10 \qquad K_{p2}=15 \quad \text{(参考值)}$$
$$T_{i1}=999 \qquad T_{i2}=300 \quad \text{(参考值)}$$
$$T_{d1}=0 \qquad T_{d2}=0 \quad \text{(参考值)}$$

4. 参考文献

[1]林锦国,张利,李丽娟.过程控制(第 2 版)[M].南京:东南大学出版社,2009.9

[2]浙江求是教学仪器公司.综合控制实验指导书[M].杭州:浙江求是教学仪器公司,2003

[3]过程控制系统实验、课程设计指导书[EB/OL].http:.//wenku.baidu.comviewac-cd8d5d3b3567ec102d8a8d.html

实验 9.5　史密斯预估补偿控制系统

1. 实验任务

(1)根据生产的实际过程,用过程控制系统的工程设计方法,设计一个史密斯预估补偿控制系统；

（2）学会查阅文献、技术资料和手册，合理设计控制方案；

（3）进行史密斯预估补偿控制系统实验，并记录 3 种不同参数情况下的数据；

（4）撰写规范的实验总结报告。

2. 实验要求

掌握史密斯预估控制原理；掌握具有纯滞后补偿的数字控制器的结构组成；通过实验掌握史密斯控制系统的基本概念、纯滞后补偿控制算法计算步骤；掌握史密斯控制系统的参数整定。

3. 实验提示

史密斯控制系统的基本概念：

在实际生产过程中，大多数工业对象具有较大的纯滞后时间。对象的纯滞后时间 τ 对控制系统的控制性能极为不利。当对象的纯滞后时间 τ 与对象的时间常数 T_c 之比，即 τ/T_c $\geqslant 0.5$ 时，采用常规的比例积分微分（PID）控制来克服大纯滞后是很难适应的，而且还会使控制过程严重超调，稳定性变差。随着质量分析仪表在线控制的推广应用，克服纯滞后已经成为提高过程控制自动化水平、改进控制质量的一个迫切需要解决的问题。

（1）史密斯预估控制原理

在图 9.5.1 所示的单回路控制系统中，$D(s)$ 表示调节器的传递函数，用于校正 $G_p(s)$ 部分；$G_p(s)\mathrm{e}^{-\tau s}$ 表示被控对象的传递函数，$G_p(s)$ 为被控对象中不包含纯滞后部分的传递函数，$\mathrm{e}^{-\tau s}$ 为被控对象纯滞后部分的传递函数。

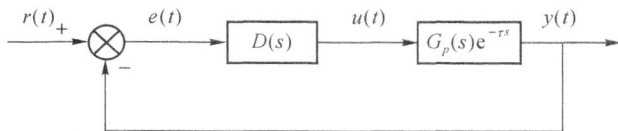

图 9.5.1　带纯滞后环节的控制系统

史密斯预估控制原理是：与 $D(s)$ 并接一补偿环节，用来补偿被控对象中的纯滞后部分。这个补偿环节称为预估器，其传递函数为 $G_p(s)(1-\mathrm{e}^{-\tau s})$，$\tau$ 为纯滞后时间，补偿后的系统框图示于图 9.5.2 中。

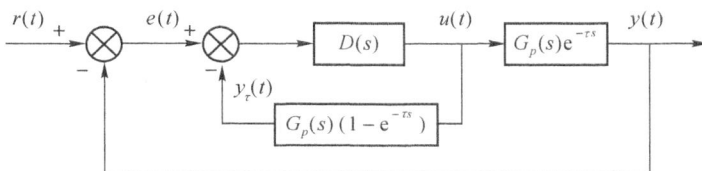

图 9.5.2　带史密斯预估器的控制系统

由史密斯预估器和调节器 $D(s)$ 组成的补偿回路称为纯滞后补偿器，其传递函数为 $D'(s)$，即：

$$D'(s) = \frac{D(s)}{1 + D(s)G_p(s)(1 - \mathrm{e}^{-\tau s})} \tag{9.5.1}$$

经补偿后的系统闭环传递函数为

$$\Phi(s) = \frac{D'(s)G_p(s)\mathrm{e}^{-\tau s}}{1 + D'(s)G_p(s)\mathrm{e}^{-\tau s}} = \frac{D(s)G_p(s)}{1 + D(s)G_p(s)}\mathrm{e}^{-\tau s} \tag{9.5.2}$$

上式说明,经补偿后,消除了纯滞后部分对控制系统的影响,因为式中的 $\mathrm{e}^{-\tau s}$ 在闭环控制回路之外,不影响系统的稳定性,拉氏变换的位移定理说明, $\mathrm{e}^{-\tau s}$ 仅将控制作用在时间坐标上推移了一个时间 τ ,控制系统的过渡过程及其他性能指标都与对象特性为 $G_p(s)$ 时完全相同。

(2)具有纯滞后补偿的数字控制器

由图 9.5.3 可见,纯滞后补偿的数字控制器由两部分组成:一部分是数字 PID 控制器(由 $D(s)$ 离散化得到);一部分是史密斯预估器。

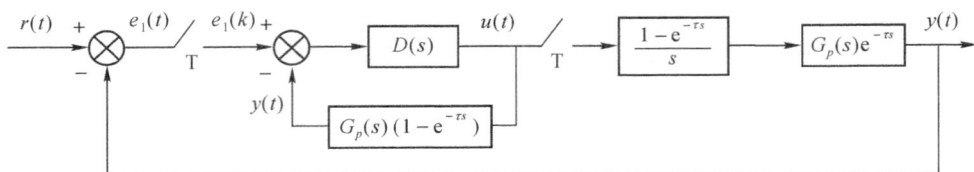

图 9.5.3　具有纯滞后补偿的控制系统

1)史密斯预估器

系统中的滞后环节使信号延迟,为此,在内存中专门设定 N 个单元作为存放信号 $m(k)$ 的历史数据。存储单元的个数 N 由下式决定。

$$N = \tau/T \tag{9.5.3}$$

式中: τ ——纯滞后时间;

T ——采样周期。

每采样一次,把 $m(k)$ 记入 0 单元,同时把 0 单元原来存放数据移到 1 单元,1 单元原来存放数据移到 2 单元……,依此类推。从单元 N 输出的信号,就是滞后 N 个采样周期的 $m(k-N)$ 信号。

史密斯预估器的输出可按图 9.5.4 的顺序计算。

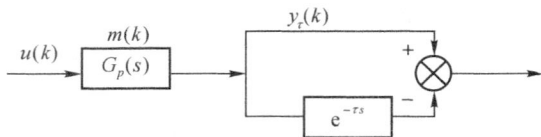

图 9.5.4　史密斯预估器方框

图 9.5.4 中, $u(k)$ 是 PID 数字控制器的输出, $y_\tau(A)$ 是史密斯预估器的输出。从图 9.5.4 中可知,必须先计算传递函数 $G_p(s)$ 的输出 $m(k)$ 后,才能计算预估器的输出:

$$y_\tau(A) = m(k) - m(k-N) \tag{9.5.4}$$

许多工业对象可近似用一阶惯性环节和纯滞后环节的串联来表示:

$$G_c(s) = G_p(s)\mathrm{e}^{-\tau s} = \frac{K_f}{1 + T_f s}\mathrm{e}^{-\tau s} \tag{9.5.5}$$

式中: K_f ——被控对象的放大系数;

T_f ——被控对象的时间常数;

τ——纯滞后时间。

预估器的传递函数为

$$G_r(s) = G_p(s)(1 - \mathrm{e}^{-\tau s}) = \frac{K_f}{1 + T_f s}(1 - \mathrm{e}^{-\tau s}) \qquad (9.5.6)$$

2)纯滞后补偿控制算法步骤

①计算反馈回路的偏差 $e_1(k)$

$$e_1(k) = r(k) - y(k) \qquad (9.5.7)$$

②计算纯滞后补偿器的输出 $y_\tau(k)$

$$\frac{Y_\tau(s)}{U(s)} = G_p(s)(1 - \mathrm{e}^{-\tau s}) = \frac{K_f}{1 + T_f s}(1 - \mathrm{e}^{-\tau s}) \qquad (9.5.8)$$

化成微分方程式,则可写成

$$T_f \frac{\mathrm{d}y_\tau(t)}{\mathrm{d}t} + y_\tau(t) = K_f [u(t) - u(t - NT)] \qquad (9.5.9)$$

相应的差分方程为

$$y_\tau(k) = a y_\tau(k-1) + b[u(k-1) - u(k-N-1)] \qquad (9.5.10)$$

式中:$a = \mathrm{e}^{-\frac{T}{T_f}}, b = K_f \left[1 - \mathrm{e}^{-\frac{T}{T_f}}\right]$。

上式称为史密斯预估控制算式。

③计算偏差 $e_2(k)$

$$e_2(k) = e_1(k) - y_\tau(k) \qquad (9.5.11)$$

④计算控制器的输出 $u(k)$

当控制器采用 PID 控制算法时,则

$$\begin{aligned} u(k) &= u(k-1) + \Delta u(k) \\ &= u(k-1) + K_p[e_2(k) - e_2(k-1)] + K_i e_2(k) \\ &\quad + K_d(e_2(k) - 2e_2(k-1) + e_2(k-2)) \end{aligned} \qquad (9.5.12)$$

式中:K_p 为 PID 控制的比例系数;

$\quad K_i = K_p T / T_i$ 为积分系数;

$\quad K_d = K_p T_d / T$ 为微分系数。

4. 参考文献

[1]林锦国,张利,李丽娟.过程控制(第 2 版)[M].南京:东南大学出版社,2009

[2]浙江求是教学仪器公司.综合控制实验指导书[M].杭州:浙江求是教学仪器公司,2003

[3]程控制系统实验、课程设计指导书[EB/OL].http://wenku.baidu.comviewac-cd8d5d3b3567ec102d8a8d.html

实验 9.6　多变量解耦控制系统

1.实验任务

(1)根据生产的实际过程,用过程控制系统的工程设计方法,设计一个多变量解耦控制系统；

（2）学会查阅文献、技术资料和手册，合理设计控制方案；

（3）进行多变量解耦控制系统实验，并记录 3 种不同参数情况下的数据；

（4）撰写规范的实验总结报告。

2. 实验要求

掌握解耦控制原理；通过实验掌握解耦控制系统的基本概念、解耦控算法计算步骤；掌握解耦控制的数字控制器的结构组成和设计；掌握解耦控制系统的参数整定和投运。

3. 实验提示

一个生产装置往往要设置若干个控制回路来稳定各个被控变量。回路之间可能相互关联，相互耦合，相互影响，构成多输入多输出的相关系统。图 9.6.1 所示温度 T_1、T_2 控制系统就是相互耦合的系统。

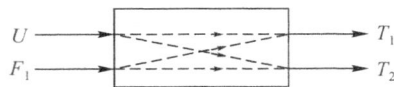

图 9.6.1　T_1、T_2 控制系统的示意图

由图 9.6.1 可知，当 T_1 偏低而可控硅调压器输出电压 U 增大时，T_2 也将增加，此时通过 T_2 控制器作用而开大流量调节阀，结果 T_1 下降，可控硅调压器和流量调节阀相互间互相影响着，这是一个典型的关联系统。

各个参量之间存在着关联和耦合，相互影响。这种相互关联、相互耦合的关系如图9.6.2 所示。

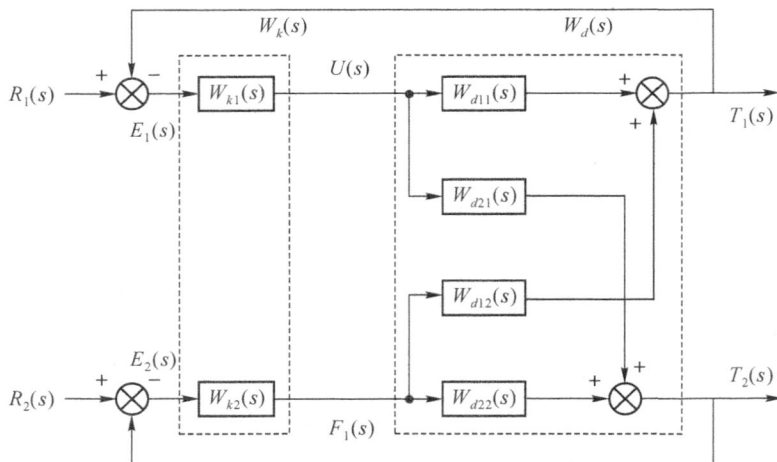

图 9.6.2　T_1、T_2 双变量相关系统的方框图

在实际生产过程中，这种各个变量之间相互耦合、相互影响的控制系统是普遍存在的。而且在多数情况下，由于这种耦合，使得系统的性能很差，过程长久不能平稳下来，直接影响质量，严重时还会使系统无法正常工作，甚至造成生产事故，危及设备和人身安全。为此必须进行"解耦"，把各个回路之间相互耦合的多输入—多输出系统变换为若干个相互独立的

单变量系统。

实际装置中,系统之间的耦合,通常可以通过设计解耦控制系统,使各个控制系统相互独立(或称自治)。多变量解耦控制的综合方法有

· 对角线矩阵综合法;

· 单位矩阵综合法;

· 前馈补偿综合法。

从三种解耦综合方法的理论分析可以知道,通过不同的方法都能达到解耦的目的,但应用单位矩阵综合法有更为突出的优点。应用对角线矩阵综合法与前馈补偿综合法得到的解耦效果和系统的控制质量是一样的,它们都只是设法去掉交叉通道,使其成为两个独立的单回路。而应用单位矩阵综合法,除能达到良好的解耦效果之外,还能提高控制质量,减少动态偏差,加快响应速度,缩短过渡时间。

应用前馈补偿综合法构成解耦控制系统,能够消除相互关联,使其成为两个独立的单回路。这种系统结构简单(有时称为简化解耦),实现方便,比较容易理解和掌握。

下面简略介绍多变量前馈补偿解耦控制的综合方法。

前馈补偿综合法实际上是把某通道的调节器输出对另外通道的影响看作是扰动作用,然后,应用前馈控制的原理,解除控制回路间的耦合。前馈补偿解耦控制系统的方框图如图9.6.3 所示。

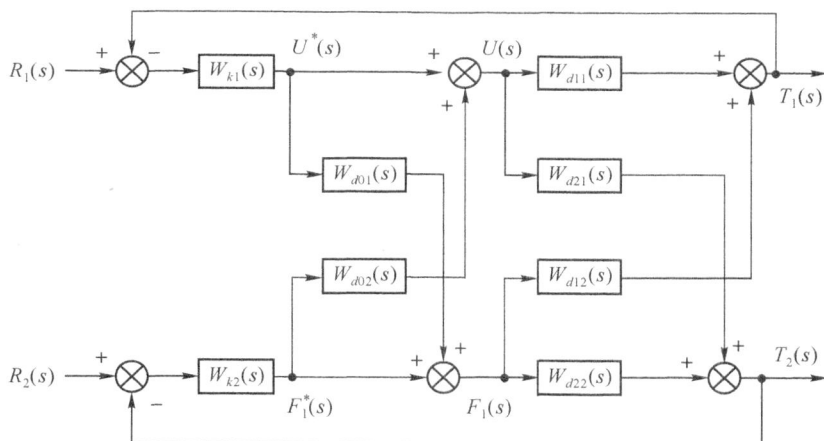

图 9.6.3　前馈补偿解耦控制系统方框图

前馈补偿装置的传递函数可根据前馈补偿原理来求取。根据完全补偿条件,由图9.6.3可得

$$W_{d21}(s) + W_{m1}(s)W_{d22}(s) = 0$$

$$W_{m1}(s) = -\frac{W_{d21}(s)}{W_{d22}(s)} \tag{9.6.1}$$

同理可得

$$W_{d21}(s) + W_{m2}(s)W_{d11}(s) = 0$$

$$W_{m2}(s) = -\frac{W_{d12}(s)}{W_{d11}(s)} \tag{9.6.2}$$

式中：$W_{m1}(s)$——前馈解耦补偿环节(1)的传递函数；

$\quad\quad W_{m2}(s)$——前馈解耦补偿环节(2)的传递函数。

显而易见，应用前馈补偿综合法，按上式构成解耦控制系统，能够消除相互关联，使其成为两个独立的单回路。这种系统结构简单(有时称为简化解耦)，实现方便，比较容易理解和掌握。

以上前馈补偿解耦综合方法，虽是以双变量控制系统为例来讲述的，但对于两个变量以上的相关控制系统的解耦，也是适用的。虽只讨论在给定扰动下的解耦效果，但在外扰动作用下，采用同样的解耦补偿装置，也一样可以获得比较满意的解耦效果。

解耦有动态解耦和静态解耦之分。简单地说，动态解耦的补偿是时间补偿，而静态解耦的补偿是幅值补偿。动态解耦要比静态解耦复杂些，一般只在要求比较高、解耦补偿装置又比较容易实现的场合下采用。对大多数相关控制系统来说，使用静态解耦一般都能达到目的，特别是当被控对象各通道的时间常数相差不太悬殊，使用静态解耦一般都能满足要求。由于静态解耦比较简单，易于实现，又能取得较好的解耦效果，故应用场合较多。

4. 参考文献

[1]林锦国,张利,李丽娟.过程控制(第 2 版)[M].南京:东南大学出版社,2009

[2]浙江求是教学仪器公司.综合控制实验指导书[M].杭州:浙江求是教学仪器公司,2003

[3]过程控制系统实验、课程设计指导书[EB/OL]. http://wenku. baidu. comviewac-cd8d5d3b3567ec102d8a8d. html

实验 9.7　变比值控制系统

1. 实验任务

(1)根据生产的实际过程,用过程控制系统的工程设计方法,设计一个变比值控制系统;

(2)学会查阅文献、技术资料和手册,合理设计控制方案;

(3)进行变比值控制系统实验,并记录 3 种不同参数情况下的数据;

(4)撰写规范的实验总结报告。

2. 实验要求

掌握变比值控制系统的结构组成和设计;通过实验掌握变比值控制系统的基本概念、比值系数的计算;掌握变比值控制系统的参数整定。

3. 实验提示

(1)根据实验系统流程图构成一个单闭环变比值控制系统,如图 9.7.1 所示。

(2)比值系数的计算

当流量变送器的输出电流与流量呈线性关系时,流量从 $0 \sim G_{MAX}$ 时,变送器对应的输出电流为 $4 \sim 20 mA$。任一瞬时流量 G 对应的变送器输出电流信号为

$$I = G/G_{MAX} \times 16 \text{ mA} + 4 \text{ mA}$$

则主副流量变送器的输出电流信号为

$$I_1 = G_1/G_{1MAX} \times 16 \text{ mA} + 4 \text{ mA}$$

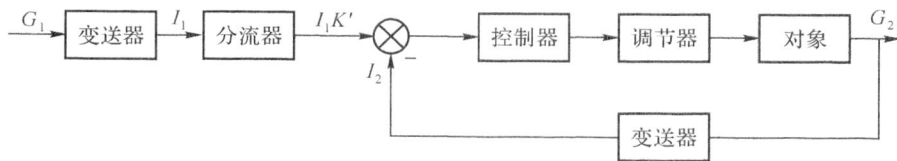

图 9.7.1　变比值控制系统实验框图

$$I_2 = G_2/G_{2MAX} \times 16 \text{ mA} + 4 \text{ mA}$$

主流量信号 I_1 经分流器分流后送到控制器的外给定端,而副流量信号 I_2 则进入控制器的测量端。控制器选用 PI 控制规律,当系统稳定时

$$I_2 = K'I_1 \qquad\qquad (9.7.1)$$

式中,K' 为仪表的比值系数。

4. 参考文献

[1]林锦国,张利,李丽娟.过程控制(第 2 版)[M].南京:东南大学出版社,2009

[2]浙江求是教学仪器公司.综合控制实验指导书[M].杭州:浙江求是教学仪器公司,2003

[3]过程控制系统实验、课程设计指导书[EB/OL].http://wenku.baidu.comviewac-cd8d5d3b3567ec102d8a8d.html

实验 9.8　双容液位控制系统

1. 实验任务

(1)根据生产的实际过程,用过程控制系统的工程设计方法,设计一个双容液位控制系统;

(2)学会查阅文献、技术资料和手册,合理设计控制方案;

(3)进行双容液位控制系统实验,并记录 3 种不同参数情况下的数据;

(4)撰写规范的实验总结报告。

2. 实验要求

通过实验掌握单回路控制系统的构成。学生可自行设计,构成单回路双容液位控制系统,并采用临界比例度法、阶跃反应曲线法和整定单回路控制系统的 PID 参数,熟悉 PID 参数对控制系统质量指标的影响,用计算机进行 PID 参数的调整和自动控制的投运。

3. 实验提示

(1)需要设置的参数如下:

$K_P = 5$　　(参考值)(比例增益)

$T_i = 200$　　(参考值)(积分时间　秒)

$T_d = 0$　　(参考值)(微分时间　秒)

(2)注意:在上述单回路控制实验中,一般都需要恒压供水,在调节器控制实验中,一般都用调压器、变频器、水泵构成一个单闭环,实现系统的恒压供水。在上述实验中,D/A 模块中的 IO0 为控制调节阀开度的控制通道,IO1 为可控硅的电压控制通道,IO2 为变频器的控制通道。A/D 模块中,IN0 为上水箱液位的检测,IN1 为下水箱液位的检测,IN2 为主流量的检测,IN3 为副流量的检测,IN4 是温度信号检测,IN5 是阀位反馈信号检测,IN6 是水泵出口压力信号检测。在 D/A 模块中,由于模块本身不能提供电源,在控制时应串入 24V 直流电源,输出电流信号控制执行器,AGND 为 D/A 模块公共地。由于变送器输出的都是电流信号,而 A/D 模块采集的是电压信号,所以在 A/D 通道的正负端并联一个 250 欧姆的电阻,将电流信号转变为电压信号。

系统采用的液位变送器,压力变送器都是两线制的,在检测液位工作时需串入 DC24V 电源。

4. 参考文献

[1]林锦国,张利,李丽娟. 过程控制(第 2 版)[M]. 南京:东南大学出版社,2009

[2]浙江求是教学仪器公司. 综合控制实验指导书[M]. 杭州:浙江求是教学仪器公司,2003

实验 9.9　虚拟示波器的设计

1. 实验任务

利用 LabVIEW 软件设计虚拟仪器——双通道示波器。

2. 实验要求

实现信号的检测以及单双通道波形、幅值的显示,可以选择触发器极性,包括通道 B 触发、外触发、正负极性触发等,并能设置触发电位,进行水平分度和垂直分度的调节。

3. 实验提示

利用 NI 公司数据采集卡 PCI-6014 及 LabVIEW 应用开发环境,开发基于 PCI 总线的虚拟数字示波器,要能够实现传统示波器的数据采集、调节、处理、显示等功能,并实现波形存储,具有较高的测试精度和友好的人机界面。

本虚拟示波器的主要功能包括:3 种通道信号输入、触发控制、通道控制、时基调整控制、幅度调整控制、波形显示、参数自动测量等。基本性能如下:数据采样速率为 100KSPS(千次采样每秒),分辨率为 12 bit;波形显示模式为通道 A 或 B 或 A&B;电压参数测量为 Vrms 和 Vpp 波形类型为双踪示波;通道选择为通道 0 或 1。

4. 参考文献

[1]徐征程,瞿烨. 基于 Web 服务的虚拟实验室中虚拟示波器的设计与实现[J]. 实验室科学,2006.1

[2]张玉生,高继贤,李晓媛. 虚拟示波器的设计[J]. 中国科技信息,2007.4

实验 9.10　交通指挥信号灯控制实验

1. 实验任务

(1)用 8255A 作并行口,通过并行口实现对交通灯的控制。交通灯用两组红、黄、绿发

光二极管代表,分别用作主干和支路的交通信号灯;

(2)把机内时钟源计数值和以开关模拟的特种车辆到达传感器信号作为条件,实现交通灯状态的自动转换;

(3)在不改变硬件结构的条件下,创造一种两个方向都不通行的人行状态。

2. 实验要求

设实验环境为十字路口的交通灯自动控制系统,十字路口由主干道和支路交叉而成。主干道交通流量为支路的两倍。

(1)正常情况下,两条路轮流放行,主干道放行时间为支路的两倍。信号转换遵循以下规律:①通行到停止:绿黄红次序;②停止到通行:红闪动绿次序;③主干道和支路交叉显示。

(2)路口出现特种车辆时,立即放行;若同时出现,先放行主干道。

3. 实验提示

(1)控制用的输出端只要一个并行口;状态口也占一个并行口。如图 9.10.1,A 口作输入;K0、K1 对应主干、支路特种车辆。A 口状态由 CPU 定时读取、判断,确定路口通行状态。实验需要进行软件编程来实现。对硬件调试分两步:首先,用静态电压测量法,保证芯片各引脚有正常工作电压。然后用 DEBUG 给各端口写入必要的初始化程序,并使 B 口输出不同的数据,观察 LED 的点燃情况,同时检查 A 口读入数据情况。

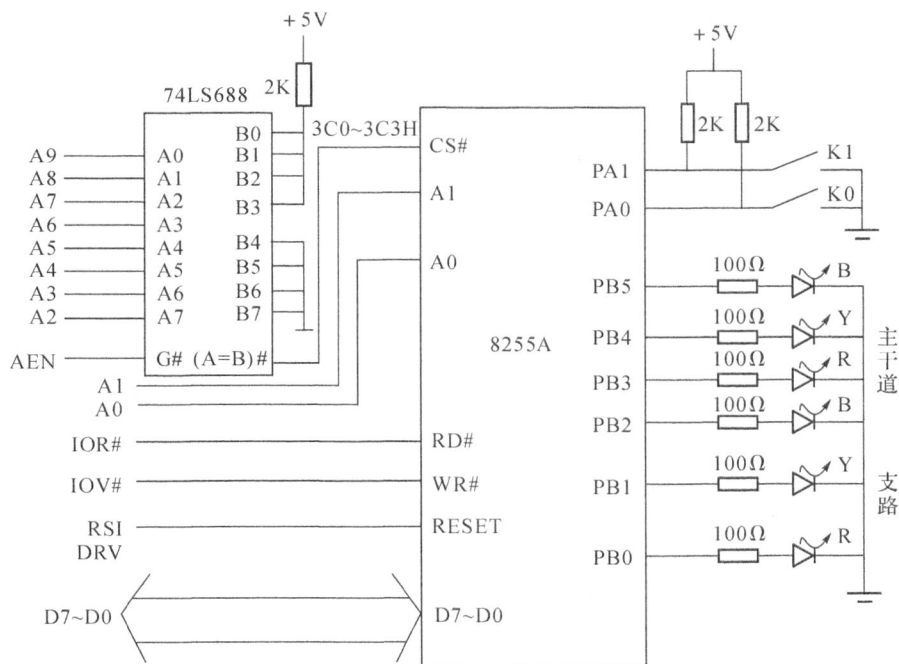

图 9.10.1　交通指挥信号灯控制实验连线图

(2)该实验可以用单片机也可以用 PLC 来实现。

4. 参考文献

[1][EB/OL]http://www.cs.swust.edu.cn/shiyan/shiyan7/index.htm

[2][EB/OL]http://zhidao.baidu.com/question/132571369

实验 9.11　炉温控制系统

1. 实验任务

(1)了解温度控制系统的特点；

(2)研究采样周期 T 对系统的影响；

(3)研究大时间常数系统 PID 控制器的整定方法。

2. 实验要求

该系统可以用单片机或 PLC 为核心构成一个智能炉温控制系统，具有对电炉温度的定时检测、实时控制和调节，参数显示和打印，存储必要的信息等功能。通过操作键盘，可在线修改给定值和控制参数，并进行手动、自动的切换。

3. 实验提示

(1)系统的基本工作原理：系统由两大部分组成，第一部分由计算机、总线驱动卡、数据通道接口板和微机实验平台组成，完成温度信号采集、PID 运算、产生控制双向可硅的触发信号；第二部分为炉温控制实验板，完成温度控制及传感器信号的放大，第二部分是在炉温控制实验板上，温度检测元件采用热敏电阻 R_t，其阻值变化由双臂电桥变换成电压信号，经放大电路为 0～5V 信号，送 A/D 转换器（ADC0809）转换为数字信号。系统采用双向可控硅应用过零触发方式，在每个控制周期(与采样周期相等)，控制输入电阻丝的正弦波个数，即通过控制输入电阻丝平均功率的大小达到控制温度的目的。

(2)PID 递推算法：如果 PID 调节器输入信号为 $e(t)$，其输出信号为 $u(t)$，则离散的递推算法如下：$U_K = K_P e_k + K_i e_{k2} + K_d(e_k - e_{k-1})$，其中 e_{k2} 是误差累积和。

(3)该实验可以用单片机也可以用 PLC 来实现。

4. 参考文献

[1]田明,窦曰轩.用 PC 机控制炉温的控制实验系统[J].实验技术与管理,2001.18(2):137.139

[2]邓生明.中温箱式电阻炉微机控制系统设计[J].机电工程技术,2004.33(10)

实验 9.12　位置随动系统

1. 实验任务

(1)掌握位置随动系统的组成及工作原理。

(2)了解改善位置随动系统性能的方法。

2. 实验要求

(1)建立一个位置随动系统。

(2)在熟悉位置随动系统原理、组成的基础上,改装本系统,进行开环、闭环调速系统实验设计。

3. 实验提示

位置随动系统实验装置的原理如图 19.12.1 所示该系统组装成两部分,即控制箱和执行机构。控制箱中装有给定电位器及刻度盘、两级运算放大器和功率放大器等。两级运算放大器的增益,可通过选择该运放反馈电阻的插孔位置来改变。功放级的增益是通过调节反馈电阻来确定。放大器级与级之间设有隔开的插孔,以便于加入串联校正装置。执行机构中装有低速直流力矩电动 SLY-5、直流测速发电机 70CYD-1 和反馈电位器 WDD65S,这三个元件安装在一个圆柱筒里,它们的转轴经联轴器连接。由于采用力矩电动机,它可以直接拖动负载(惯性轮),省去了减速齿轮,电动机和测速发电机都是永磁式,省去了激磁绕组。反馈电位器和给定电位器都是精密电位器,它们的结构参数相同。

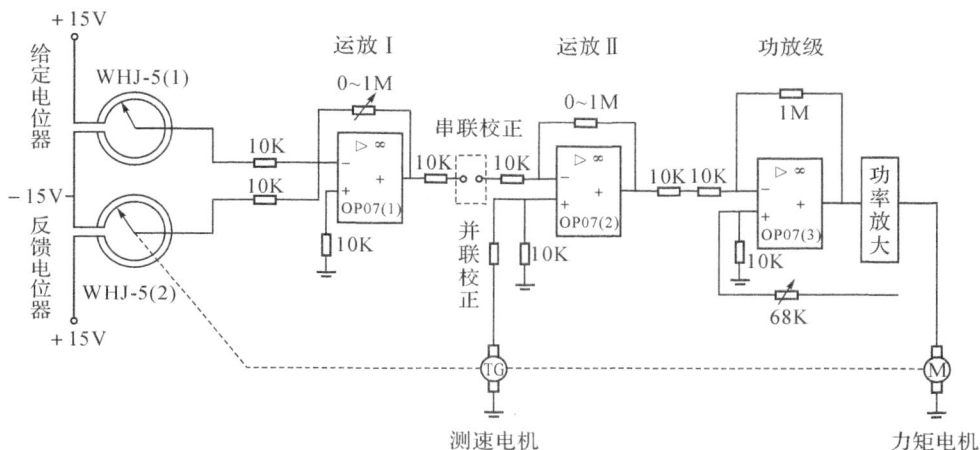

图 9.12.1 位置随动系统实验装置原理图

给定电位器和反馈电位器组成一对误差检测器,当给定电位器转过一个角度时,误差检测器产生偏差电压,即给运放Ⅰ(OP07(1))输入电压量,该电压经运放Ⅰ(OP07(1))、运放Ⅱ(OP07(2))电压放大、OP07(3)功率放大后驱动驱动力矩电机(SLY-5),电动机带动负载(惯性轮)转动的同时,也带动反馈电位器的电刷转动,使误差检测器产生的偏差电压减小,直至减小到零,在新的位置达到平衡为止,从而实现被控制轴与给定电位器的输入轴随动的目的。即实验中通过调整实验面板上给定电位器的输入转角,与被检对象力矩电机(SLY-5)同轴的反馈电位器上可得到同步的输出转角。因此,这种系统又称之为角度随动系统。

对于这种位置控制系统,如果利用测速发电机的输出电压 U,接到运放Ⅱ(OP07(2))输入端,在系统的内回路里构成一个局部反馈(即并联校正),则系统的阻尼比将增大,动态性能将得到显著改善。

实验中注意,反馈极性必须是负反馈,另外,给定电位器与反馈(随动)电位器在 30°死角不连续,调节时请注意!

4. 参考文献

[1]http://lab.nuaa.edu.cn/upload/1131.doc

实验 9.13　基于现场总线的空调测控系统设计

1. 实验任务

利用现场总线方式，对空调的水流量、干球温度、湿球温度、进口水温、出口水温、功率等进行测试，有效地控制空调的温度。

2. 实验要求

（1）硬件可以采用 DS100 控制器通过 485/232 转接口与计算机串行口连接的策略，计算机的串行口作为 RS-232 接口的主控设备。

（2）系统软件主模块下有系统设置、数据显示、系统控制、实验报告生成 4 个独立的页面。系统开始前需要先对系统进行设置，其中包括对串口的设置、通道选择等。数据采集作为独立的模块负责数据的接收和发送，接收到的数据送入一个缓冲区中，数据处理模块负责对数据的处理，它从缓冲区中读取数据，对于需要显示的数据，送到数据显示模块进行显示，并对数据进行一定的计算得到我们需要的结果。数据显示模块定时刷新数据，显示数据，系统控制模块主要实现写功能，对于要写的控制数据送到数据采集模块，写入串口，由控制器传送到相应的空调控制设备，实验报告生成模块将生成一个 EXCEL 表格形式的实验报告来反映整个实验的重要数据。

3. 实验提示

在实验开始前要先运行一下控制器自带的一个软件 setdevice 来设置一下控制器的通讯参数，如波特率等。采集过程中，电脑发送一个特定帧格式的读命令给控制器，控制器将返送由传感器传来的数据作为应答，实现数据的采集功能。连接环境温湿度和水温调节设备的控制器负责系统的控制，控制过程中，由计算机发送一个带有数据的写命令，控制器在收到正确的写命令以后，在对计算机回应的同时将数据传递给与其相连的调节设备，调节设备在收到命令以后将按照给定的温度对水温或环境的温湿度进行调节，实现系统的控制功能。

4. 参考文献

[1] http://www.eeworld.com.cn/Test_and_measurement.0920/article_3489.html

实验 9.14　单闭环温度控制系统

1. 实验任务

通过实验掌握单回路温度控制系统的构成。学生可自行设计，构成单回路温度控制系统。

2. 实验要求

掌握用阶跃响应曲线法来实验辨识控制系统数学模型的特性参数 τ、T_0、K_0，采用临界比例度法、阶跃反应曲线法和整定单回路控制系统的 PID 参数，熟悉 PID 参数对控制系统质量指标的影响，用计算机进行 PID 参数的自整定和自动控制的投运。

3. 实验提示

(1)实验步骤(阶跃响应曲线法)

1)接通总电源,各仪表电源。

2)将加热圆筒内注满水。

3)整定参数值的计算。

设定过渡过程的衰减比为 4:1,整定参数值可按表 9.14.1 进行计算。

表 9.14.1　阶跃响应曲线整定参数表

控制规则	控制器参数		
	δ	T_I	T_D
P	δ_S		
PI	$1.2\delta_S$	$0.5T_S$	
PID	$0.8\delta_S$	$0.3T_S$	$0.1T_S$

4)将计算所得的 PID 参数值置于计算机中。

5)打开加温电源,观察计算机上温度曲线的变化。

6)待系统稳定后,给温度加个阶跃信号,观察其温度变化曲线。

7)曲线的分析处理,对实验的记录曲线分别进行分析和处理,处理结果记录在表 9.14.2 中。

表 9.14.2　阶跃响应曲线数据处理记录表

参数值 测量情况	温度 1			温度 2		
	K_1	T_1	τ_1	K_2	T_2	τ_2
阶跃 1						
阶跃 2						
平均值						

按常规内容编写实验报告,并根据 K、T、τ 平均值写出广义的传递函数。

(2)计算机的参数设置(进入加热器水的流量为 9%)

$K_P = 5$　　(参考值)(比例增益)

$T_i = 90$　　(参考值)(积分时间　秒)

$T_d = 4$　　(参考值)(微分时间　秒)

S_p　　　　(计算机控制给定值)

$U(k)$　　　(计算机输出值)

PV　　　　(计算机检测值)

4. 参考文献

[1]浙江求是教学仪器公司.综合控制实验指导书[M].杭州:浙江求是教学仪器公司,2003

[2]林锦国,张利,李丽娟.过程控制(第 2 版)[M].南京:东南大学出版社,2009

实验 9.15　单闭环流量控制系统

1. 实验任务

通过实验掌握单回路流量控制系统的构成。学生可自行设计，构成单回路流量控制系统。

2. 实验要求

掌握用阶跃响应曲线法来实验辨识控制系统数学模型的特性参数 τ、T_0、K_0，采用临界比例度法、阶跃反应曲线法和整定单回路控制系统的 PID 参数，熟悉 PID 参数对控制系统质量指标的影响，用计算机进行 PID 参数的自整定和自动控制的投运。

3. 实验提示

(1)过程控制对象管路图见图 9.15.1。

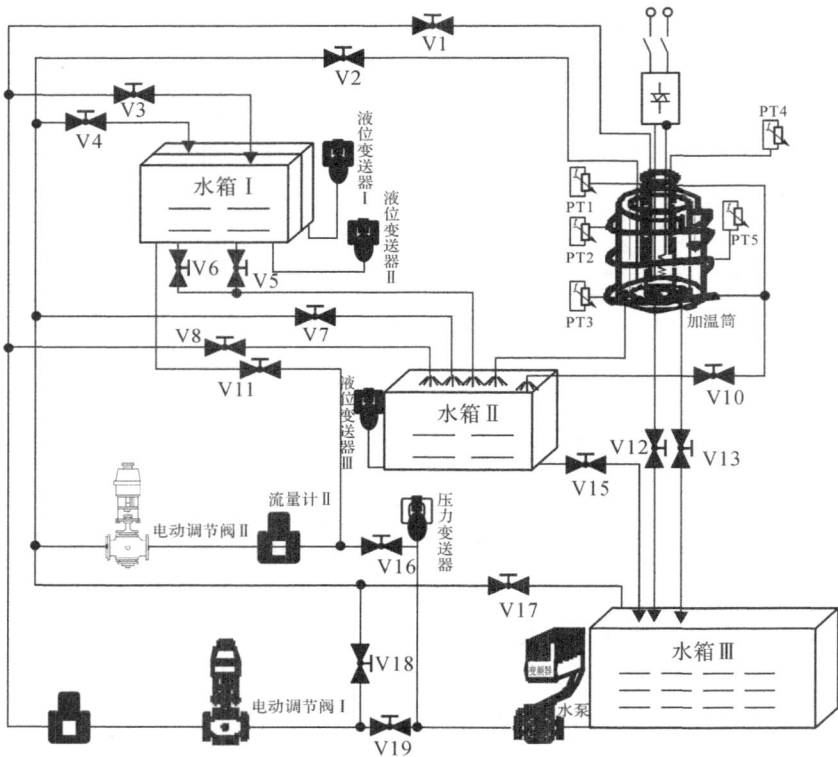

图 9.15.1　过程控制对象管路图

V1-V19 为阀门

(2)实验步骤(采用阶跃响应曲线法)：

1)接好实验导线，将阀门 V19、V3 打开，将 V16、V17、V18 关闭。

2)接通总电源、各仪表电源。将 PCT-2 面板上的钮子开关掷到外控端。

3)整定参数值的计算

设定过渡过程的衰减比为 4：1，整定参数值可按表 9.15.1 进行计算。

4）将计算所得的 PID 参数值置于计算机中，系统投入闭环运行。加入扰动信号观察各被测量的变化，直至过渡过程曲线符合要求为止。

5）曲线的分析处理，对实验的记录曲线分别进行分析和处理，处理结果记录于表格 9.15.2 中。

表 9.15.1　阶跃反应曲线整定参数表

控制规则	控制器参数		
	δ	T_I	T_D
P	δ_S		
PI	$1.2\delta_S$	$0.5T_S$	
PID	$0.8\delta_S$	$0.3T_S$	$0.1T_S$

表 9.15.2　阶跃响应曲线数据处理记录表

参数值　测量情况	流量 1			流量 2		
	K_1	T_1	τ_1	K_2	T_2	τ_2
阶跃 1						
阶跃 2						
平均值						

按常规内容编写实验报告，并根据 K、T、τ 平均值写出广义的传递函数。

（3）计算机的参数设置

$$K_P = 5 \quad （参考值）（比例增益）$$
$$T_i = 200 \quad （参考值）（积分时间　秒）$$
$$T_d = 0 \quad （参考值）（微分时间　秒）$$
$$Sp \quad （计算机控制给定值）$$
$$U(k) \quad （计算机输出值）$$
$$PV \quad （计算机检测值）$$

4. 参考文献

[1]林锦国，张利，李丽娟. 过程控制（第 2 版）[M]. 南京：东南大学出版社，2009

[2]浙江求是教学仪器公司. 综合控制实验指导书[M]. 杭州：浙江求是教学仪器公司，2003

实验 9.16　大棚温度、湿度综合参数显示系统

1. 实验任务

设计一台可测量温度、湿度并由 LED 数码管显示其数值且具有报警功能的仪器，该仪器可用于监视大棚或仓库的温度、湿度，当温度、湿度超过限定值时会自动报警。

2. 实验要求

（1）仪器功能

1）计时功能　　24 小时制连续计时，显示：时、分、秒。

2）温度测试　　指示环境温度，记录 24 小时内最高、最低温度。

3）湿度测试　　指示环境湿度，记录由此派生出的相对湿度、绝对湿度、露点温度参数。

4）打印功能　　每天早 8 时打印前 24 小时内最高、最低温度，瞬时相对湿度、绝对湿度、露点温度值。

5）停电记忆功能　　断电 24 小时内，该仪器具有计时功能，来电后能自动恢复显示。

（2）显示内容

时间：时、分、秒。温度：露点温度、环境温度。湿度：相对湿度。

（3）打印内容

前一日最高温度、最低温度、温度随时间变化的曲线及发生时间，前一日最高湿度、最低湿度、湿度随时间变化的曲线及发生时间。

（4）精度

温度 $\pm 1℃$，相对湿度 $\pm \%$。

3. 实验提示

（1）停电记忆功能的实现

当停电时由电池供电，电池的选取根据电路的功耗及最大供电时间决定。

（2）湿度

即相对湿度，由此可计算出绝对湿度和露点温度，计算方法请查阅相关资料。

（3）打印功能的实现

可选用微型打印机，例如 $TP_\mu P$-40A。

（4）报警方式

采用蜂鸣报警。

4. 参考文献

[1]李斌.微控制系统在多功能温室大棚中的应用[J].昆明理工大学学报（理工版），2004，29（2）

[2]韩曦，张欣，孙狄.基于嵌入式 Web 服务器的智能温室监控系统[J].单片机与嵌入式系统应，2009（6）

[3]林玉池，毕玉玲，马凤鸣.测控技术与仪器实践能力训练教程（第 2 版）[M].北京：机械工业出版社，2009

实验 9.17　热力膨胀阀综合测试台

1. 实验任务

（1）通过实验了解测试台的结构。

（2）重点掌握运用测试台进行相关性能的测试。

（3）掌握热力膨胀阀在汽车制冷系统中的作用。

2. 实验目的

(1)温度—作动压力曲线测定:控制恒温槽到某一个温度,根据规范开关电磁阀,测定作动压力,并且在上位机可以设定测试温度点,进行曲线显示。

(2)0 度过热度自动调定:在零度条件下,利用 PID 等算法,步进电机进行旋转调节阀座,直到出口作动压力符合要求。

(3)平衡部泄露流量测定:检测出口流量。

(4)阀口泄露调整:检测压力上升速度。

3. 实验提示

(1)气路中作动压检测部分进气不能超过 4.5MPa。

(2)气路中外平衡检测部分进气不能超过 0.5MPa。

(3)恒温槽温度控制在 $-30\sim50$℃。

(4)测试完成或更换班次时,先关闭作动台上电源开关,再关闭恒温槽控制面板上开关,确定上述开关关闭后,关闭测试台内部断路器开关。

(5)恒温槽制冷开关关闭后,再次开启制冷开关应间隔 $10\sim20$ 分钟。

4. 实验步骤

(1)温度—作动压力曲线

1)将热力膨胀阀正确安装在工装夹具上,注意感温包必须浸没在液体介质中。

2)打开气源开关压力,一路总管输入,内部高低压缓冲分流,软件程序自动实现高低压切换。高压范围:最大 4.5MPa;低压范围:最大 1.6MPa。

3)将热力膨胀阀综合测试系统电源线接到(220V,25A)电源上,打开电源,然后打开恒温槽电源,再打开气源,最后打开工控机的电源,进入测试界面。

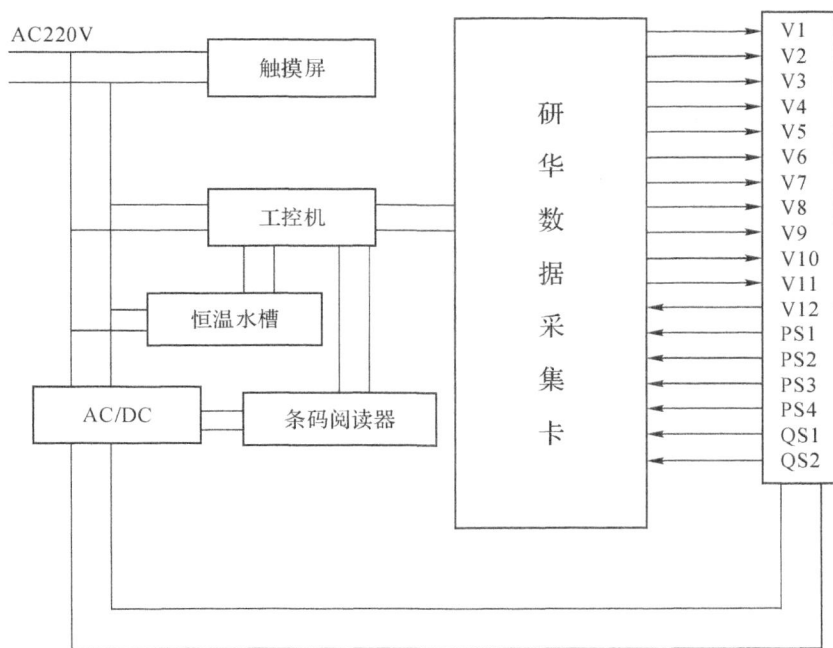

图 9.17.1　热力膨胀阀综合测试台电器原理图

4)打开菜单栏的"测试流程",在下拉菜单中选择"温度作动压测试",进入其测试界面。

5)设置测试参数：

阀门预冷时间：热力膨胀阀放入恒温槽中预冷的时间；

阀门开关次数：作动阀开和关的次数(一般为3次)；

阀门开关延时：作动阀开的时间和关的时间；

压力稳定时间：测量压力时需要等压力稳定的时间；

压力合格上限：调节作动压时,不能超过的压力；

压力合格下限：调节作动压时,不能低于的压力；

试验温度：当前过热度和内漏测试时恒温槽的温度；

进口压力设定：过热度测试时进口的压力；

测试前需要输入条码：测试前需不需要条码可供选择。

6)调节恒温槽,分别设定测试环境的温度值0℃、10℃、32℃、50℃；开启制冷按钮,等待恒温槽中水温到达设定温度值。

7)按下启动键开始进行自动测试。分别在四个温度点,开关电磁阀,测定作动压力。

8)记录测试数据。

9)在工控机操作界面设定测试温度点,保存产品数据。

10)测试完工位1的数据后,点击"工位—曲线数据",显示工位—温度作动压力曲线显示。

11)重复以上操作步骤,测出工位2的曲线数据。

(2)0度过热度自动调定：

1)参数设置如下：

预冷延时：03秒

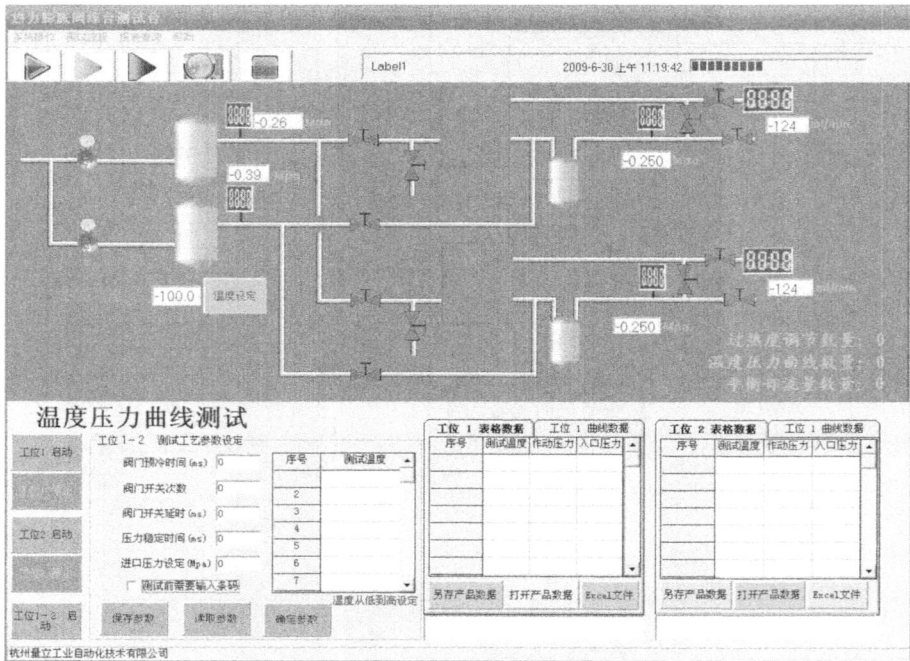

图9.17.2　温度作动压力测试界面

0℃作动压力上限：0.35MPa

0℃作动压力下限：0.15MPa

表 9.17.1　温度作动压力测试数据

工位	起点温度	起点压力	次点温度	次点压力

10/32/50℃作动压力上限：0.35MPa

10/32/50℃作动压力下限：0.15MPa

测试界面如图 9.17.3。

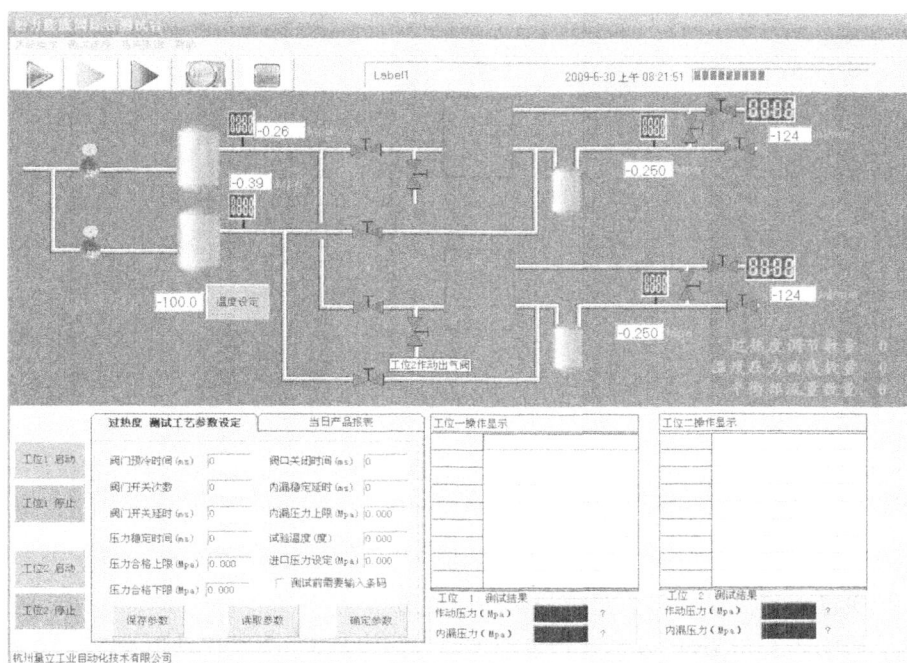

图 9.17.3　0 度过热度测试界面

　　2）调节恒温槽，设定好测试环境的温度值 0/10/32/50℃；开启冷却按钮，等待恒温槽中水温到达设定温度值。

　　3）按下启动键，开始测试。

　　4）若测试作动压力不符合产品要求，启动步进电机进行旋转调节阀座，直到出口作动压符合要求。

　　5）记录测试数据。

　　（3）平衡部泄露流量测定

　　1）点击测试流程，进入平衡部流量测试界面。

　　2）设定好相应的参数后，确定参数，保存参数。

　　3）分别设置恒温槽的温度为 0/10/32/50℃，开启冷却按钮，等待水温达到设定温度值。

表 9. 17. 2　　0 度过热度作动内漏压测试数据

工位	作动压	内漏压

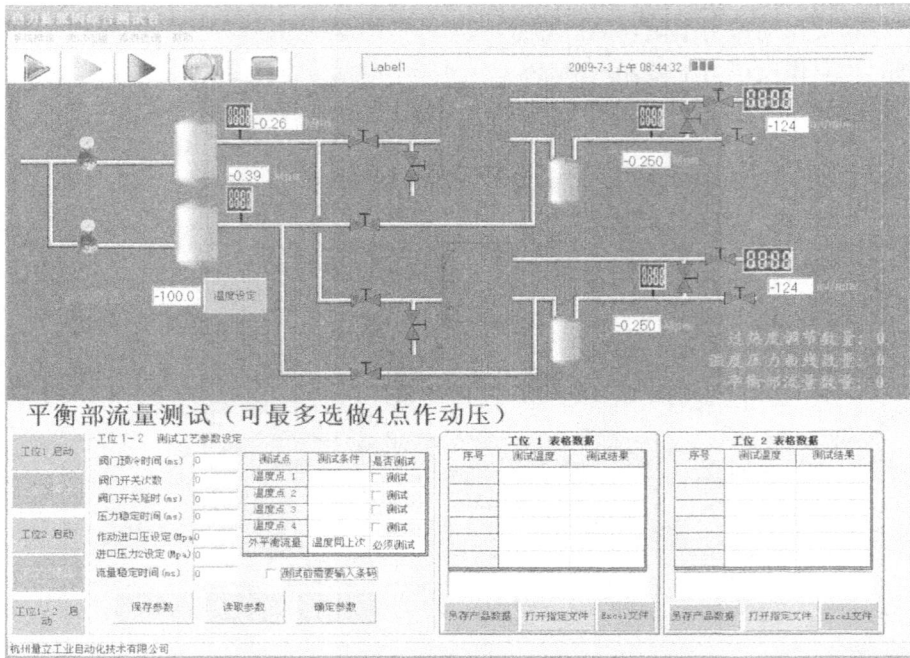

图 9.17.4　平衡部流量测试界面

4) 工控机操作界面设定与恒温槽相同的温度值。

5) 按下启动键开始测试,分别在四个温度点开启电磁阀,测定作动压力。

6) 测定完工位一,保存数据。

7) 工位二测试步骤同工位一。

8) 测试完成,导出实验数据。

表 9. 17. 3　　温度、作动和泄露量测试数据

工位	温度	作动压	泄漏量

(4)阀体内漏调整

1)设置测试参数：

阀门关闭时间：做内漏测试时，阀门需要关闭的时间；

内漏稳定延时：测内漏时的时间，本实验设置为 03 秒；

内漏压力上限：内漏的压力上限，本实验设置为 0.1MPa；

试验温度：当前过热度和内漏测试时的温度。

2)观察实测压力值，检测系统是否存在泄露，若泄露压力超过允许值，则认为该测试台存在泄露现象。

3)过热度试验完毕后，关闭截止阀；1min 时出口压力 P 的压力上升值即为阀口泄漏量。

4)从 excel 导出实验数据和实验图表。

测试完成时，先关闭工控机的电源开关，再关闭恒温槽控制面板上的开关，确定上述开关关闭后，关闭综合测试台内部断路器开关。

5. 参考文献

[1]杭州量立自动化技术有限公司.热力膨胀阀综合性能测试台说明书[M].杭州：杭州量立自动化技术有限公司

[2]QC/T 663-2000 汽车空调（HFC-134a）用热力膨胀阀[S].北京：国家机械工业局，2001：731～740

[3]章嘉瑞，顾其江，邓永林.H 型汽车空调热力膨胀阀的研究与改进[J].四川：制冷与空调，2005,5(5):69～72

实验 9.18　　电子膨胀阀综合测试台

1. 实验任务

通过实验掌握电子膨胀阀的工作原理。学生可自行设计实验，测定影响电子膨胀阀流量特性的因素。

2. 实验要求

掌握电动式电子膨胀阀的工作原理，熟知影响电子膨胀阀流量特性的特性方法和影响因素，熟悉测试设备软件的一般功能和操作方法。

3. 实验提示

电子膨胀阀综合测试台的测试系统硬件部分由工业控制计算机、带触摸屏的液晶显示器、工业数据采集卡、脉冲控制器、流量传感器、压力传感器、开关阀组成。软件部分则由VB 开发，该软件可以实时显示工作状态和测试参数，可以将测试结果以报表、图形的方式显示，也可以将报表保存或打印，除了以上功能外，该软件可以直接控制电子膨胀阀各项检测内容。

(1)脉冲—作动压力曲线测定原理

如图 9.18.1，气体走向为 a→b→c→d(15 与 17 之间即 c 为电子膨胀阀)，当对电子膨胀阀施加 0.1MPa 压力时，测定电子膨胀阀在规定的脉冲数(一般从全闭缓慢开到最大脉冲)

时空气流量,对阀的性能要求:其流量曲线应符合事先约定的要求。

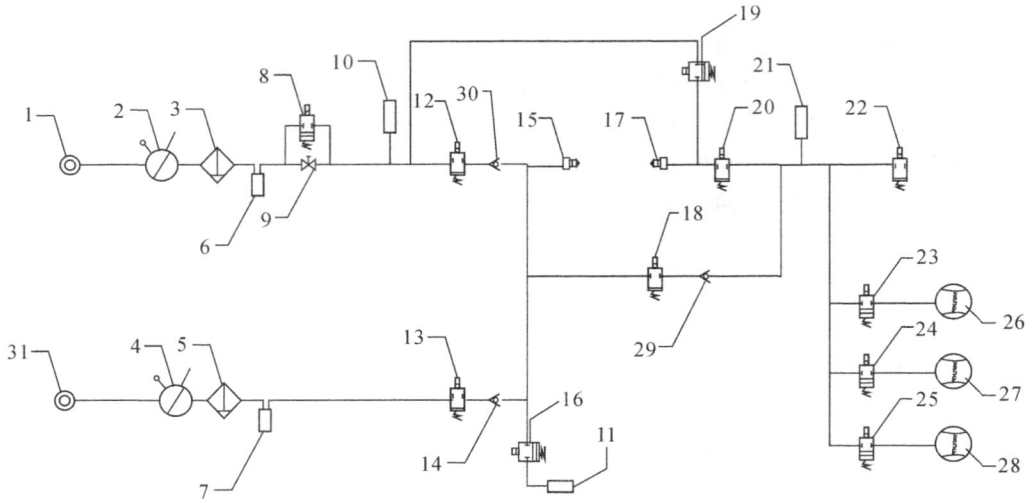

图 9.18.1　电子膨胀阀测试台气路图

1.31.气源　2.3.减压阀　4.5.过滤器　6.7.储气罐　8.12.13.16.18.19.20.22.23.24.25.电磁阀　9.针阀
10.11.21.压力传感器　14.29.30.单向阀　15.17.接口　26.27.28.流量传感器

（2）开阀点测定原理

如图 9.18.1,气体走向为 a→b→c→d(15 与 17 之间即 c 为电子膨胀阀),当作用于电子膨胀阀的压力(低压)达到 0.1MPa 压力时,测定从 0 开始增大的脉冲数下的流量,检测到流量达到某个设定值时的脉冲即认为是开阀脉冲,对阀的性能要求:其开阀脉冲数达到 25±15。

（3）实验内容及步骤

1）脉冲—作动压力曲线测定

如图 9.18.2,气体进入管道后,走向为 a→b→c→d,当 a 处压力与电子膨胀阀后的压力之差(既低压)达到设定值,可以检测各种脉冲下电子膨胀阀的流量,经过 d 后的是 3 个流量计,按照各自的量程由上而下安置。

在进行 EXV 空气流量检测前需要设置的参数如下:

①工作压力设置(可以直接输入):它应该等于上面返回的低压差值,如果误差达不到要求,则可以调节减压阀,直到满足要求。

②压力稳定时间设置(可以直接输入):它的作用在于检测流量前,作用于电子膨胀阀的压力差要满足设定值,设定稳定时间就是看是否满足上述要求。

③流量稳定延时设置(可以直接输入):它的作用在于检测流量时读取流量计的数值时需要一定的稳定时间。

④开阀脉冲设置:可以直接点击写入。

⑤额定电压设置(可以直接输入):可以直接输入阀的工作电压。

以上参数按照实际情况要求来设定。

当参数设定好后,点击开始按钮出现 EXV 启动操作确认对话框,这是用来检查阀的全

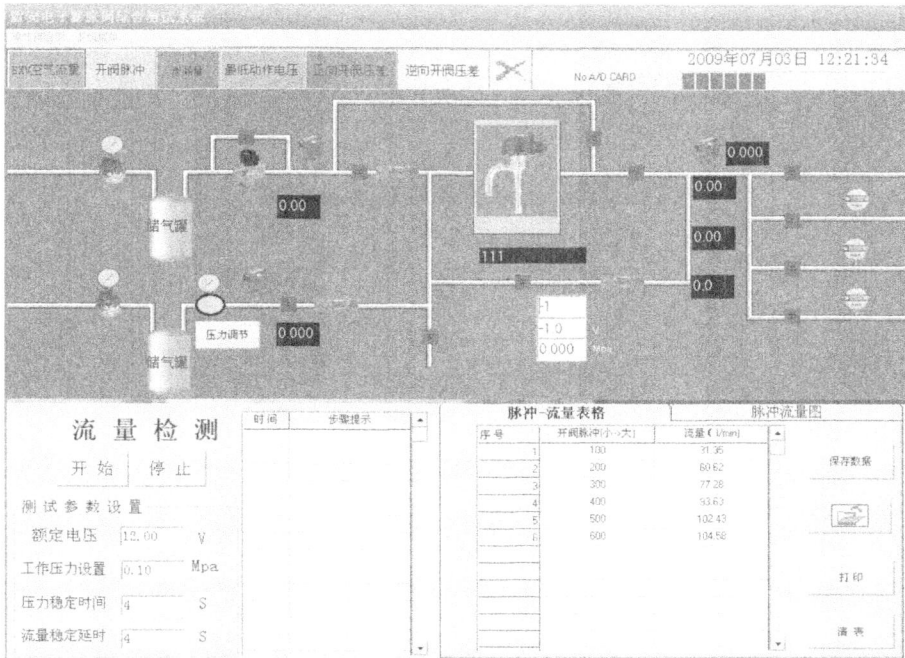

图 9.18.2　电子膨胀阀流量检测系统

开和全闭,点击其中的开始按钮,等阀的全开和全闭后,此对话框将会自动消失。

上述对话框消失后,将会进入流量检测中,具体过程将会在步骤显示中显示出来,此过程是自动过程(中间有可能要手动调节压差)

整个测试结束后可以点击保存按钮,可以将本次测试的所有参数及结果保存起来,在下一次测试时还可以点击打开按钮,选择以前测试的结果和当前的结果作比较。

请将所有参数和结果记录在表 9.18.1 中,并画出脉冲—流量图。

表 9.18.1　脉冲—作动压力曲线测定数据记录表

序号	开阀脉冲	流量(l/min)
1		
2		
3		
4		
5		
6		
7		
8		
9		
10		

2)开阀点测定

如图 9.18.3,气体进入管道后,走向为 a→b→c→d,当 a 处压力与电子膨胀阀后的压力之差(即低压)达到设定值,直到某一开阀脉冲所对应的流量和事先设定的流量吻合则就被认为打开阀了,就可以认为是一个开阀脉冲。

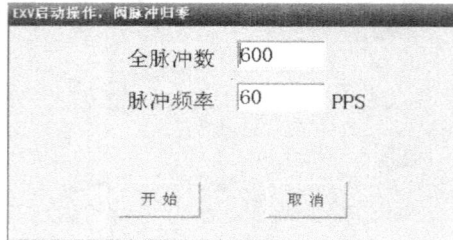

图 9.18.3　EXV 启动操作确认对话框

在进行 EXV 开阀脉冲检测前需要设置的参数如下(对应于图 9.18.4):

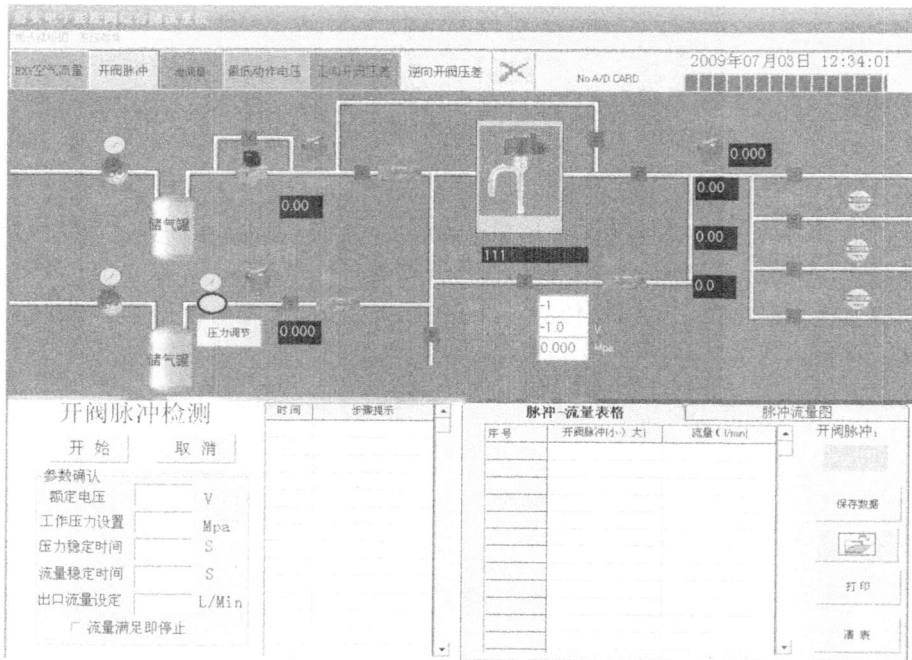

图 9.18.4　电子膨胀阀开阀脉冲检测系统

①工作压力设置(可以直接输入):它应该等于上面返回的低压差值,如果误差达不到要求,则可以调节减压阀,直到满足要求。

②压力稳定时间设置(可以直接输入):它的作用在于检测流量前,作用于电子膨胀阀的压力差要满足设定值,设定稳定时间就是看是否满足上述要求。

③流量稳定延时设置(可以直接输入):它的作用在于检测流量时读取流量计的数值需要一定的稳定时间。

④出口流量设定值(可以直接输入):它与5相对应,如果选中5时,当开阀脉冲所对应的流量满足设定值4要求时,检测结束。如果没有选中5,当开阀脉冲所对应的流量满足设定值4要求时,检测继续,直到所有脉冲都检测完。

⑤开阀脉冲设置:其方法同上,只是本次检测的设置值必须由小到大设置。

⑥额定电压设置:阀工作电压设置。

以上参数按照实际情况要求来设定。

当参数设定好后,如图9.18.3,点击开始按钮出现 EXV 启动操作确认对话框,这是用来检查阀的全开和全闭,点击其中的开始按钮,等阀的全开和全闭后,此对话框将会自动消失。

上述对话框消失后,将会进入流量检测中,具体过程将会在步骤显示中显示出来,此过程是自动过程(中间有可能要手动调节压差)。

整个测试结束后可以点击保存按钮,可以将本次测试的所有参数及结果保存起来,在下一次测试时还可以点击打开按钮,选择以前测试的结果和当前的结果作比较,请将参数和结果记录在表9.18.2中。

表 9.18.2　开阀点测定数据记录表

序号	开阀脉冲(小→大)	流量(l/min)
1		
2		
3		
4		
5		
6		
7		
8		
9		
10		

4. 参考文献

[1]浙江盾安人工环境设备股份有限公司.电子膨胀阀流量测试台用户手册[M].2007

[2]JB/T 10212-2000,制冷空调用直动式电子膨胀阀[S].

[3]张川,马善伟,陈江平,陈芝久,陈文勇.电子膨胀阀节流机构流量特性的实验研究[J].上海交通大学学报,2006,(2).

实验 9.19 双轴螺栓拧紧机系统

1. 实验任务

利用杭州中久自控系统有限公司生产的双轴拧紧机试验装置,采用智能控制法实现快速、准确的双螺栓自动拧紧。

2. 实验要求

(1)掌握工业生产线双轴螺栓拧紧机的工作原理及系统平台的实现。

(2)熟悉扭矩/转角控制法的方式和拧紧的各类工作模式。

3. 实验提示

(1)实验原理图:电动扭矩/转角控制法拧紧机的结构框图如图 9.19.1 所示。

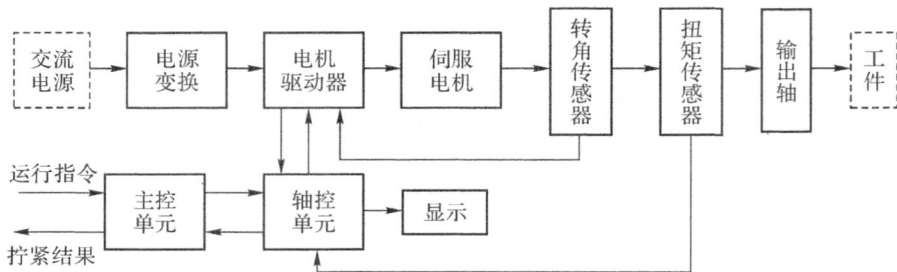

图 9.19.1 电动扭矩/转角控制法拧紧机的构成框图

系统工作原理:当拧紧机设备的控制系统发出拧紧的运行指令后,直接进入主控单元,使其分别产生复位和启动控制信号,该信号直接进入轴控单元,一方面使其复位,另一方面给电机驱动器发出运转指令,使其运行,并把输入的交流电源按不同的要求进行转换后输出,送入伺服电动机使其旋转。伺服电动机的旋转扭矩由输出轴输出,即对工件(螺栓)进行拧紧操作,拧紧过程中的扭矩,则由串接与伺服电动机与输出轴中间的扭矩传感器检出,并送入轴控单元中;拧紧过程中的转角,则由串接与伺服电动机与输出轴中间的转角传感器检出,并送入电机驱动器中,经过转换后又送入轴控单元中。拧紧过程中,随着拧紧的进行,扭矩值不断地增大,当其达到设定的转换扭矩值时,在轴控单元内部即刻对转角计数器请"0",并随即开始对转角进行计数,当其计数值达到预先设定的转角值时,轴控单元立即发出控制信号给电机驱动器,并在驱动器的控制下,伺服电机立即停止旋转,完成本次拧紧工作。拧紧完成后,轴控单元对拧紧的结果发出两方面的信号,一方面是发出显示信号(实际值),另一方面把拧紧结果的实际值(合格或不合格)通过无线数传通讯模块发送给监控主站。

(2)电动双轴拧紧机的控制系统

电动双轴拧紧机系统主要由动力及传动系统和控制系统两大部分组成。图 9.19.2 是典型电动双轴拧紧机的系统原理图。由图 9.19.2 可以看出,典型电动双轴拧紧机控制系统由各拧紧轴的轴控单元、拧紧机的主控单元和拧紧机的显示单元组成,是三层结构的控制系统。其中,轴控单元层和主控单元层是控制系统的核心。

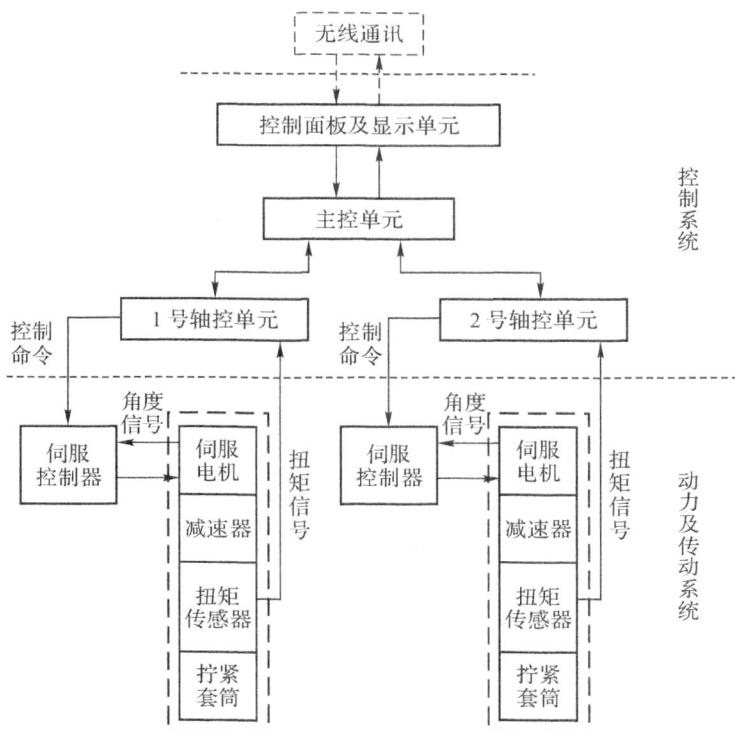

图 9.19.2 典型电动双轴拧紧机系统原理框图

（3）拧紧头主要部件

双轴拧紧机系统中拧紧的执行机构是动力传动系统，具体单轴结构如图 9.19.3 所示。

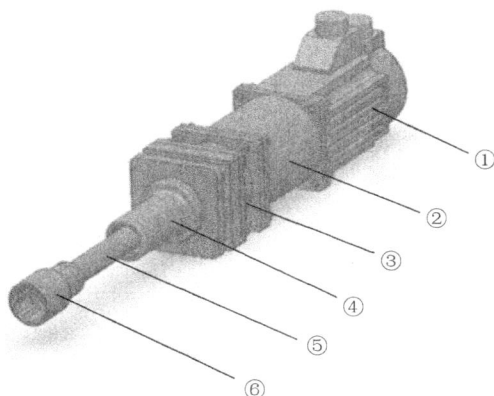

图 9.19.3 拧紧头结构图

1.交流伺服电机 2.行星减速器 3.扭矩传感器 4.导向护套 5.输出轴 6.套筒

（4）实验内容

1）实验装置的认识：了解实验装置中的对象，转盘拧紧头箱体、伸缩气缸、导轨、各种按钮、指示灯及所用仪表的名称、作用及其所在的位置,以便于在实验中对仪表进行操作和观察。熟悉实验装置面板图,要求:由面板上的每个仪表的图形、文字符号能准确地找到该仪表的实际位置。熟悉工艺管道结构、拧紧执行部件的位置及其作用。此实验是通过拧紧头箱体对两个螺栓进行同时拧紧,并将条形码编号及拧紧的状态结果信息通过无线数传通讯模块发送给实验室工作总站,总站记录、统计并保存数据,具体操作流程参考图9.19.4。

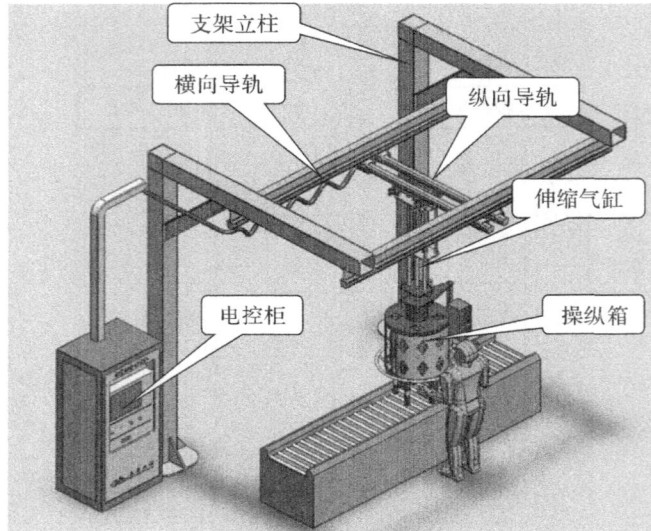

图 9.19.4 双轴拧紧机工作流程参考图

2)根据实验装置中拧紧对象(双螺栓)的位置,双手握住箱体的转盘通过气缸调整高度,再沿着横向、纵向导轨进行左右前后移动,确定工位大概的位置。

3)接通总电源及各仪表的电源。

4)在控制面板上进行参数设定,在规定的扭矩范围内(15~28N·m)转角(60°~90°)进行 12 组初值设定。

5)在拧紧工位上,操作者双手握住操纵箱前后手把,并通过"上升""下降"按钮调整箱体上下高度,推动操纵箱体使拧紧轴套筒对正螺栓头并保持一定压缩量。

6)点按右手把上"启动"按钮拧紧系统便进行认帽→高速预拧紧→预拧→等待→终拧→合格后卸荷退出等自动拧紧过程。

7)若有不合格,可以通过"复位"按钮自动全部反转松开再拧紧,也可以通过手动正/反转开关单独对不合格的进行松开再拧紧。

8)查看显示面板,读出拧紧螺栓的实际扭矩值、实际拧紧转角值以及拧紧状态(合格与不合格),按照表 9.19.1 格式并做好本次拧紧记录工作(其中 T 为扭矩、A 为转角,单位分别是 N·m、度°)。

9)记录完毕,通过"反转"按钮将双螺栓同时拧松,通过设定 T、A 两个参数进行 12 组实验操作,实验完毕,关闭设备总电源开关,整理好仪器仪表。

10)完成记录工作以及根据结果分析并得出结论,按常规内容编写实验报告。

表 9.19.1　双轴螺栓拧紧机—扭矩转角测试数据记录表

参数值 / 测量情况	$T_1 =$	$T_2 =$	$T_3 =$	$T_4 =$	$T_5 =$	$T_6 =$
	$A_1 =$	$A_2 =$	$A_3 =$	$A_4 =$	$A_5 =$	$A_6 =$
实际扭矩值						
实际转角值						
拧紧状态						

（5）注意事项

1）由于实验装置属于交流伺服电机控制系统的电动双轴拧紧机，存在强电，在实验时请注意安全，按照操作要求正常使用实验设备。

2）完成实验后，记住关掉各个电源开关，整理好实验平台。

（6）思考题

1）拧紧机常见的几种控制方法有哪些？比较各自的优缺点。

2）如何对实验室双轴拧紧机中实际扭矩值的真实性进行检定？

4. 参考文献

[1]冯德富.工厂实用在线检测技术[M].北京:国防工业出版社,2007

实验 9.20　制造业生产过程无线实时测控系统

1. 实验任务

利用杭州中久自控系统有限公司生产的无线实时测控系统装置搭建与实现工业生产线无线实时测控系统平台。

2. 实验要求

（1）掌握如何实现生产线的数据统计、历史追溯，以及 SPC 运行。

（2）了解工业无线网络的组网和传输特点。

3. 实验提示

（1）实验原理图:基于工业以太网生产线管理系统的无线测控系统结构如图 9.20.1。

系统工作原理:当热力膨胀阀综合测试台、电子膨胀阀综合测试台、双轴螺栓拧紧机三个实验设备开始工作时,通过条码阅读器读取员工条码及产品条形码,记录并存储设备信息,通过与三个实验设备相配套的无线子节点模块将各自的测试数据及测试结果状态(合格与否)按照规定的无线通讯协议发送给主节点,主节点与电脑通过网络接口相连接,电脑专用的生产线监控界面中可以实时看到三个实验设备的相关数据,如产品型号,以及产品的合格数与不合格数,产量总数以及生产日期等相关信息,可以有效地监控三个实验设备的实际运作状况,同时起到了数据统计、信息历史追溯的作用。

（2）无线测控系统主要部件

无线测控系统中有两种节点,一种节点是主节点,又称网络协调器,主节点是全功能设备节点(FFD),一个网络里只允许一个主节点,起到接收多个子节点通过无线发送的信息,

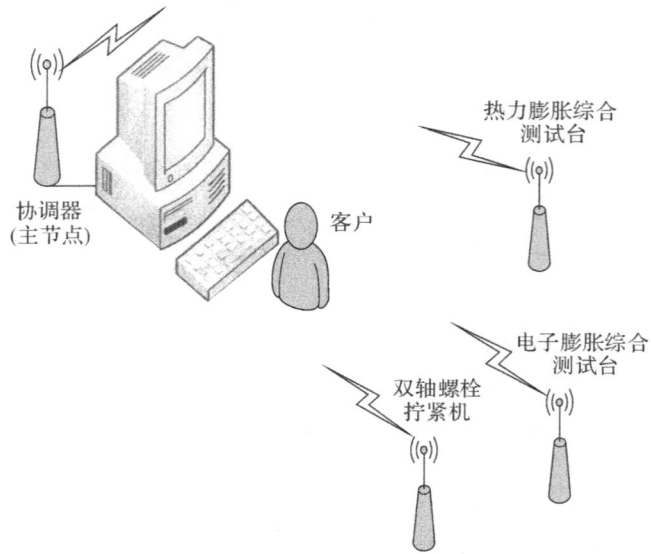

图 9.20.1　无线实时测控系统的结构图

本实验是接收来自热力膨胀阀综合测试台、电子膨胀阀综合测试台、双轴螺栓拧紧机这三个实验设备的数据,此数据必须符合规定的通讯协议,具体通过网络连接线与电脑或者 PC 相连接;另一种节点是子节点,又称为终端节点,子节点是半功能设备(RFD),一个网络里可以允许多个子节点,它负责采集终端三个实验装置的数据,按照规定的通讯协议以无线方式将采集到的数据发送给主节点,起到无线数传功能。具体两类节点实物如图 9.20.2 所示。

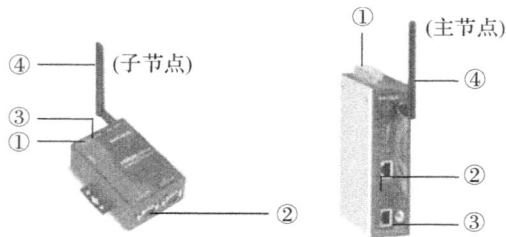

图 9.20.2　无线数传节点实物图
1.电源接口(DC24V)　2.串行接口　3.电脑网络连接口　4.天线

(3)实验内容及步骤

1)实验装置的认识:了解实验装置中的对象,热力膨胀阀综合测试台、电子膨胀阀综合测试台、双轴螺栓拧紧机、条码阅读器、无线数据传输子节点、主节点、各种按钮、指示灯及所用仪表的名称、作用及其所在的位置,以便于在实验中对仪表进行操作和观察。此实验是通过无线数传子节点将三个实验设备测试台相应的条码信息、工序信息、测试数据及状态结果通过无线通讯方式发送给主节点,主节点与电脑通过网络接口实现通讯,在主站电脑的生产线管理系统中可以实现数据查看、历史追溯以及数据统计。

2)根据节点实物图,首先接通直流稳压电源 24V,注意正负极。

3)使用设备专用配套的网络线通过网络接口与电脑相连,在电脑上分别对三个子节点和一个主节点进行波特率、网络地址 IP 等相关参数进行首次定义,要求相同设置。

4)按照原理图进行部署各个子节点和主节点。其中子节点通过串口连接线与三个测试台的专用无线串口连接;主节点通过网络线与电脑连接。先连接串口,再连接电源线。

5)部署完毕后,开启三个实验设备总电源,接着手持实验室设备上的条码阅读器对条形码进行扫描,记录每个设备台的条码信息。

6)在三个实验台触摸屏显示界面上点击无线测控实验平台系统,在界面按照通讯协议进行相关的数据输入,输入完毕按确认键,最后点击发送按钮。

7)3 个子站同时进行多组数据的发送,数传完毕后,在主站电脑的无线测控系统监视软件界面查看三个子节点相应的发送数据,及延时时间等信息,按照表 9.20.1、表 9.20.2、表 9.20.3 格式做好本次无线测控系统实验的记录工作(其中压力单位 MPa,T 为扭矩、A 为转角,单位分别是 N・m,度°)。

8)记录完毕,关闭实验设备总电源开关,整理好仪器仪表。

9)根据记录表格的数据以及结果分析并得出结论,按常规内容编写实验报告。

(4)注意事项

1)由于实验设备存在强电,请同学注意安全,按照操作要求正常使用实验设备。

表 9.20.1　热力膨胀阀—综合性能测试数据记录表

工位	温度	作动压力	内漏量	泄露量
1	0°			
1	10°			
1	32°			
1	50°			
2	0°			
2	10°			
2	32°			
2	50°			

表 9.20.2　电子膨胀阀—综合性能测试数据记录表

序号	开阀脉冲	流量(l/min)	序号	流量(l/min)	开阀脉冲
1			6		
2			7		
3			8		
4			9		
5			10		

表 9.20.3　双轴螺栓拧紧机—扭矩-转角测试数据记录表 1

参数值 测量情况	$T_1 =$ $A_1 =$	$T_2 =$ $A_2 =$	$T_3 =$ $A_3 =$	$T_4 =$ $A_4 =$	$T_5 =$ $A_5 =$
实际扭矩值					
实际转角值					
拧紧状态					

表 9.20.4　双轴螺栓拧紧机—扭矩-转角测试数据记录表 2

参数值 测量情况	$T_6 =$ $A_6 =$	$T_7 =$ $A_7 =$	$T_8 =$ $A_8 =$	$T_9 =$ $A_9 =$	$T_{10} =$ $A_{10} =$
实际扭矩值					
实际转角值					
拧紧状态					

2) 完成实验后,记得关掉各个电源开关,以及拔掉无线节点网络线及串口。

4. 参考文献

[1] Gil Held,粟欣. 无线数据传输网络·蓝牙、WAP 和 WLAN[M]. 北京:人民邮电出版社,2001